三维动画制作技术与应用案例解析

肖 磊 肖 倩 编著

清華大学出版社
北 京

内 容 简 介

本书内容以理论为基础，以实操为指向，全面系统地讲解了3ds Max动画技能的基础操作。

全书共分8章，遵循由浅入深、循序渐进的思路，依次介绍了三维动画基础知识、三维建模技术、材质贴图技术、动画技术、动力学系统、粒子系统和空间扭曲、环境和效果、灯光与场景渲染等内容。每章都设置了课堂实战、课后练习和拓展赏析三个板块，旨在对所学的知识进行巩固和拓展应用，以达到举一反三、学以致用的目的。

全书结构合理，语言通俗，图文并茂，易学易懂，既适合作为高职高专院校和应用型本科院校计算机、动画设计等相关专业的教材，又适合作为广大动画设计爱好者和各类技术人员的参考用书。

图书在版编目（CIP）数据

三维动画制作技术与应用案例解析 / 肖磊, 肖倩编著. -- 北京 : 清华大学出版社, 2024. 9. -- ISBN 978-7-302-67059-9

Ⅰ. TP391.414

中国国家版本馆CIP数据核字第2024Z71V20号

责任编辑：李玉茹
封面设计：杨玉兰
责任校对：么丽娟
责任印制：曹婉颖

出版发行：清华大学出版社
网　　址：https://www.tup.com.cn，https://www.wqxuetang.com
地　　址：北京清华大学学研大厦A座　　**邮　　编：**100084
社 总 机：010-83470000　　**邮　　购：**010-62786544
投稿与读者服务：010-62776969，c-service@tup.tsinghua.edu.cn
质 量 反 馈：010-62772015，zhiliang@tup.tsinghua.edu.cn
课 件 下 载：https://www.tup.com.cn，010-62791865
印 装 者：涿州汇美亿浓印刷有限公司
经　　销：全国新华书店
开　　本：185mm×260mm　　**印　　张：**14.25　　**字　　数：**347千字
版　　次：2024年9月第1版　　**印　　次：**2024年9月第1次印刷
定　　价：79.00元

产品编号：102129-01

前言

在当今数字化时代，动画技术已经渗透到我们生活的方方面面，从影视大片到游戏设计，从建筑模拟到医学教育，无不彰显着其独特的魅力和价值。其中，3ds Max动画技术以其出色的性能和广泛的应用领域，成为动画制作领域的佼佼者。

3ds Max动画技术凭借其强大的建模、材质贴图、动画设计以及渲染功能，为创作者提供了广阔的创作空间。无论是细腻的角色表现，还是逼真的场景渲染，抑或是复杂的动作设计，3ds Max都能轻松应对，助力创作者将创意完美地呈现出来。

本书使用通俗易懂的语言，向读者详细阐述了3ds Max动画技术的应用与操作，包括动画的基础知识、角色或场景建模技术、材质贴图技术、动画与特效技术、场景渲染技术等。希望本书能为广大动画爱好者、从业者以及初学者提供有益的参考和启示。

本书内容概述

全书共分8章，各章内容如下。

章	内容导读	难点指数
第1章	主要介绍了三维动画基础知识，包括动画的基本概念、3ds Max的工作界面、设置绘图环境、视口布局、对象的变换操作等	★☆☆
第2章	主要介绍了三维建模技术，包括几何体建模、样条线建模、复合对象建模、修改器建模、网格建模等	★★☆
第3章	主要介绍了材质贴图技术，包括材质编辑器、常用材质类型和常用贴图类型等	★★☆
第4章	主要介绍了动画技术，包括动画控制、骨骼与蒙皮、动画约束等	★★★
第5章	主要介绍了动力学系统的相关知识，包括认识MassFX（动力学）、创建MassFX等	★★★
第6章	主要介绍了粒子系统和空间扭曲相关知识，包括粒子系统的设置、空间扭曲工具的使用等	★★★
第7章	主要介绍了环境和效果的相关知识，包括背景环境效果、大气效果以及渲染效果等	★★☆
第8章	主要介绍了灯光与场景的渲染方法，包括灯光入门、摄影机简介、渲染基础知识、V-Ray渲染器的相关设置等。	★★☆

选择本书的理由

本书采用**案例解析 + 理论讲解 + 课堂实战 + 课后练习 + 拓展赏析**的结构进行编写，其内容由浅入深，循序渐进，让读者带着疑问学习知识，并从实战应用中激发学习兴趣。

（1）专业性强，知识覆盖面广。

本书主要围绕3ds Max软件的相关技能展开讲解，并对不同类型的案例制作进行解析，让读者了解并掌握动画制作的方法和要领。

（2）带着疑问学习，提升学习效率。

本书是先对案例进行解析，然后再针对案例中的重点工具进行深入讲解，让读者带着问题学习相关的理论知识，从而有效地提升学习效率。此外，本书所有的案例都经过精心的设计，读者可将这些案例应用到实际中。

（3）行业拓展，以更高的视角看行业发展。

本书在每章结尾部分安排了“拓展赏析”板块，旨在让读者掌握了本章相关技能后，还可以了解到图书以外的相关行业知识，让读者开拓思维。

本书读者对象

- 从事三维设计的工作人员
- 高等院校相关专业的师生
- 培训班中学习辅助设计的学员
- 对三维动画有着浓厚兴趣的爱好者
- 想通过知识改变命运的有志青年
- 掌握更多技能的办公室人员

本书主要由肖磊、肖倩编写，史辰霄、陈喆、闫悦絮也参与了编写工作，在编写过程中得到了天津职业技术师范大学和天津市经济贸易学校的大力支持。其中，肖磊编写第五章、第六章、第七章、第八章，肖倩、史辰霄编写第第二章、第三章、第四章，陈喆、闫悦絮编写第一章，史辰霄负责全书校对。本书在编写过程中力求严谨细致，但由于时间有限，疏漏之处在所难免，望广大读者批评、指正。

编　者

课件、教案

素材1

素材2

素材3

素材4

素材5

素材6

素材7

素材8

目录

第1章 三维动画基础知识

第2章 三维建模技术

第3章 材质贴图技术

第4章 动画技术

第5章 动力学系统

第6章 粒子系统和空间扭曲

3ds Max

第7章 环境和效果

第8章 灯光与场景渲染

第1章

三维动画基础知识

内容导读

三维动画以其独特的魅力和广泛的应用领域，逐渐成了视觉艺术的重要分支。三维动画不仅赋予画面以生动鲜活的立体感，更为观众带来了沉浸式的观影体验。要想深入理解和掌握这一技术，就需从三维动画基础知识开始。本章将对三维动画的概念、3ds Max的工作界面，以及设置绘图环境进行了详细讲解。

思维导图

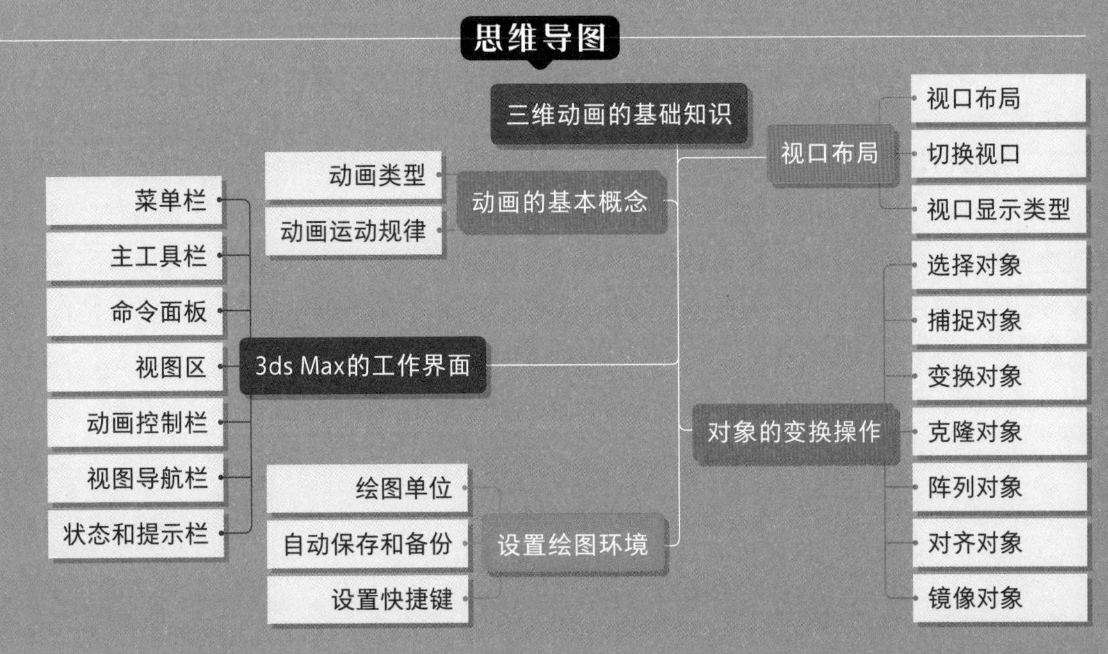

1.1 动画的基本概念

动画可以简单地理解为通过一系列静态的图像或帧的连续播放，创造出动态视觉效果的艺术形式。它可分为二维动画和三维动画两大类。本节将以三维动画为主，来介绍与动画相关的知识内容。

1.1.1 动画类型

根据制作方式的不同，动画主要分为传统动画、定格动画和计算机动画三大类。

1）传统动画

传统动画是将对象的运动姿势和周围环境定义成若干张图片，然后快速地播放这些图片，使其产生光滑流畅的动画效果。

传统动画可分为全动作动画和有限动画两种类型。全动作动画又称为全动画，是传统动画中的一种制作手段和表现手段。而有限动画是一种运用高度从简化的动作来实现低成本、高效率制片的商业化模式。比如，人物说话时省略全身的动作，只有嘴巴在动；人物运动时身体静止和其他背景人物的动作省略，这些都是有限动画的表现方法。

2）定格动画

定格动画是通过逐格地拍摄对象，然后连续放映，从而产生生动的人物形象或任何奇异角色。通常所说的定格动画都是由粘土偶、木偶或混合材料的角色来演出的，包括粘土动画、剪纸动画、木偶动画等类型。

- 粘土动画就是使用粘土，或者是橡皮泥等可塑性的材质来制作的定格动画作品。
- 剪纸动画是以纸或服装材料为材质制作的定格动画，在视觉上通常表现为二维平面。
- 木偶动画是一种以立体木偶为表现形式的定格动画，由木偶戏表演发展而来。

3）计算机动画

计算机动画是以帧为时间单位进行计算的。读者可以自定义每秒播放多少帧。单位时间内的帧数越多，画面就越清晰、流畅；反之，画面则会产生抖动和闪烁的现象。一般情况下，画面每秒至少要播放15帧才可以形成比较流畅的动画效果，传统的电影通常为每秒播放24帧。

动画包括二维动画和三维动画两种。二维动画也称2D动画。借助计算机2D位图或者矢量图形来创建或者编辑的动画。三维动画又被称为3D动画，就是利用计算机进行动画的设计与创作，产生真实的立体场景与动画。与二维动画相比，三维动画提供三维数字空间利用数字模型来制作动画。与传统的二维手工动画相比，使用计算机制作的三维动画极大地提高了工作效率。

1.1.2 动画运动规律

动画片中的活动形象，不像其他影片那样用胶片拍摄，而是通过对客观物体运动的观察、分析和研究，用动画的表现手法一张张地画出来，再一格格地拍出来，然后连续放映，使之在银幕上活动起来。研究动画的运动规律，首先要明白时间、空间、速度的概念及彼此之间的相互关系，从而掌握规律，处理好动画片中动作的节奏。

1）时间

时间是指动画片中物体在完成某一动作所需的时间长度，这一动作所占胶片的长度（片格的多少）。这一动作所需的时间越长，其所占片格的数量就越多；动作所需的时间越短，其所占的片格数量就越少。

2）空间

空间可以理解为动画片中活动形象在画面中的位置和活动范围，但更主要的是指一个动作的幅度以及活动形象在每一张画面之间的距离。动画设计人员在设计动作时，往往把动作的幅度处理得比真人动作的幅度要夸张一些，以取得更鲜明、更强烈的效果。此外，动画片中的活动形象做纵深运动时表现出来的纵深距离，可以与背景画面上通过透视表现出来的纵深距离不一致。

3）速度

速度是指物体在动画片中运动过程的快慢。按物理学的解释，是路程与通过这段路程所用时间的比值。通过相同的距离，运动越快的物体所用的时间越短，运动越慢的物体所用的时间就越长。在动画片中，物体运动的速度越快，所拍摄的格数就越少；物体运动的速度越慢，所拍摄的格数就越多。

4）匀速、加速和减速

按照物理学的解释，如果在任何相等的时间内，质点所通过的路程都是相等的，那么，质点的运动就是匀速运动；如果在任何相等的时间内，质点所通过的路程不相等，那么，质点的运动就是非匀速运动。非匀速运动又分为加速运动和减速运动。速度由慢到快的运动称为加速运动；速度由快到慢的运动称为减速运动。

5）节奏

一般来说，动画片的节奏比其他类型影片的节奏要快，同时动画片动作的节奏也比生活中动作的节奏夸张。整个影片的节奏，受剧情发展的快慢、蒙太奇各种手法的运用以及动作的不同处理等多种因素影响。因此，处理好动作的节奏对于加强动画片的表现力很重要。

1.2 3ds Max的工作界面

成功安装3ds Max后，双击快捷方式图标即可启动该程序。默认的3ds Max工作界面颜色为黑色，用户可以根据需要调整界面的颜色，图1-1所示为使用系统内置的界面方案效果。

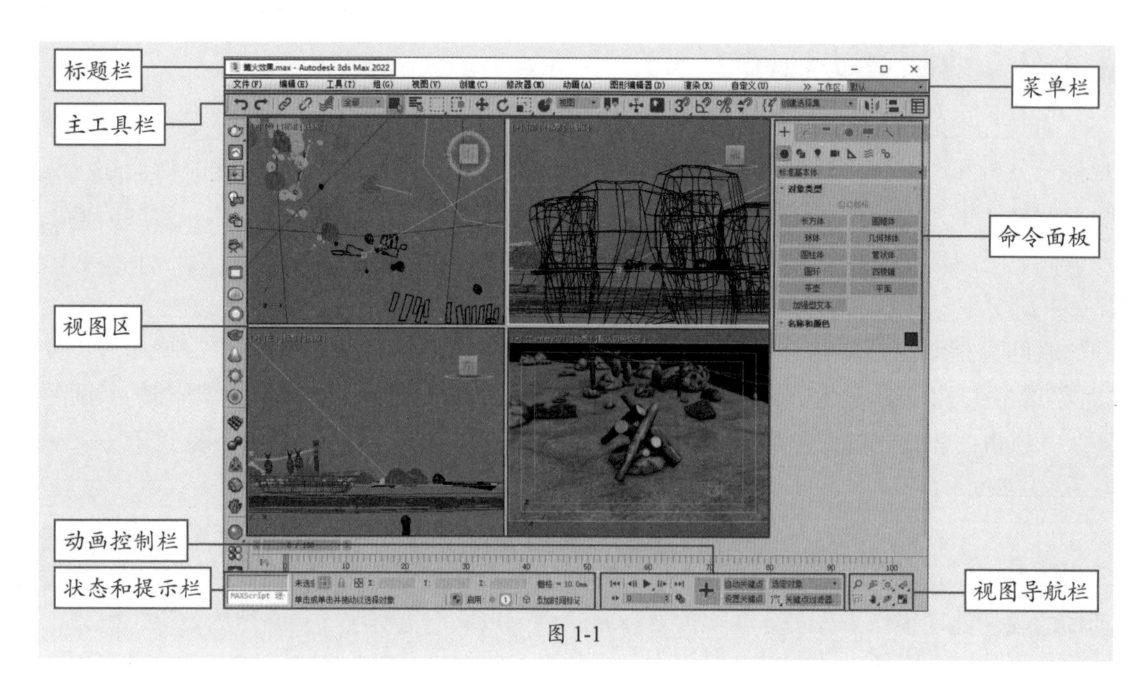

图 1-1

3ds Max的工作界面包含标题栏、菜单栏、主工具栏、命令面板、视图区、状态和提示栏、动画控制栏、视图导航栏等。

1.2.1 菜单栏

菜单栏为用户提供了几乎所有3ds Max操作命令，共包含13个菜单项，分别为文件、编辑、工具、组、视图、创建、修改器、动画、图形编辑器、渲染、自定义、内容、帮助和工作区设置。

下面将对一些主要的命令选项进行说明。

- **文件：** 用于对文件的打开、保存、导入与导出，以及摘要信息、文件属性等命令的应用。
- **编辑：** 用于对对象的复制、删除、选定、临时保存等功能。
- **工具：** 包括常用的各种制作工具。
- **组：** 用于将多个物体合为一个组，或将一个组分解为多个物体。
- **视图：** 用于对视图进行操作，但对对象不起作用。
- **创建：** 创建物体、灯光、摄影机等。
- **修改器：** 编辑物体或动画的命令。
- **动画：** 用来控制动画。
- **图形编辑器：** 用于创建和编辑视图。
- **渲染：** 通过某种算法，体现场景的灯光、材质和贴图等效果。
- **自定义：** 方便用户按照自己的爱好设置工作界面。3ds Max的工具栏、菜单栏和命令面板可以被放置在任意位置。
- **内容：** 选择3ds Max资源库选项，打开网页链接，里面有Autodesk旗下的多种设计软件。

- **帮助**：关于软件的帮助文件，包括在线帮助、插件信息等。

操作提示

当打开某个菜单时，若列表中命令名称旁边有“…”符号，即表示单击该命令将弹出一个对话框。若列表中的命令名称右侧有一个▶符号，即表示该命令后还有其他命令，单击▶符号可以弹出一个级联菜单。

1.2.2 主工具栏

3ds Max的主工具栏集合了比较常用的命令按钮，如链接、选择、移动、旋转、缩放、捕捉、镜像、对齐等，如图1-2所示。通过主工具栏可以快速访问很多常见任务的工具和对话框，用户可以将其理解为快捷工具栏，对于初学者来说，需要熟练掌握主工具栏中的命令按钮。

图 1-2

主工具栏中常用命令按钮的含义如表1-1所示。

表 1-1 主工具栏中常用命令按钮

命令按钮	名 称	含 义
	选择与链接	用于将不同的物体进行链接
	断开当前选择并链接	用于将链接的物体断开
	绑定到空间扭曲	用于粒子系统，把场用空间绑定到粒子上，这样才能产生作用
	选择工具	只能对场景中的物体进行选择使用，无法对物体进行操作
	按名称选择	单击后弹出操作窗口，在其中输入名称可以很容易地找到相应的物体，方便操作
	选择区域	矩形选择是一种选择类型，按住鼠标左键拖动来进行选择
	窗口/交叉	设置选择物体时的选择类型方式
	选择并移动	用户可以对选择的物体进行移动操作
	选择并旋转	单击旋转工具后，用户可以对选择的物体进行旋转操作
	选择并等比例缩放	用户可以对选择的物体进行等比例的缩放操作
	选择并放置	将对象准确地定位到另一个对象的曲面上，随时可以使用，不仅限于在创建对象时
	使用轴心对称	选择了多个物体时可以通过此命令按钮来设定轴中心点坐标的类型
	捕捉开关	可以使用户在操作时进行捕捉创建或修改
	角度捕捉切换	确定多数功能的增量旋转，设置的增量围绕指定轴旋转

续表

命令按钮	名　称	含　义
	百分比捕捉切换	通过指定百分比实现对对象的缩放
	微调捕捉切换	设置3ds Max中所有微调器的单击一次所有增加、减少的值
	镜像	可以对选择的物体进行镜像操作，如复制、关联复制等
	对齐	方便用户对物体进行对齐操作
	曲线编辑器	用户对动画信息最直接的操作编辑窗口，在其中可以调节动画的运动方式、编辑动画的起始时间等
	材质编辑器	可以对物体进行材质的赋予和编辑
	渲染设置	调节渲染参数
	渲染帧窗口	单击后可以对渲染进行设置
	渲染产品	制作完毕后可以使用该命令渲染输出，查看最终效果

1.2.3　命令面板

命令面板是3ds Max最基本的面板，用户创建模型、修改参数等操作都在这个区域。命令面板由6个面板组成，分别是创建命令面板、修改命令面板、层次命令面板、运动命令面板、显示命令面板和实用程序命令面板，通过这些面板可访问绝大部分的建模和编辑命令，如图1-3所示。

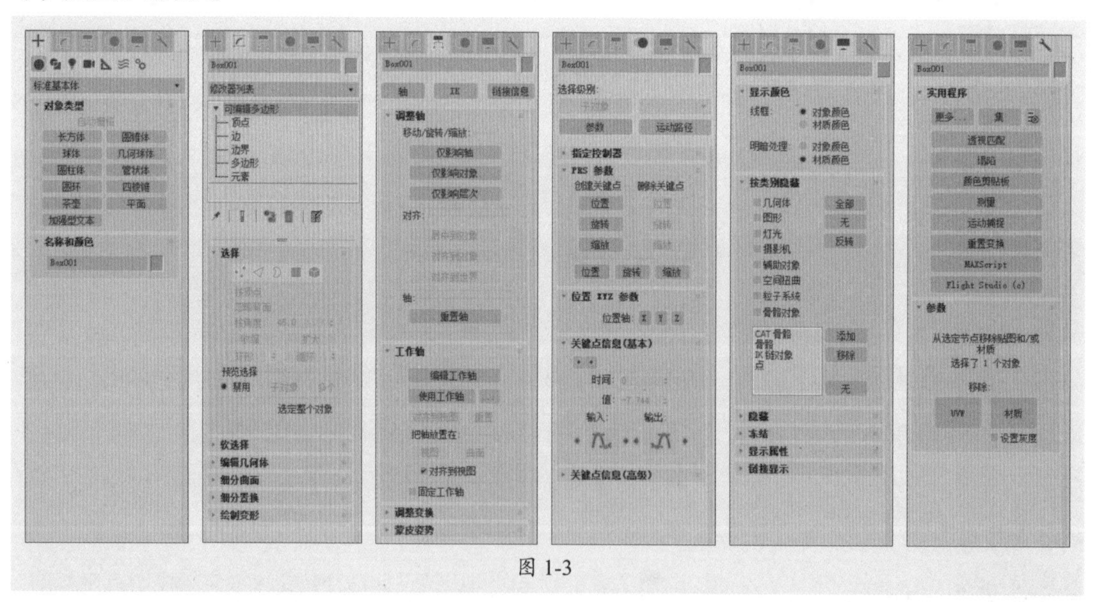

图 1-3

1）创建命令面板

创建命令面板产生于创建对象，是3ds Max中构建新场景的第一步。创建命令面板将所创建对象分为7个类别，包括几何形、图形、灯光、摄影机、辅助对象、空间扭曲和系统。

通过创建命令面板，可以在场景中放置一些基本对象，包括3D几何体、2D形态、灯光、摄影机、空间扭曲及辅助对象。创建对象的同时系统会为每一个对象指定一组创建参数，该参数将根据对象类型定义其几何和其他特性。

2）修改命令面板

可以根据需要在修改命令面板中更改在创建命令面板中指定的那些参数，还可以在修改命令面板中为对象应用各种修改器。

3）层次命令面板

通过层次命令面板可以访问用来调整对象间链接的工具。通过将一个对象与另一个对象链接，可以创建父子关系，应用到父对象的变换，同时传递给子对象。通过将多个对象同时链接到父对象和子对象，可以创建复杂的层次。

4）运行命令面板

运行命令面板提供用于设置各个对象的运动方式和轨迹，以及高级动画设置。

5）显示命令面板

通过显示命令面板可以访问场景中控制对象显示方式的工具。可以隐藏和取消隐藏、冻结对象和解冻对象改变其显示特性、加速视口显示及简化建模步骤。

6）实用程序命令面板

通过实用程序命令面板可以访问设定3ds Max各种小程序，并可以编辑各个插件，它是3ds Max系统与用户之间对话的桥梁。

1.2.4 视图区

视图区是3ds Max的主要工作区域，通常称之为视口或视图。在默认情况下，被分为4个区域，分别显示顶视图、前视图、左视图和透视图，用于显示同一场景的不同视图，方便用户从不同的角度观察和编辑场景。

1.2.5 动画控制栏

动画控制栏在工作界面的底部，如图1-4所示。其中，左上方标有“0/100”的长方形滑块为时间滑块，用鼠标拖动它可以将视图显示到某一帧的位置上，配合使用时间滑块和中部的正方形按钮（设置关键点）及其周围的功能按钮，就可以制作最简单的动画效果。

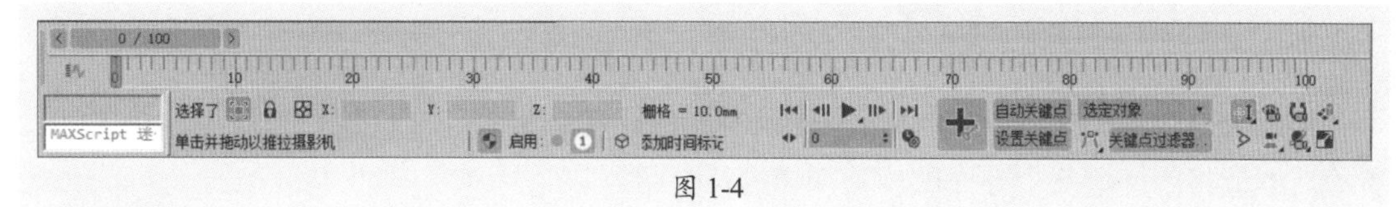

图 1-4

操作提示

目前，动画制作者可以对动画部分进行重定时，以加快或减慢播放速度，无须重新调整，该部分中已有的关键帧，也无须在生成的高质量动画曲线中添加新的关键帧。

1.2.6 视图导航栏

视图导航栏主要用于控制视图的大小和方位，通过导航栏内相应的按钮，可以更改视图中物体的显示状态。视图导航栏由缩放、缩放所有视图、最大化显示选定对象、所有视图最大化显示选定对象、视野、穿行、最大化视口切换8个按钮组成，视图导航栏会根据当前视图的类型进行相应的更改，如图1-5所示。

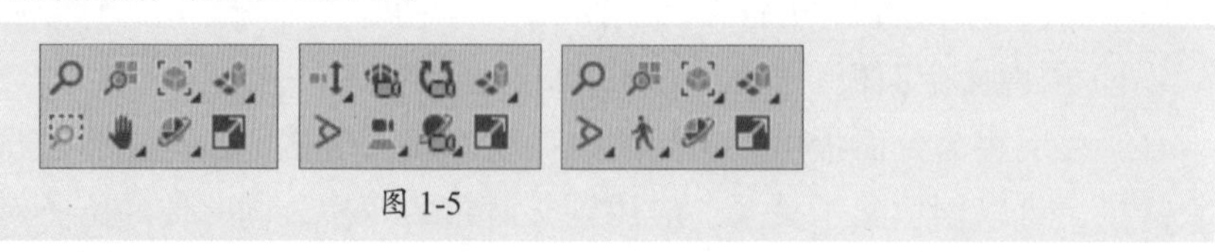

图 1-5

视图导航栏中常用命令按钮的含义如表1-2所示。

表 1-2 视图导航栏中常用命令按钮

视图导航栏命令	含 义	视图导航栏命令	含 义
	缩放		最大化视口切换
	缩放所有视图		视野
	最大化显示选定对象		缩放区域
	所有视图最大化显示选定对象		平移视图
	推位目标		透视
	侧滚摄影机		平移摄影机
	环游摄影机		穿行

1.2.7 状态和提示栏

状态和提示栏位于工作界面的左下角，主要提示当前选择的物体数目、激活的命令、坐标位置和当前栅格的单位等。

1.3 设置绘图环境

3ds Max的绘图环境包括工作界面的设置、绘图单位设置、文件保存与备份、快捷键设置等。本节将围绕这几个方面的相关知识进行介绍。

案例解析：加载内置的用户界面方案

3ds Max系统内置了多种用户界面方案，用户可以根据自己的喜好来更换默认的工作界面。具体操作步骤如下。

步骤 01 启动3ds Max应用程序，当前默认的工作界面颜色如图1-6所示。

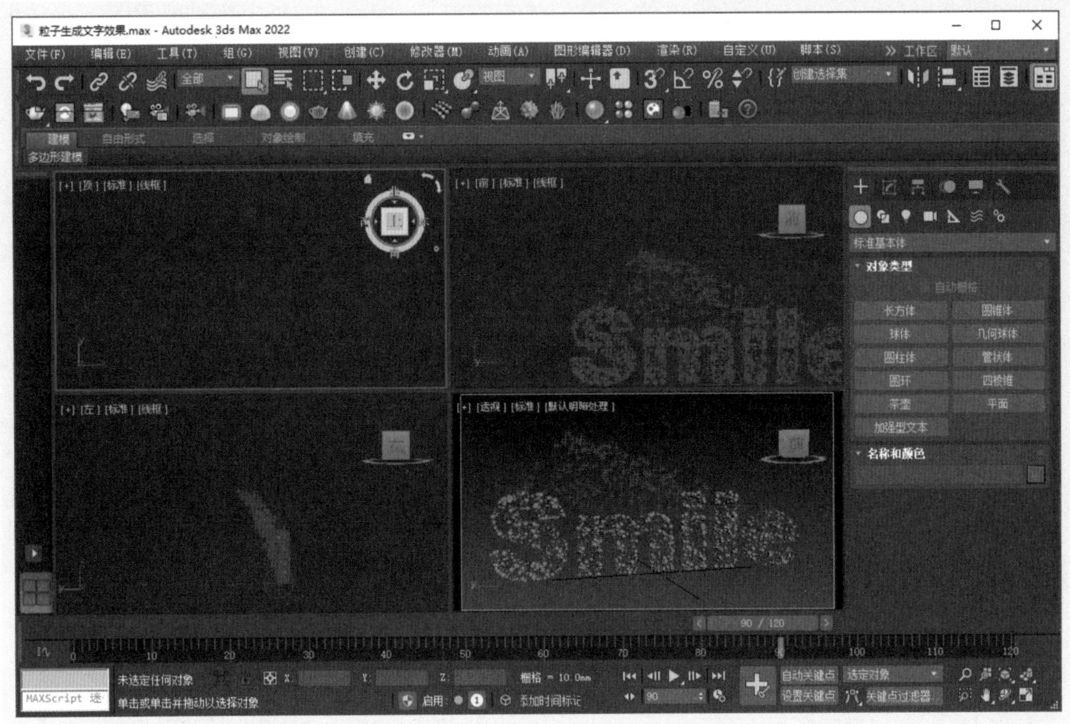

图 1-6

步骤 02 执行“自定义>加载自定义用户界面方案”命令，打开“加载自定义用户界面方案”对话框，在其中选择所需的界面方案，例如，选择ame-light方案选项，如图1-7所示。

步骤 03 单击“打开”按钮，即可看到当前的工作界面已变成浅灰色，如图1-8所示。

图 1-7

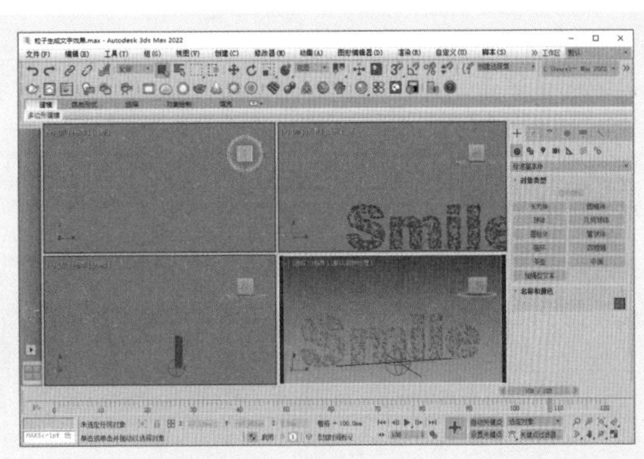

图 1-8

1.3.1 绘图单位

单位是连接3ds Max三维世界与物理世界的关键。在插入外部模型时，如果插入模型的单位和软件中设置的单位不同，可能出现插入的模型显示过小的情况，所以在创建和插入模型之前都需要进行单位设置。

执行“自定义>单位设置”命令，将打开“单位设置”对话框，如图1-9所示。“单位设置”对话框是建立单位显示的方式，通过它可以在通用单位和标准单位（英尺、英寸或公制）之间进行选择。单击“系统单位设置”按钮，打开“系统单位设置”对话框，在其中可以选择系统单位，如图1-10所示。

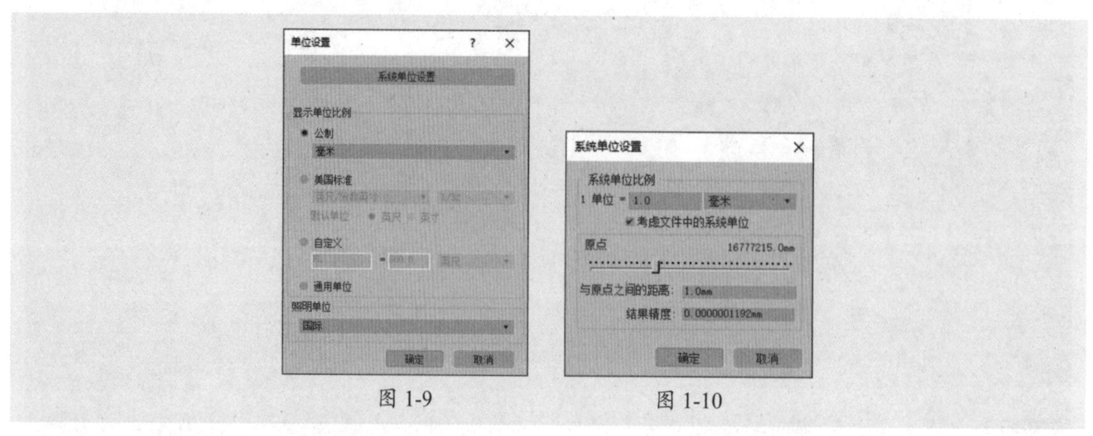

图 1-9　　图 1-10

1.3.2 自动保存和备份

在插入或创建的图形较大时，计算机屏幕的显示性能会越来越慢，为了提高计算机性能，用户可以选择关闭自动备份或更改自动备份间隔时间。

执行“自定义>首选项”命令，打开“首选项设置”对话框，切换到“文件”选项卡，可以对自动保存和备份功能进行设置，如图1-11所示。

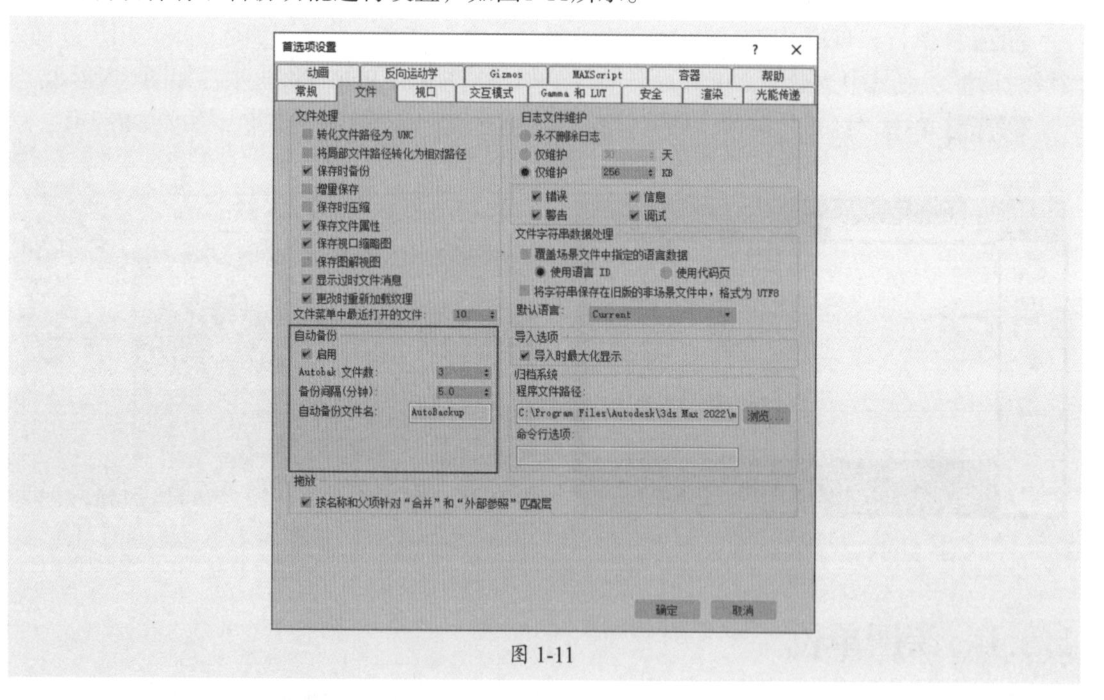

图 1-11

1.3.3 设置快捷键

利用快捷键创建模型可以大幅提高工作效率，节省查找菜单命令或者工具的时间。为了避免快捷键和外部软件的操作冲突，用户可以通过“热键编辑器”对话框来设置快捷键，如图1-12所示。

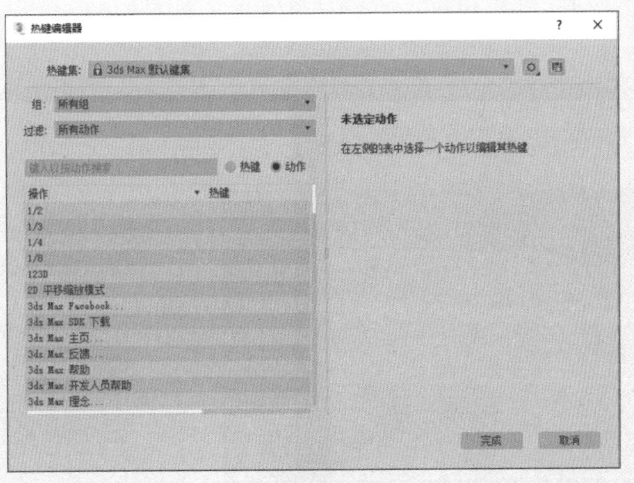

图 1-12

执行“自定义>热键编辑器”命令，打开“热键编辑器”对话框。在“组”下拉列表框中选择所需的命令组选项，并在“操作”列表框中选择具体的命令，例如，选择“桥”命令，如图1-13所示。然后在右侧的“热键”文本框中输入快捷键后，单击“指定”按钮即可完成设置操作，如图1-14所示。

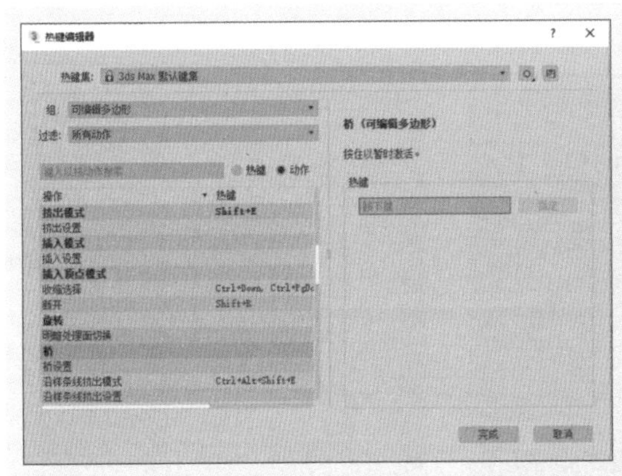

图 1-13

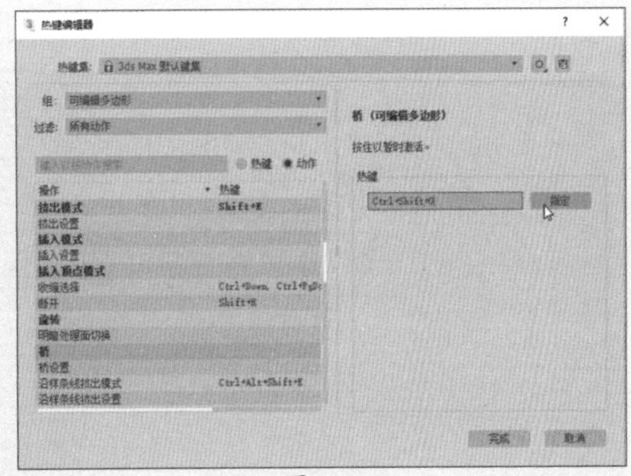

图 1-14

1.4 视口布局

系统默认是4个等大视口进行布局的，分别为顶视图、前视图、左视图和透视图（摄影机视图）。在创作过程中，用户可根据需要对视口进行调整，在3ds Max中进行的大部分工作都是在视口中单击和拖曳，因此，有一个便于观察和操作的视口非常重要。许多用户发现，默认的视口布局可以满足他们的大部分需要，但是有时还需要对视口的布局、大小或者显示方式做一些改动，这些都可以在“视口配置”对话框中进行设置。

案例解析：更改默认视口布局

通过对默认的视口进行调整，可以适应用户的创作习惯。具体操作步骤如下。

步骤 01 启动3ds Max应用程序，打开“游戏币”场景模型，默认的视口显示效果如图1-15所示。

步骤 02 执行“视图>视口配置”命令，打开“视口配置”对话框，切换到“布局”选项卡，选择合适的视口布局类型，如图1-16所示。

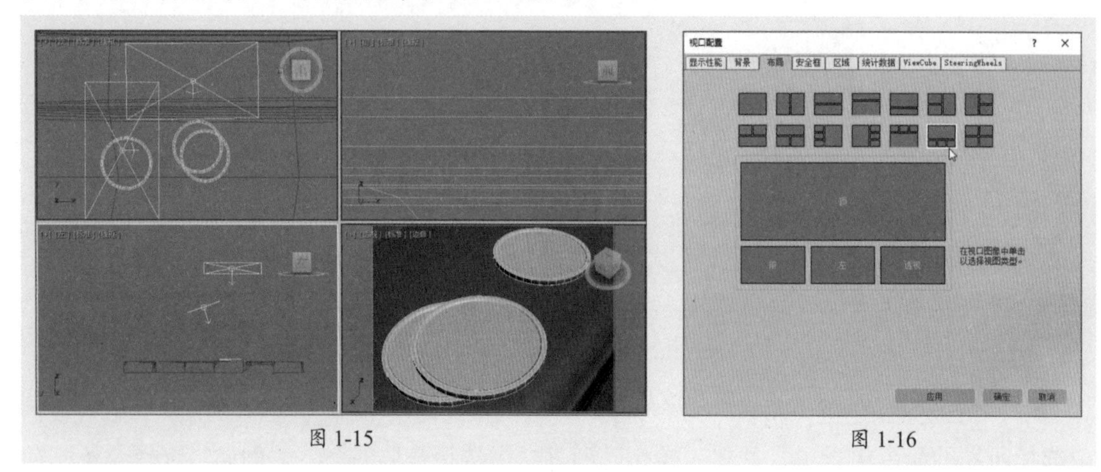

图 1-15　　图 1-16

步骤 03 单击“确定”按钮即可将所选布局类型应用到工作界面，如图1-17所示。

步骤 04 单击上方大视口的“顶”视图控制按钮，在弹出的菜单中选择“透视”命令，即可将该视口更改为透视视口，如图1-18所示。

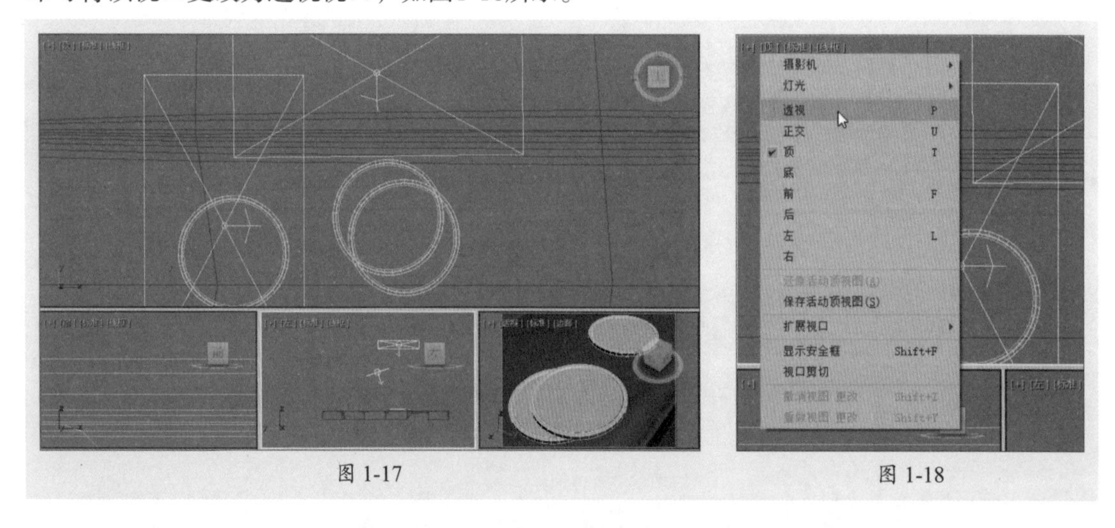

图 1-17　　图 1-18

步骤 05 单击该视口右上角的视图导航按钮，调整好模型的透视角度，如图1-19所示。

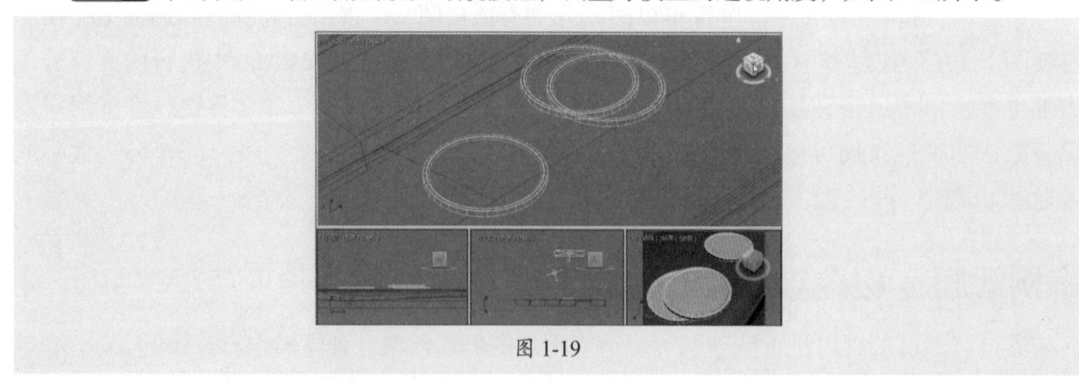

图 1-19

步骤 06 单击视口左上角的“视觉样式”控制按钮，在弹出的菜单中选择“默认明暗处理”命令，调整该视口的视觉样式，如图1-20所示。

步骤 07 按照同样的方法，调整下方3个视口样式。将其分别设置为前视图、顶视图、左视图。视觉样式均为默认的“线框”样式，如图1-21所示。

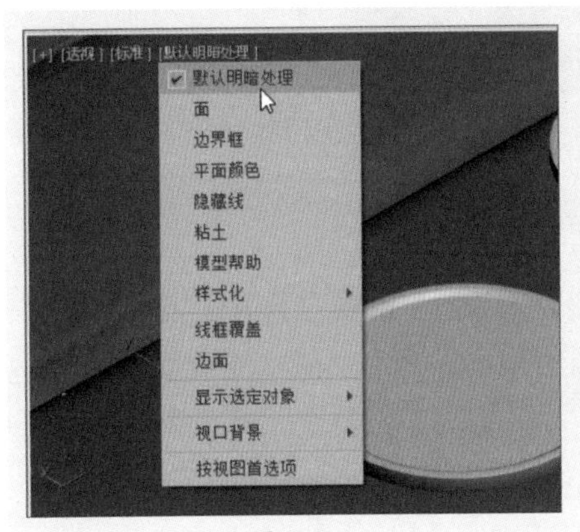

图 1-20

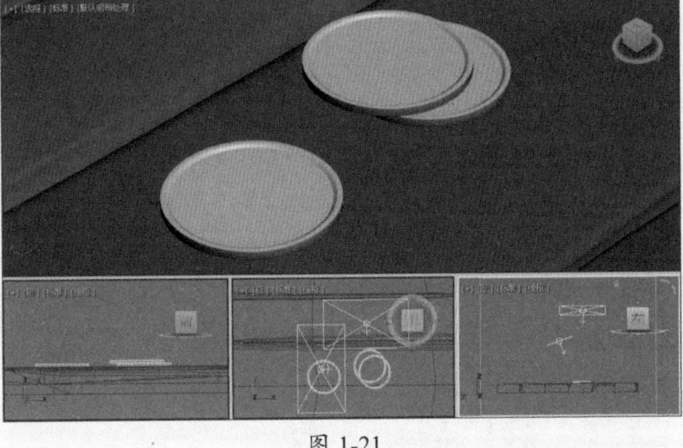

图 1-21

1.4.1 视口布局

3ds Max默认有4个视口，对于日常操作来说是比较合适的。如果用户希望使用其他类型的布局方式，可以执行“视图>视口配置”命令，打开“视口配置”对话框，切换到“布局”选项卡进行设置，在该选项卡中包含14种视口布局类型，如图1-22所示。

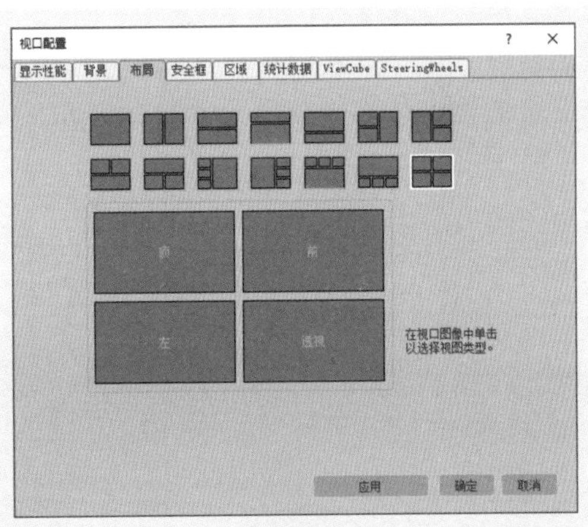

图 1-22

将鼠标指针放置到视口交叉位置，当鼠标指针变成⇕时，按住鼠标左键可以上下移动调整视口大小；当鼠标指针变成⟺时，按住鼠标左键可以左右移动调整视口大小；当鼠标指针变成十字箭头时，按住鼠标左键可以任意方向调整视口。

1.4.2 切换视口

当按下改变视口的快捷键时，所对应的视口就会变为所要改变的视口。快捷键所对应的视口如表1-3所示。

表 1-3　快捷键所对应的视口

快捷键	视口名称	快捷键	视口名称
T	顶视图	B	底视图
L	左视图	R	右视图
U	用户视图	F	前视图
K	后视图	C	摄影机视图
Shift+$	灯光视图	W	满屏视图

激活视图后视图边框呈黄色，用户可以在其中进行创建或编辑模型操作，在视图中单击或右击都可以激活视图。需要注意的是使用鼠标左键激活视图时，有可能会因为失误选择物体，从而错误地执行另一个操作命令。

1.4.3　视口显示类型

为了方便建模人员的各种操作和观察，3ds Max提供了9种视觉样式。在视口左上角单击视觉样式，将会打开样式菜单，如图1-23所示。常见视觉样式种类说明如下。

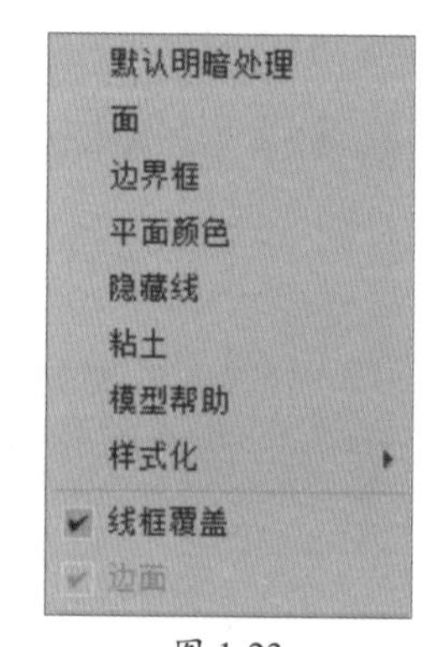

图 1-23

- **默认明暗处理：**使用Phong明暗处理对几何体进行平滑明暗处理。
- **面：**将几何体显示为面状。
- **边界框：**仅显示每个对象的边界框。
- **平面颜色：**使用原始颜色对几何体进行明暗处理，忽略照明。
- **隐藏线：**隐藏线指向远离视口的面和顶点，以及被邻近对象遮挡对象的任意部分。使用隐藏线会出现阴影效果。
- **粘土：**将几何体显示为均匀的赤土色。
- **模型帮助：**创建基本的几何体，修改器堆栈，以及一些高级建模工具等。
- **样式化：**将整个视口显示为特殊的样式效果。包括石墨、彩色铅笔、墨水、彩色墨水、亚克力、彩色蜡笔、技术7种。
- **线框覆盖：**将几何体显示为线框。
- **边面：**在默认明暗处理或者面的基础上显示边，默认为禁用。

1.5　对象的变换操作

对象的选择、捕捉、变换、克隆、阵列、对齐、镜像等操作在创建场景的过程中会经常使用到，这也是3ds Max软件的基本操作技能。下面将对这些命令进行详细介绍。

1.5.1　选择对象

要对对象进行操作，首先要选择对象。快速并准确地选择对象，是熟练运用3ds Max的关键。选择对象的工具主要有“选择对象”和“按名称选择”两种，前者可以直接框选或单击选择一个或多个对象，后者则可以通过对象名称进行选择。

1）单击选择对象

单击“选择对象”按钮后，可以单击选择一个对象或框选多个对象，被选中的对象将高亮显示。若想一次选中多个对象，可以在按住Ctrl键的同时单击对象，即可增加选择对象。

2）按名称选择对象

在复杂的场景中通常会有很多对象，单击选择对象很容易造成误选。3ds Max提供了一个可以通过名称选择对象的功能。该功能不仅可以通过名称选择对象，还能通过颜色或者材质选择具有该属性的所有对象。

在主工具栏中单击“按名称选择”按钮，打开“从场景选择”对话框，如图1-24所示。用户可以在下方对象列表框中双击对象名称进行选择，也可以在文本框中输入对象名称进行选择。

3）选择区域

选择区域的形状包括矩形选区、圆形选区、围栏选区、套索选区、绘制选择区域、窗口及交叉。执行“编辑>选择区域”命令，在其级联菜单中可以选择需要的选择方式，如图1-25所示。

4）选择过滤器

选择过滤器将对象分为全部、几何体、图形、灯光、摄影机、辅助对象、扭曲等类型，如图1-26所示。利用选择过滤器可以对对象的选择进行范围限定，屏蔽其他对象而只显示限定类型的对象以便于选择。当场景比较复杂且需要对某一类对象进行操作时，可以使用选择过滤器。

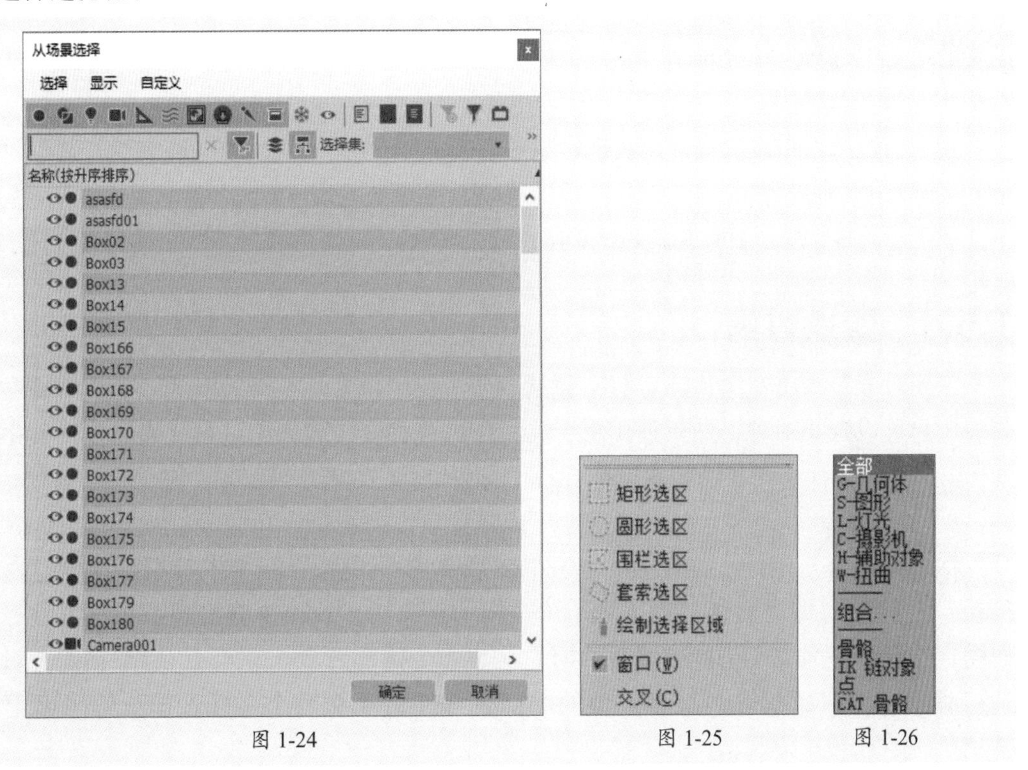

图 1-24　　图 1-25　　图 1-26

1.5.2 捕捉对象

捕捉操作能够捕捉处于活动状态的3D空间的控制范围内的位置，而且有很多捕捉类型可用，可激活不同的捕捉类型，包括捕捉、角度捕捉、百分比捕捉、微调器捕捉。当单击捕捉按钮后，可以捕捉栅格、切换、中点、轴点、面中心和其他选项。

右击主工具栏中的捕捉按钮，可以打开“栅格和捕捉设置”对话框，如图1-27所示。用户可以通过“捕捉”选项卡中的复选框启用捕捉设置的任何组合。

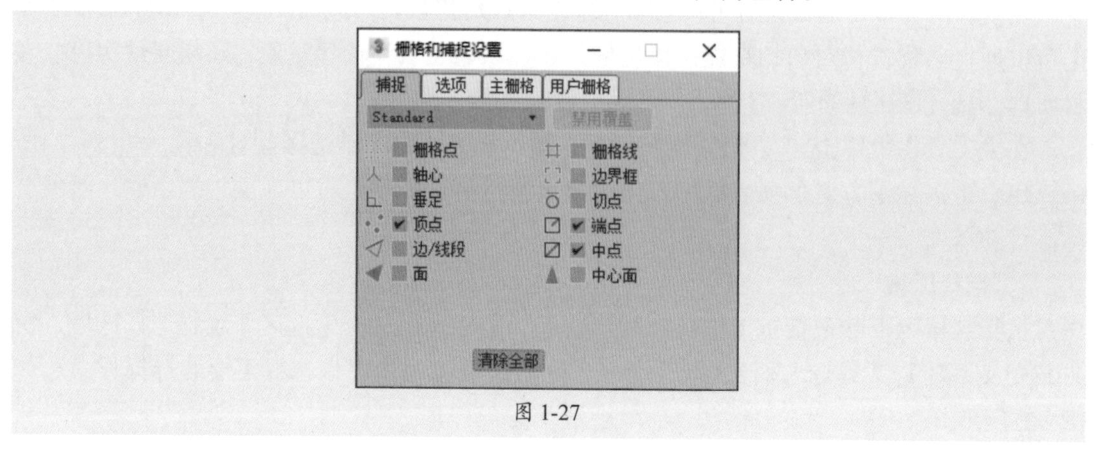

图 1-27

1）捕捉

这3个捕捉按钮代表了3种捕捉模式，提供捕捉处于活动状态的3D空间的控制范围内的位置。在“捕捉”选项卡中有很多捕捉类型可用。

2）角度捕捉

用于切换确定度数的增量旋转，包括标准旋转变换。随着旋转对象或对象组，对象以设置的增量围绕指定轴旋转。

3）百分比捕捉

用于切换通过指定的百分比实现对象的缩放。

4）微调器捕捉

用于设置 3ds Max中所有微调器单击一次所增加或减少的值。

1.5.3 变换对象

变换对象是指将对象重新定位，包括改变对象的位置、旋转角度或者变换对象的比例等。用户可以选择对象，然后使用主工具栏中的各种变换按钮来进行变换操作。其中，移动、旋转和缩放属于对象的基本变换。

1）移动对象

移动是最常使用的变换工具，它可以改变对象的位置，在主工具栏中单击“选择并移动”按钮，即可激活移动工具。单击物体对象后，视口中会出现一个三维坐标系，如图1-28所示。当一个坐标轴被选中时它会显示为高亮黄色，它可以在3个轴向上对物体进行移动；把鼠标放在两个坐标轴的中间，可使对象在两个坐标轴形成的平面上随意移动。

右击“选择并移动”按钮，会弹出“移动变换输入”对话框，如图1-29所示。在“偏移：世界”选项组中输入数值，可以控制对象在3个坐标轴上的精确移动。

图 1-28

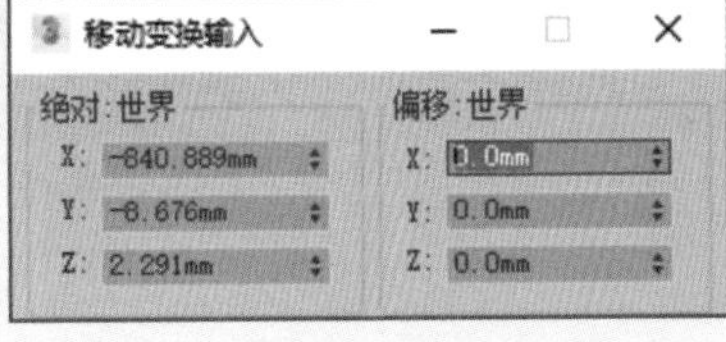

图 1-29

2）旋转对象

当需要调整对象的视角时，可以单击主工具栏中的“选择并旋转”按钮，则当前被选中的对象可以沿3个坐标轴进行旋转，如图1-30所示。

右击“选择并旋转”按钮，会弹出“旋转变换输入”对话框，如图1-31所示。在“偏移：世界”选项组中输入数值，可以控制对象在3个坐标轴上的精确旋转。

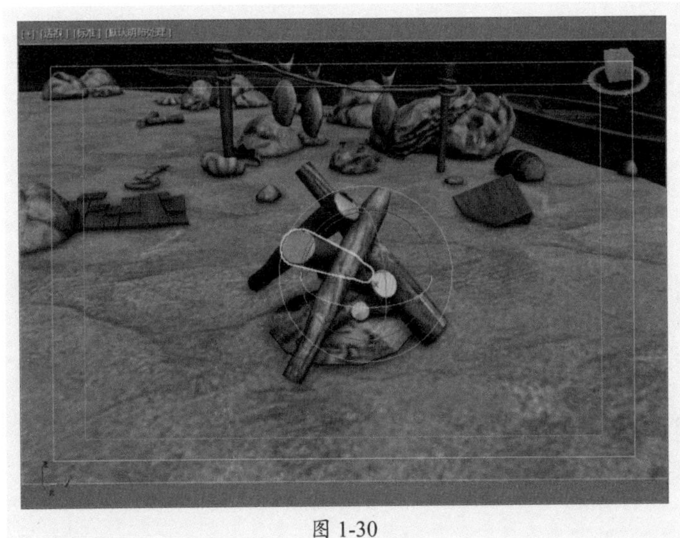

图 1-30

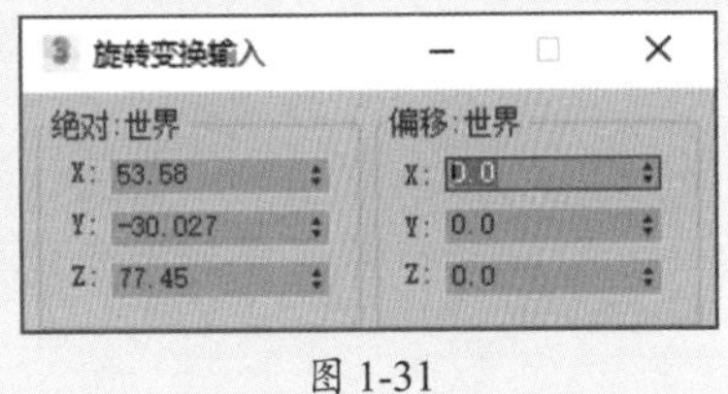

图 1-31

3）缩放对象

若要调整场景中对象的比例大小，可以单击主工具栏中的“选择并缩放”按钮，即可对对象进行等比例缩放，如图1-32所示。

右击“选择并缩放”按钮，会弹出“缩放变换输入”对话框，如图1-33所示。在“偏移：世界”选项组中输入百分比数值，可以控制对象进行精确缩放。

图 1-32

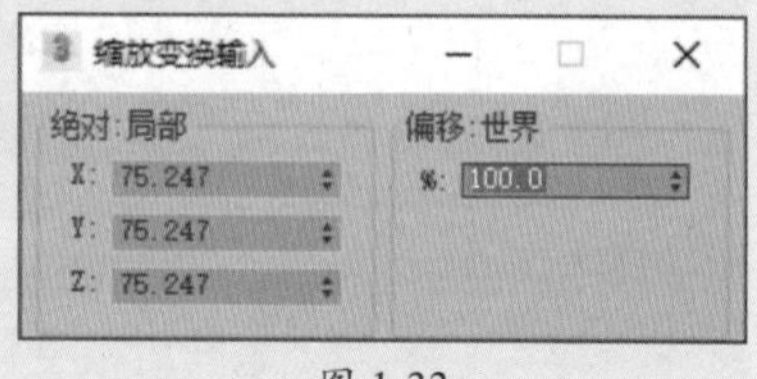

图 1-33

1.5.4 克隆对象

克隆对象也就是创建对象的副本，是建模过程中经常会使用到的操作，3ds Max提供了多种克隆方式。

- 选择对象后，执行“编辑>克隆”命令，打开“克隆选项”对话框，如图1-34所示。
- 选择对象后，按Ctrl+V组合键。
- 选择对象后，按住Shift键的同时拖动鼠标，会打开“克隆选项”对话框，如图1-35所示。

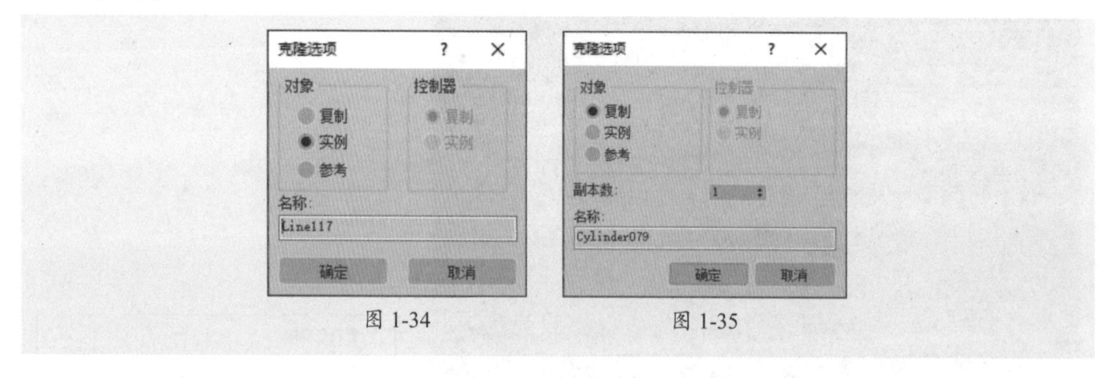

图 1-34　　图 1-35

克隆对象包括复制、实例、参考3种方式，各方式含义介绍如下。

- **复制：** 创建一个与原始对象完全无关的克隆对象。修改其中一个对象时，不会对另一个对象产生影响。
- **实例：** 创建与原始对象完全可交互的克隆对象。修改创建的克隆对象时，原始对象也会发生相同的改变。
- **参考：** 创建与原始对象有关的克隆对象。参考对象之前更改对该对象应用的修改器的参数时，将会更改这两个对象。但新修改器可以应用一个参考对象。因此，它只会影响应用该修改器的对象。

“克隆选项”对话框中的“副本数”微调框用于设置复制对象的数量。

1.5.5 阵列对象

“阵列”命令可以以当前选择对象为参考，进行一系列复制操作。在视图中选择一个对象，然后执行“工具>阵列”命令，系统会弹出“阵列”对话框，如图1-36所示。在该对话框中用户可指定阵列尺寸、偏移量、对象类型以及变换数量等。

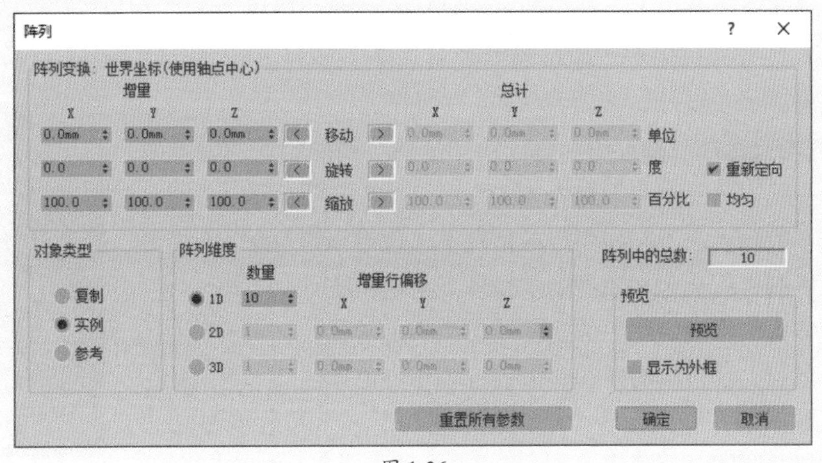

图 1-36

- **增量：** 用于设置阵列物体在各个坐标轴上的移动距离、旋转角度以及缩放程度。
- **总计：** 用于设置阵列物体在各个坐标轴上的移动距离、旋转角度和缩放程度的总量。
- **重新定向：** 选中该复选框，阵列对象在围绕世界坐标轴旋转时也将围绕自身坐标轴旋转。
- **对象类型：** 该选项组用于设置阵列复制物体的副本类型。
- **阵列维度：** 该选项组用于设置阵列复制的维数。

1.5.6 对齐对象

对齐命令可以用来精确地将一个对象和另一个对象按照指定的坐标轴进行对齐操作。在视图中选择要对齐的对象，然后在主工具栏中单击“对齐”按钮，系统会弹出“对齐当前选择”对话框，如图1-37所示。在该对话框中用户可对对齐位置、对齐方向进行设置。

- **对齐位置（世界）：** 该选项组用于设置位置对齐方式。
- **当前对象/目标对象：** 分别用于当前对象和目标对象的设置。
- **对齐方向（局部）：** 该选项组用于设置特殊指定方向对齐依据的轴向。
- **匹配比例：** 该选项组用于将目标对象的缩放比例沿指定的坐标轴向施加到当前对象上。

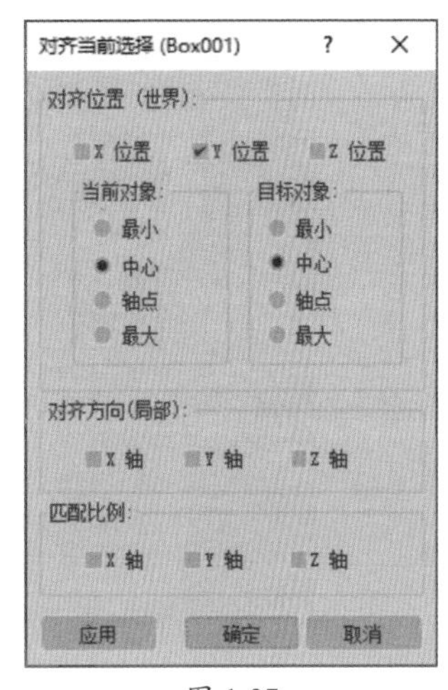

图 1-37

1.5.7 镜像对象

在视图中选择任一对象，在主工具栏中单击“镜像”按钮，将会打开“镜像：世界坐标”对话框，如图1-38所示。在其中设置镜像参数，然后单击“确定”按钮完成镜像操作。

- **“镜像轴”选项组：**镜像轴为X、Y、Z、XY、YZ和 ZX。选择其一可指定镜像的方向。这些选项等同于“轴约束”工具栏中的选项按钮。
- **偏移：**该微调框用于指定镜像对象轴点距原始对象轴点之间的距离。
- **“克隆当前选择”选项组：**确定由“镜像”功能创建的副本的类型。默认设置为“不克隆”。
  - ◆ **不克隆：**在不制作副本的情况下，镜像选定对象。
  - ◆ **复制：**将选定对象的副本镜像到指定位置。
  - ◆ **实例：**将选定对象的实例镜像到指定位置。
  - ◆ **参考：**将选定对象的参考镜像到指定位置。
- **镜像IK限制：**当围绕一个轴镜像几何体时，会导致镜像IK约束（与几何体一起镜像）。如果不希望IK约束受“镜像”命令的影响，可禁用此选项。

图 1-38

课堂实战 完善场景画面

综合运用3ds Max基础操作对当前场景画面进行调整，其中所运用到的操作有复制移动命令、旋转命令、镜像命令等。具体操作步骤如下。

步骤 01 打开“木桶”场景素材，如图1-39所示。

步骤 02 激活顶视图，在主工具栏中单击“选择并移动”工具，选中木桶模型，按住Shift键向右移动，将弹出“克隆选项”对话框，在“对象”选项组中选中“实例”单选按钮，并设置“副本数”为4，如图1-40所示。

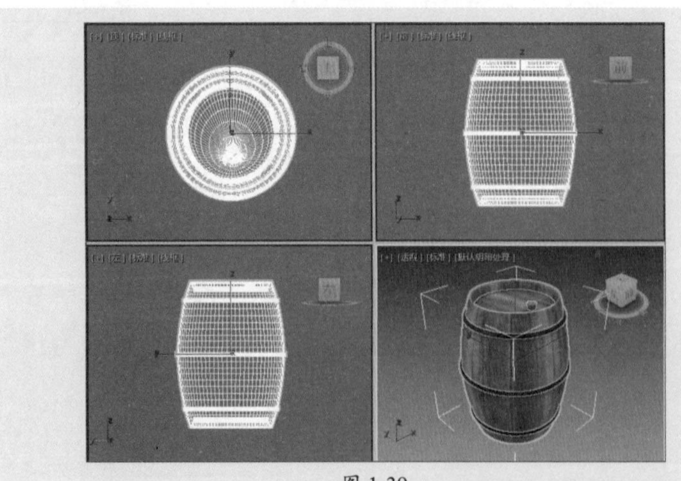

图 1-39

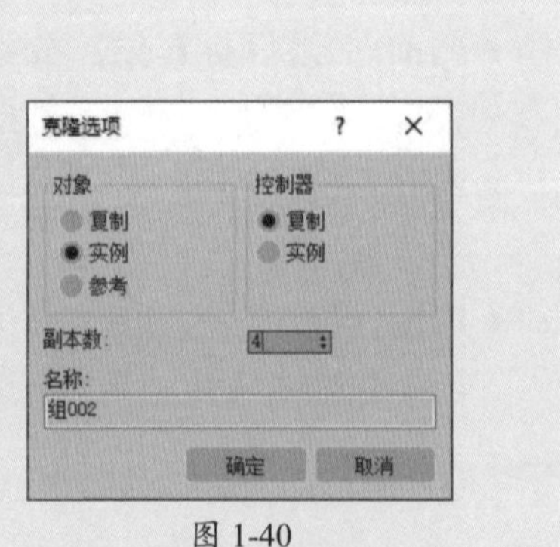

图 1-40

步骤 03 单击“确定”按钮，即可完成实例克隆操作，如图1-41所示。

步骤 04 继续在顶视图中克隆木桶模型，如图1-42所示。

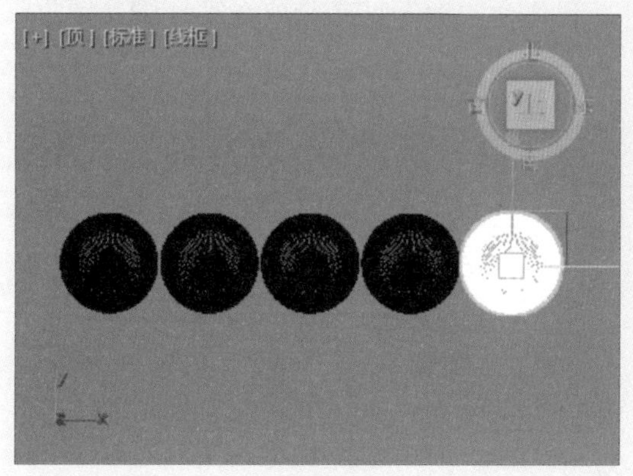

图 1-41

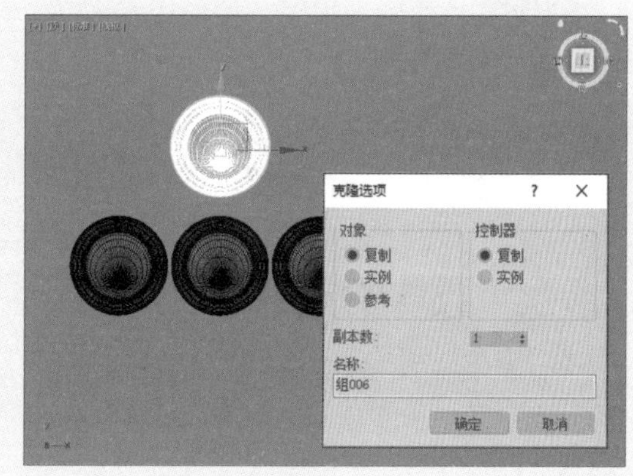

图 1-42

步骤 05 切换到左视图，在主工具栏中右击“旋转”按钮，将打开“旋转变换输入”对话框，在“偏移：屏幕”选项组中设置Z轴参数。单击“选择并移动”工具，调整好木桶位置，如图1-43所示。

步骤 06 切换到顶视图，按住Shift键向两侧各自克隆多个模型，如图1-44所示。

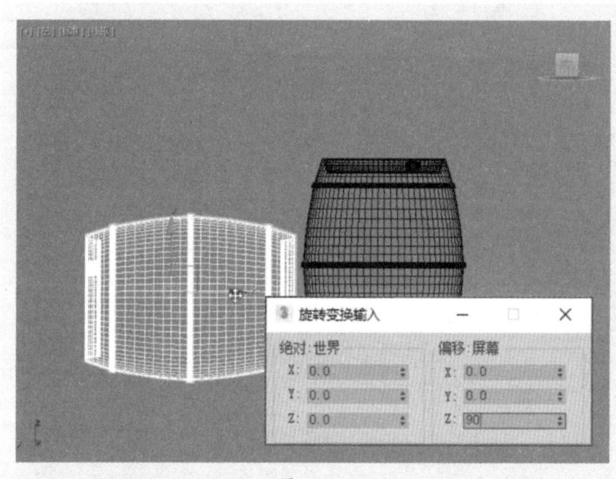

图 1-43

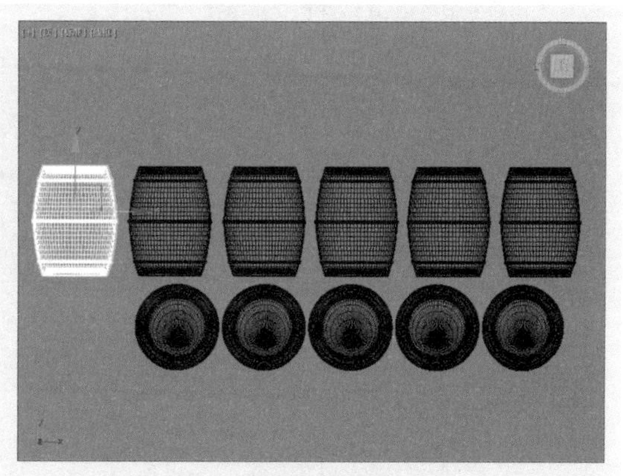

图 1-44

步骤 07 切换到顶视图，选中任意几个横卧的木桶，单击“镜像”按钮，在打开的“镜像：屏幕 坐标”对话框中，将“镜像轴”设置为Y，选中“复制”单选按钮，单击“确定”按钮，将选中的木桶进行镜像复制，如图1-45所示。

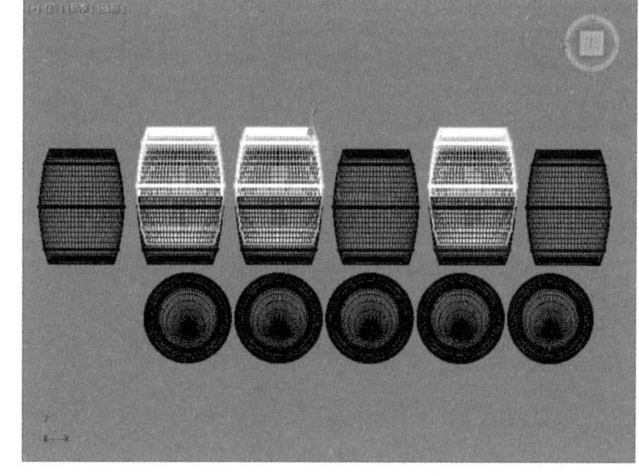

图 1-45

步骤 08 切换到前视图，选中“选择并移动”工具，调整好镜像木桶的位置，如图1-46所示。

步骤 09 切换到顶视图，按照以上方法，再复制几个木桶，将其叠放在第三层，效果如图1-47所示。

图 1-46　　图 1-47

步骤 10 切换到顶视图，选中“选择并移动”工具，适当调整前排木桶的位置，使场景看起来更加自然，如图1-48所示。

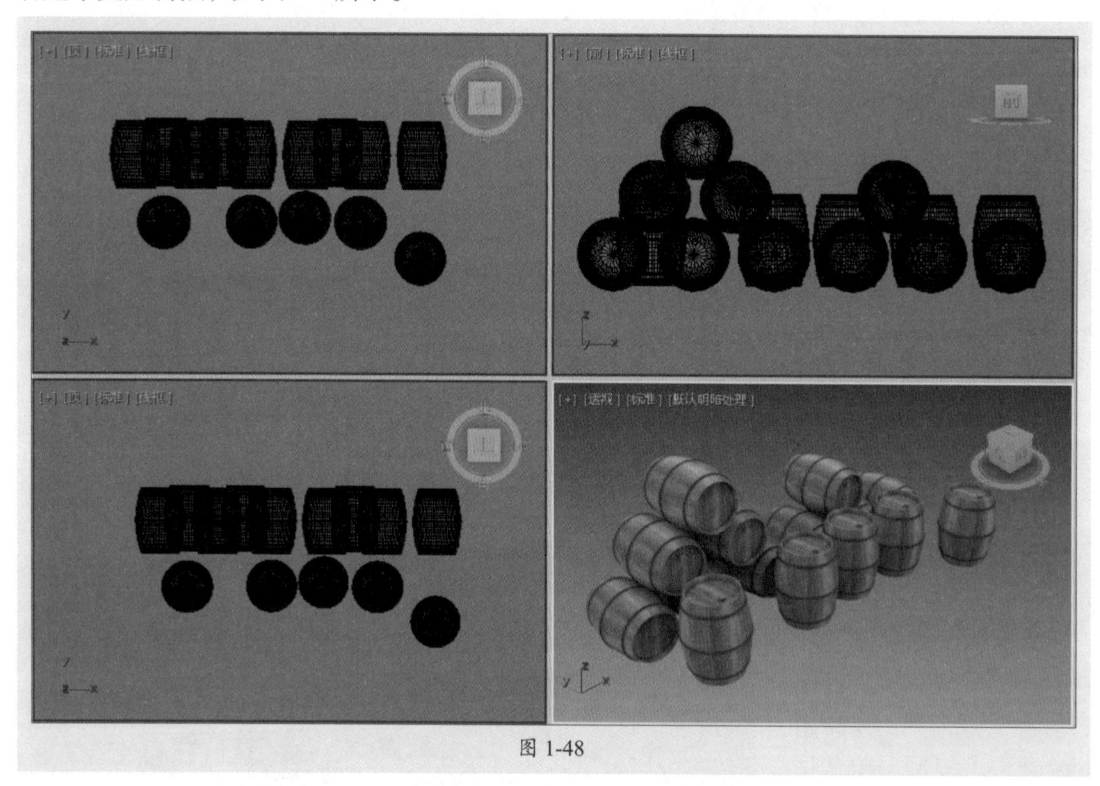

图 1-48

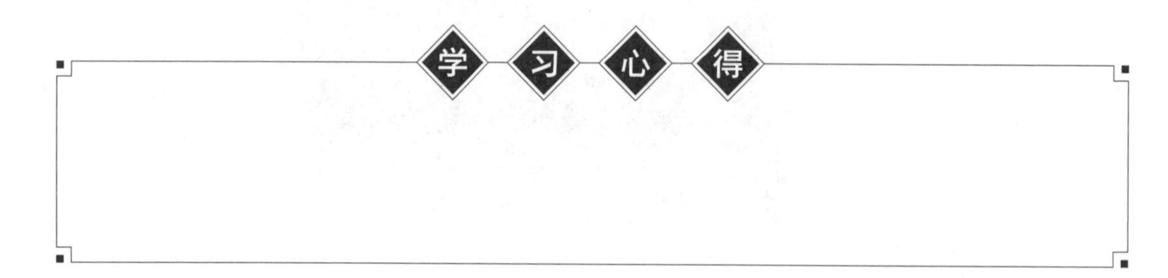

课后练习 调整模型的观察角度

本练习将对小推车模型进行全方位的观察，以便更准确地调整模型。图1-49所示为默认透视角度。

图 1-49

1. 技术要点

选中透视图，按住鼠标中键的同时，按住Alt键，并拖动鼠标即可灵活地调整模型的观察视角。此外，用户单击视图右上角的导航按钮，也可调整视角。

2. 分步演示

分步演示如图1-50所示。

图 1-50

拓展赏析

中国动画之父——万籁鸣

在中国动画的辉煌历史中，万籁鸣的名字如一颗璀璨的星星，永远闪耀着光芒。他被誉为“中国动画之父”，不仅因为他创了中国动画的新纪元，更因为他将中国传统文化与现代动画技术完美结合，赋予了动画作品深厚的文化内涵。

万籁鸣，号籁翁，艺名马痴。世界动画大师、艺术大师、中国动画电影创始人、世界著名导演，近代世界500名人之一。他的作品《大闹天宫》是我国第一部彩色动画长片，是中国动画的巅峰作品之一，如图1-51所示。

图 1-51

《大闹天宫》这部作品取材自中国古典名著《西游记》中的经典章节。通过孙悟空这一家喻户晓的角色，展现了其桀骜不驯、敢于挑战权威的精神。在万籁鸣的笔下，孙悟空不仅是一个动画形象，更是一个充满智慧与勇气的文化符号。

为了将《大闹天宫》呈现得尽善尽美，万籁鸣倾注了无数的心血与智慧。他深入研究中国传统艺术形式，将水墨画、剪纸、皮影等元素融入动画创作中，使画面呈现独特的东方韵味。同时，他还注重动画的叙事性和情感表达，通过细腻的画面和生动的情节，将孙悟空的形象刻画得栩栩如生。

《大闹天宫》的问世，不仅为中国动画赢得了世界的赞誉，更将万籁鸣的名字永远镌刻在中国动画的史册上。这部作品不仅是一部动画长片，更是对中国传统文化的传承与发扬。它让我们看到了万籁鸣对中国动画事业的深深热爱与不懈追求，也让我们感受到了中国动画的无限魅力与广阔前景。

思政课堂

第2章

三维建模技术

内容导读

3ds Max是三维建模与动画设计的核心软件，它具有多种建模手段。如几何体建模、样条线建模、复合对象建模、修改器建模、网格建模等。不同的建模手段可以创建出不同类型的模型，也适用于各种不同的场景。本章将对3ds Max建模的核心功能进行介绍，为读者提供有益的参考和启示。

思维导图

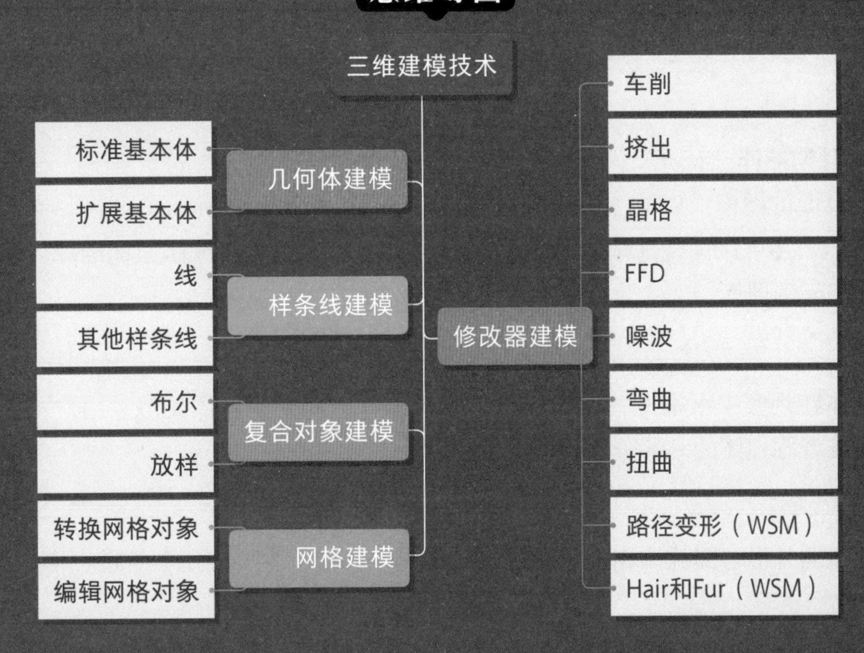

2.1 几何体建模

几何体建模，顾名思义就是利用各种几何体进行建模，如长方体、圆柱体、球体、管状体以及一些异面体等。很多复杂的模型都是由各种基本几何体组合而成的，所以学好几何体建模很关键，它是三维建模最基本的技能。

2.1.1 标准基本体

标准基本体是3ds Max中常用的基本模型，包括长方体、圆锥体、球体、几何球体、圆柱体、管状体、圆环、四棱锥、茶壶、平面和加强型文本共11种。可以切换到“创建”面板，选中“几何体”图标，然后选择“标准基本体”类型选项，如图2-1所示。

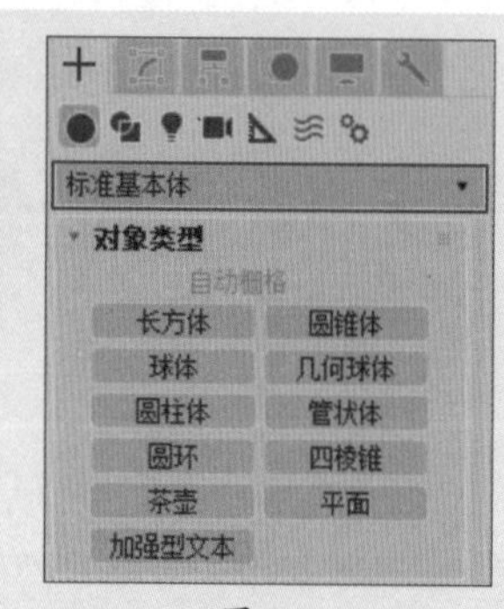

图 2-1

1. 长方体

长方体是基础建模应用最广泛的标准基本体之一，用户可以使用长方体创建出很多模型，如方桌、墙体等，同时还可以将长方体作为多边形建模的基础物体。利用“长方体”按钮可以创建出长方体或立方体。

2. 圆锥体

圆锥体大多用于创建天台、吊坠等。利用“参数”卷展栏中的选项可以将圆锥体定义成许多形状。

3. 球体、几何球体

球体表面的网格线由经纬线构成，利用球体模型可以生成完整的球体、半球体或球体的其他部分，还可以围绕球体的垂直轴对其进行切片。而几何球体与标准球体相比，能够生成更加规则的曲面。

4. 圆柱体

圆柱体在现实中很常见，比如玻璃杯和桌腿等。和创建球体类似，用户可以创建完整的圆柱体或者圆柱体的一部分。

5. 管状体

管状体的外形与圆柱体相似，不过管状体是空心的，主要应用于管道类模型的制作。

6. 圆环

圆环可以用于创建环形或具有圆形横截面的环状物体。创建圆环的方法和其他标准基本体有许多相同点，用户可以创建完整的圆环，也可以创建圆环的一部分。

7. 四棱锥

四棱锥可以创建方形或矩形底部以及三角形侧面的物体，可用于创建金字塔、帐篷等。

8. 茶壶

茶壶是标准基本体中唯一完整的三维模型实体，单击“茶壶”按钮并拖动鼠标即可创建茶壶的三维实体，通过设置参数也可以创建出茶杯、茶壶盖等。

9. 平面

平面是一种没有厚度的长方体，在渲染时可以无限放大。平面常用来创建大型场景的地面或墙体。此外，用户可以为平面模型添加噪波等修改器，以创建陡峭的地形或波澜起伏的海面。

10. 加强型文本

利用加强型文本可以制作出实体文字模型，并且可以设置文字的字体、大小、间距、高度等参数。

2.1.2 扩展基本体

扩展基本体是3ds Max复杂基本体的集合，可以创建带有倒角、圆角和特殊形状的物体，包括异面体、环形结、切角长方体、切角圆柱体、油罐、胶囊、纺锤、软管等13个类型。用户可在“创建”面板中选中“几何体”图标，然后选择“扩展基本体”类型选项，如图2-2所示。

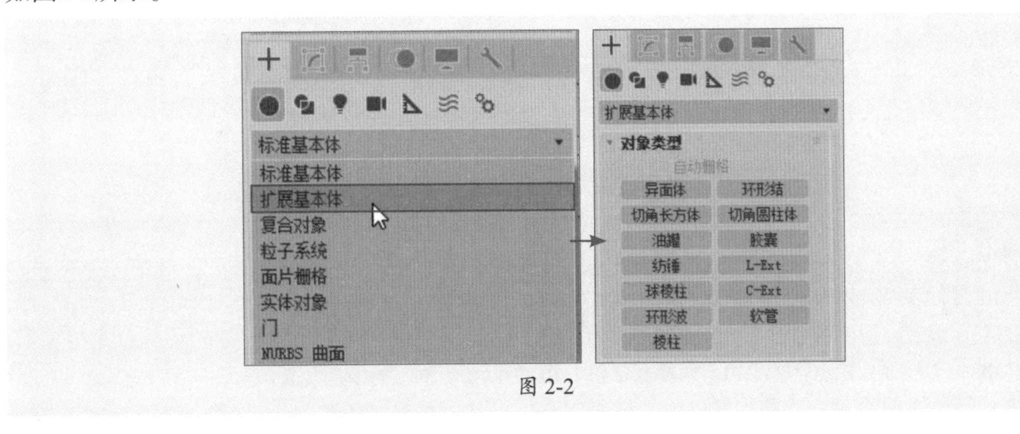

图 2-2

1. 异面体

异面体是由多个边、面组合而成的三维实体图形，可以调节异面体边、面的状态，也可以调整实体面的数量来改变其形状，如图2-3所示。

2. 切角长方体

切角长方体在创建模型时应用十分广泛，常被用于创建带有圆角的长方体结构，如

图2-4所示。

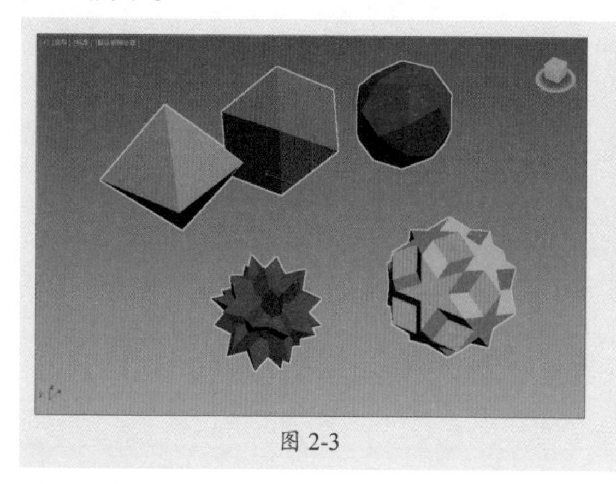

图 2-3

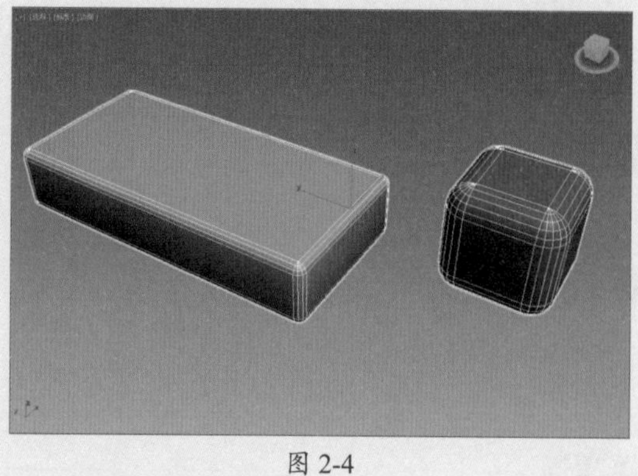

图 2-4

3. 切角圆柱体

切角圆柱体是圆柱体的扩展物体，其创建方法与切角长方体大致相同，可以快速创建出带有圆角效果的圆柱体，如图2-5所示。

4. 油罐、胶囊、纺锤、软管

油罐、胶囊、纺锤是效果较为特殊的圆柱体，而软管则是一个能连接两个对象的弹性对象，因而能反映这两个对象的运动，如图2-6所示。

图 2-5

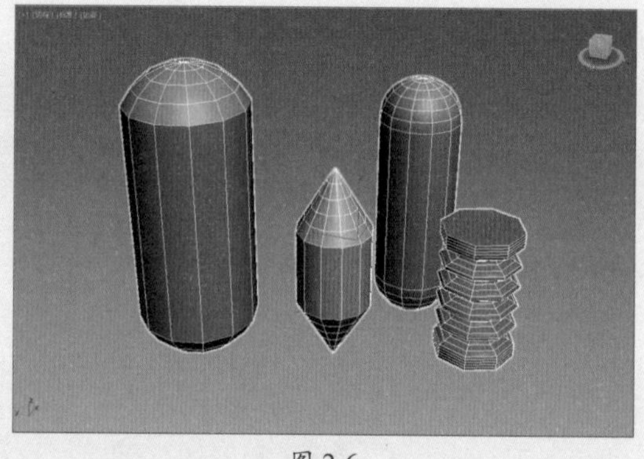

图 2-6

操作提示

无论是标准基本体模型还是扩展基本体模型，都有参数可以设置，用户可以通过这些参数对几何体进行适当的变形处理。图2-7所示为“切角圆柱体”和“长方体”的参数设置。不同的几何体，其参数也不同。

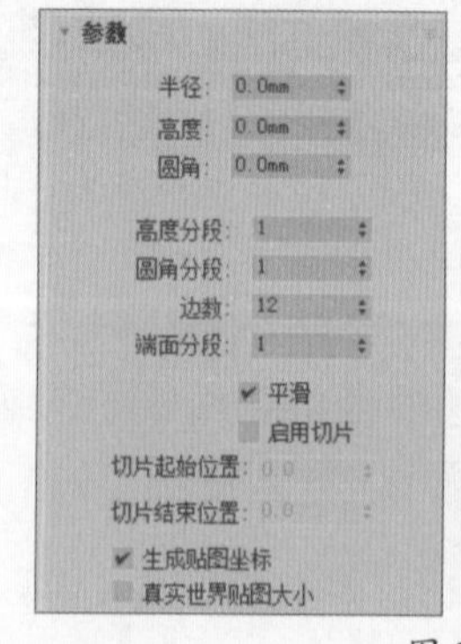

图 2-7

2.2 样条线建模

样条线建模是利用各类线段、形状、文本、横截面等二维图形，通过添加一个或多个修改器命令，使其生成三维实体模型的一种建模方式。与几何体建模相比，样条线建模比较灵活。用户可在“创建”面板中选中“图形”图标，然后在其中选择图形。

2.2.1 线

线是样条线对象中较为特殊的一种，没有可编辑的参数，只能利用顶点、线段和样条线进行编辑。单击时若立即松开便形成折角，若继续拖动一段距离后再松开便形成圆滑的弯角。图2-8所示为利用“线”按钮绘制的图形。

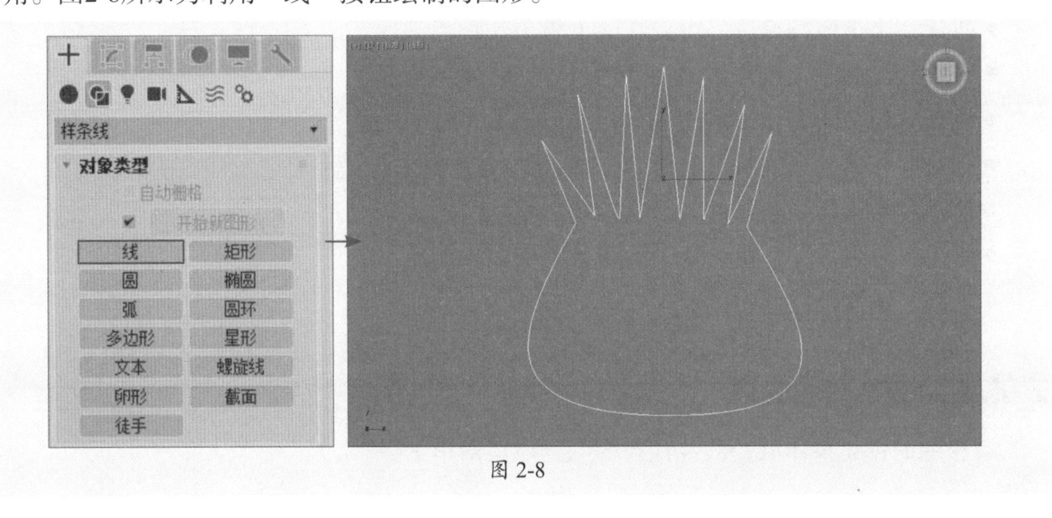

图 2-8

创建线后，在“修改”面板中可以看到“渲染”“插值”“选择”“软选择”“几何体”等几个参数卷展栏，如图2-9所示。各卷展栏中常用选项的含义如下。

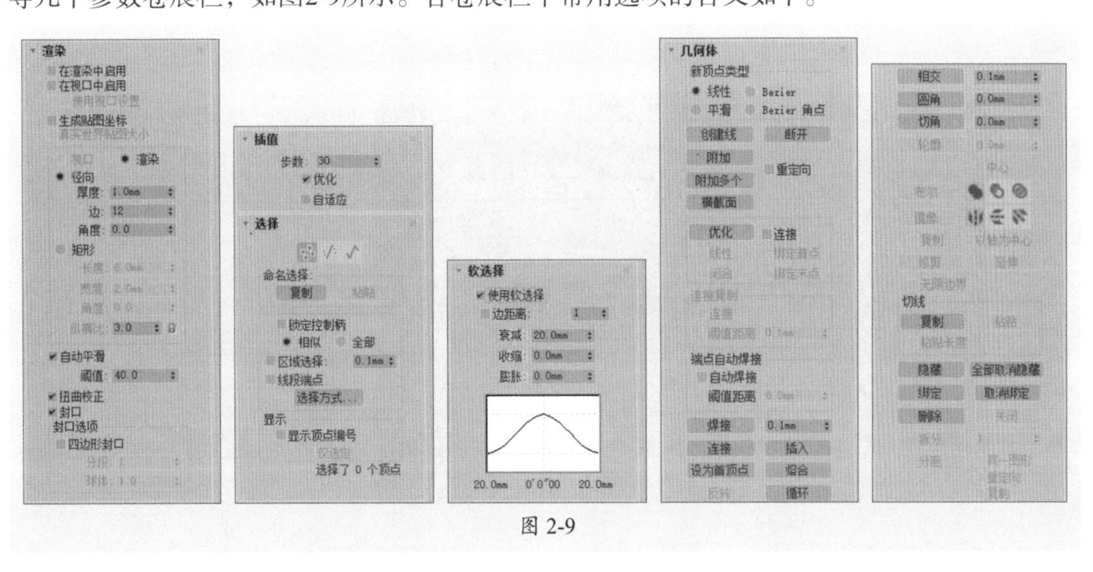

图 2-9

- **在渲染中启用：** 选中该复选框才能渲染出样条线。
- **在视口中启用：** 选中该复选框后，样条线会以三维效果显示在视图中。

- **步数：**该微调框用于手动设置每条样条线的步数。
- **优化：**选中该复选框后，可以从样条线的直线线段中删除不需要的步数。
- **使用软选择：**该复选框可在编辑对象或编辑修改器的子对象层级上影响移动、旋转和缩放功能的操作。
- **衰减：**该微调框用来定义影响区域的距离，用当前单位表示从中心到球体的边距离。
- **收缩：**沿着垂直轴提高并降低曲线的顶点。
- **膨胀：**沿着垂直轴展开和收缩曲线。
- **创建线：**该按钮可向所选对象添加更多样条线。
- **附加：**单击该按钮后，选择多条线，使其附加变为一个整体。
- **附加多个：**单击该按钮可以在列表中选择需要附加的对象。
- **优化：**单击该按钮后，可以在线上单击添加点。
- **焊接：**将两个顶点转化为一个顶点。
- **连接：**连接两个顶点以生成一条线性线段。
- **相交：**在同一个线对象的两个样条线的相交处添加顶点。
- **圆角：**允许在线段会合处设置圆角，添加新的控制点。
- **切角：**允许使用切角功能设置角部的倒角。
- **轮廓：**为样条线创建厚度。

2.2.2 其他样条线

掌握线的创建操作后，其他样条线的创建就简单了很多。

1. 矩形

矩形常用于创建简单家具的拉伸原形。单击“矩形”按钮，在顶视图中拖动鼠标即可创建矩形样条线。切换到“修改”面板，在“参数”卷展栏中可进行相关设置，如图2-10所示。

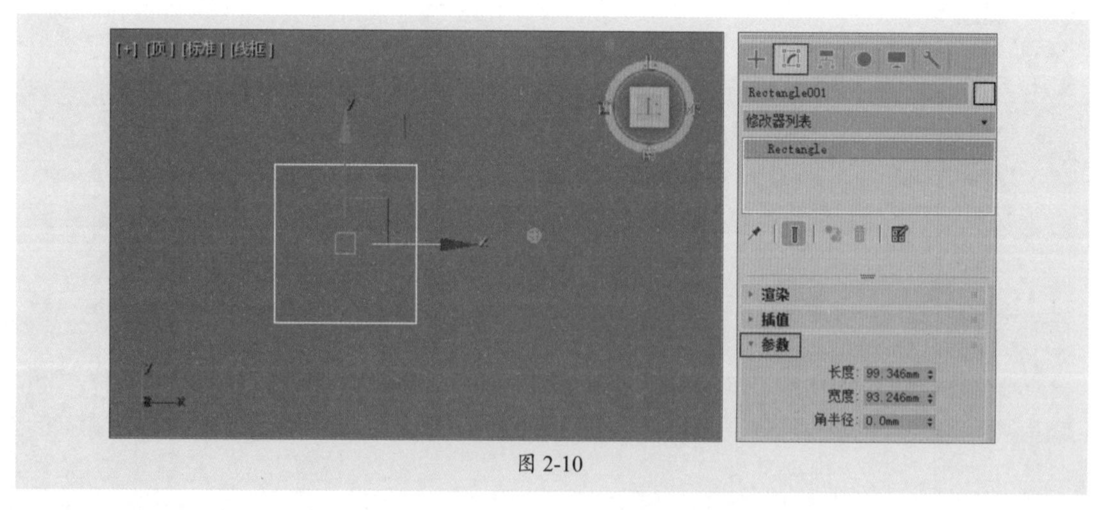

图 2-10

2. 圆 / 椭圆

单击“圆”按钮，在任意视图上单击并拖动鼠标即可创建圆。

创建椭圆样条线和圆形样条线的方法类似，通过“参数”卷展栏可以设置半轴的长度和宽度。

3. 弧

利用弧样条线可以创建圆弧和扇形，创建的弧形状可以通过修改器生成带有平滑圆角的图形。单击“弧”按钮，在视图中单击并拖动鼠标创建线段，释放左键后上下拖动鼠标或者左右拖动鼠标可显示弧线，再次单击确认，完成弧的创建，如图2-11所示。

创建弧完成后，在“创建方法”卷展栏中设置弧线的创建方式，在“参数”卷展栏中设置弧线的各参数，如图2-12所示。

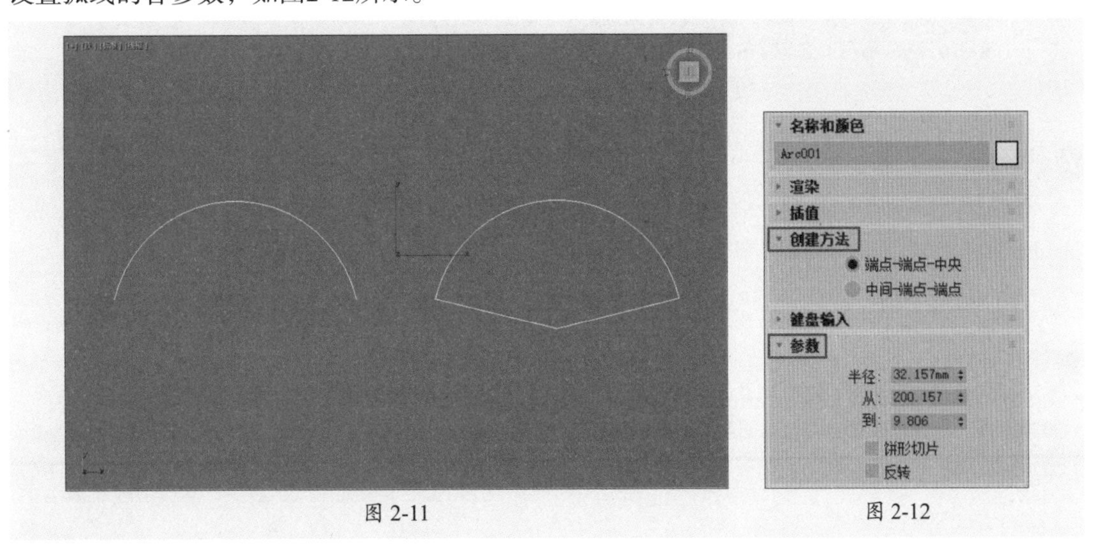

图 2-11　　图 2-12

4. 圆环

圆环需要设置内框线和外框线，单击“圆环”按钮，在视图中拖动鼠标创建圆环外框线，释放鼠标左键并拖动鼠标，即可创建圆环内框线。单击完成创建圆环的操作。在“参数”卷展栏中可以设置半径1和半径2的大小。

5. 多边形和星形

多边形和星形属于多线段的样条线图形，通过边数和点数可以设置样条线的形状。在“参数”卷展栏中有许多设置多边形的选项。

操作提示

在创建星形半径2时，向内拖动，可将第一个半径作为星形的顶点；或者向外拖动，可将第二个半径作为星形的顶点。

6. 文本

单击“文本”按钮，在视图中单击即可创建一个默认的文本，如图2-13所示。在“参数”卷展栏中可对文本的字体、大小、特性等进行设置，如图2-14所示。

图 2-13

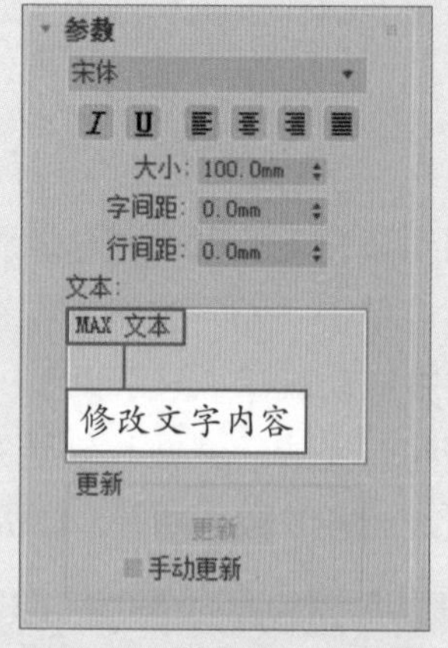

图 2-14

7. 螺旋线

利用螺旋线图形工具可以创建弹簧及旋转楼梯扶手等不规则的圆弧形状。该图形可以通过半径1、半径2、高度、圈数、偏移、顺时针和逆时针等选项进行设置。

操作提示

如果想对圆、矩形、星形之类的具有特定属性参数的样条线进一步进行编辑，可以将样条线转换为可编辑样条线。选择样条线，右击，在弹出的快捷菜单中选择“转换为>转换为可编辑样条线”命令即可，其参数设置与线参数设置相同。

2.3 复合对象建模

复合对象建模是一种特殊的建模方法，它可以将两种或两种以上的模型对象合并成一个新的对象。这种建模方式适用于需要创建复杂、精细的三维场景。用户可在“创建”面板中选中“几何体”图标，然后选择“复合对象”类型选项，如图2-15所示。

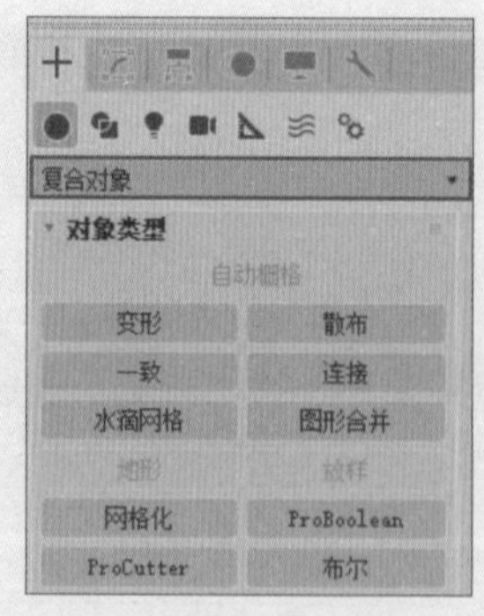

图 2-15

2.3.1 布尔

布尔是通过对两个以上的物体进行布尔运算，从而得到新的物体形态。

在视口中选取源对象，接着在“创建”面板中单击“布尔”按钮，此时会打开“布尔参数”和“运算对象参数”卷展栏，分别如图2-16和图2-17所示。单击“添加运算对象”按钮，在“运算对象参数”卷展栏中选择运算方式，然后选取目标对象即可进行布尔运算。

图 2-16

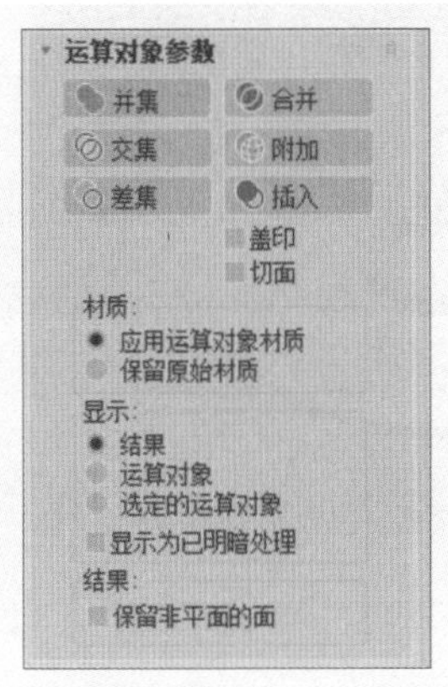

图 2-17

布尔运算方式包括并集、差集、交集、合并、附加、插入6种，利用不同的运算方式会形成不同的物体形状。各运算方式含义如下。

（1）并集：结合两个对象的体积。几何体的相交部分或重叠部分会被丢弃。应用了“并集”操作的对象在视口中会以青色显示出其轮廓，如图2-18、图2-19所示。

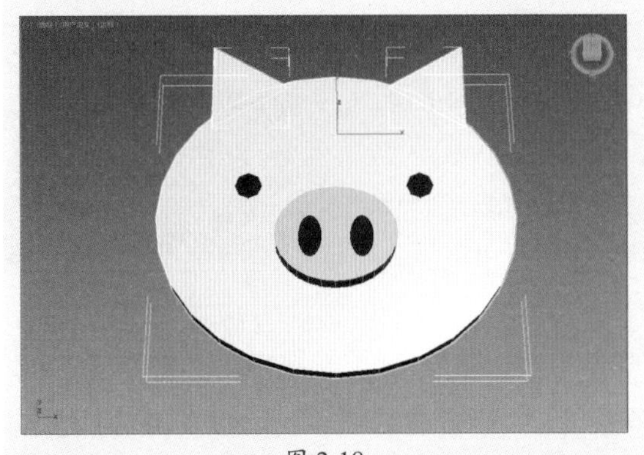

图 2-18

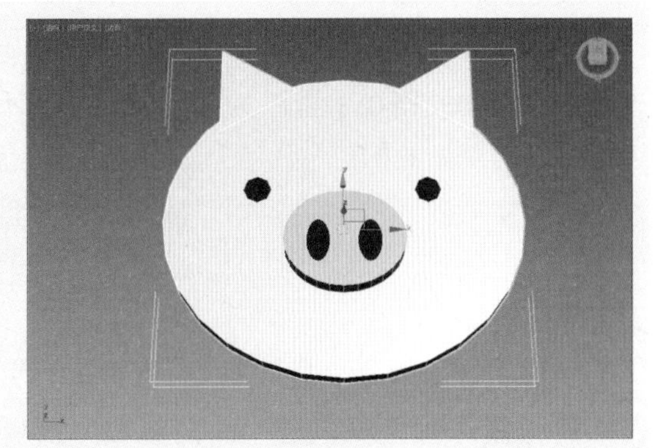

图 2-19

（2）差集：从基础对象移除相交的体积，如图2-20、图2-21所示。

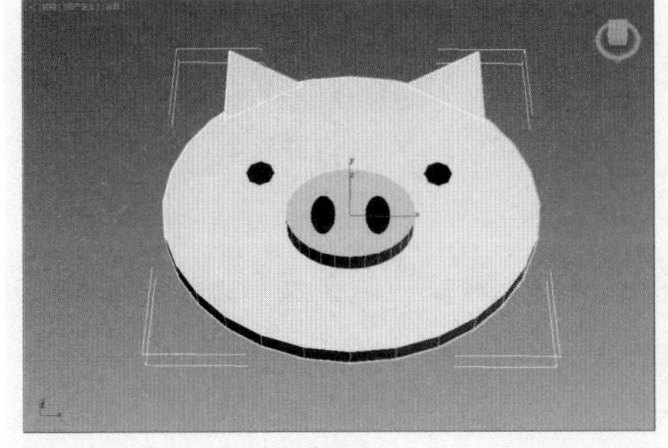

图 2-20

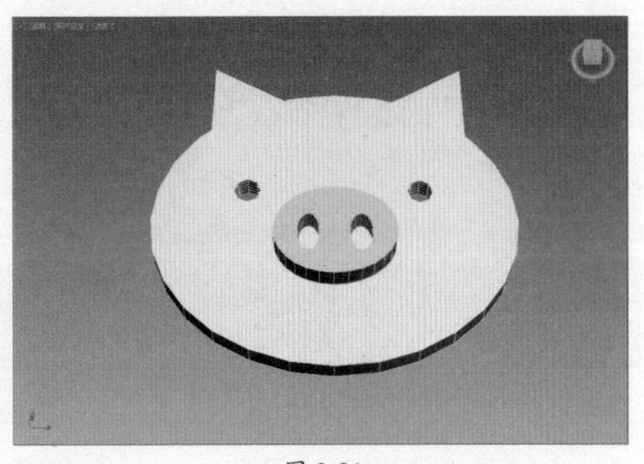

图 2-21

（3）交集：使两个原始对象共同的重叠体积相交，剩余的几何体会被丢弃，如图2-22、图2-23所示。

图 2-22

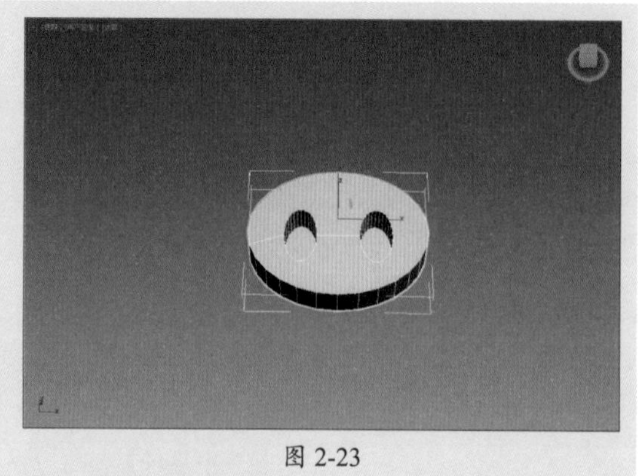
图 2-23

（4）合并：使两个网格相交并组合，而不移除任何原始多边形。

（5）附加：将多个对象合并成一个对象，而不影响各对象的拓扑。

（6）插入：从操作对象A减去操作对象B的边界图形，操作对象B的图形不受此操作的影响。

2.3.2 放样

放样是将二维图形作为横截面，沿着一定的路径生成三维模型，所以只可以对样条线进行放样。同一路径上可以为不同分段赋予不同的截面，从而实现很多复杂模型的构建。

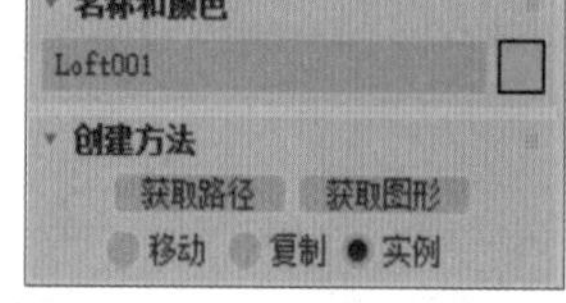

图 2-24

选择横截面，单击“放样”按钮，在“创建方法”卷展栏中单击“获取路径”按钮，如图2-24所示，接着在视图中单击路径即可完成放样操作。

如果先选择路径，则需要在“创建方法”卷展栏中单击“获取图形”按钮并拾取路径。放样操作时主要包括“曲面参数”“路径参数”“蒙皮参数”3个卷展栏，如图2-25所示。

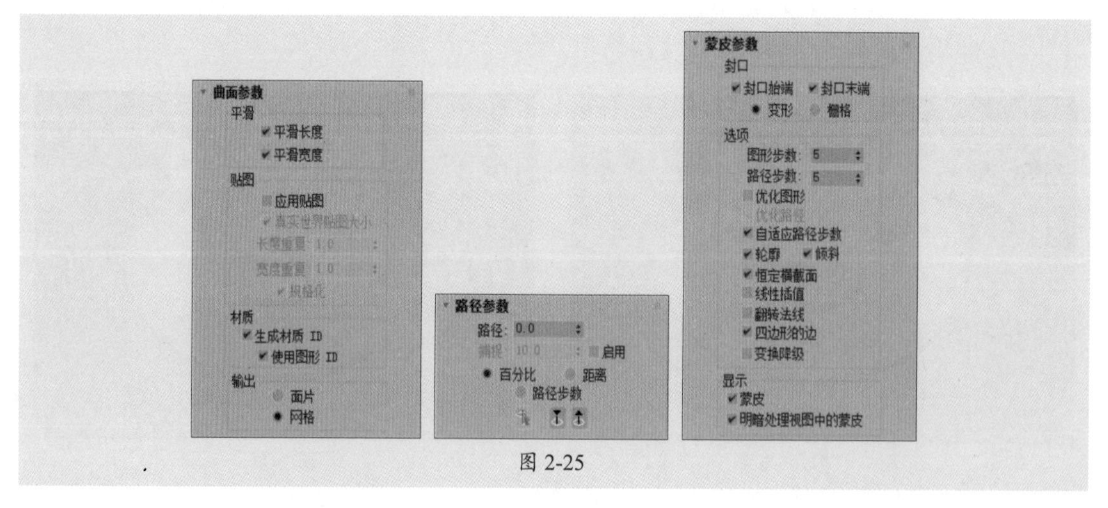

图 2-25

各卷展栏中常用选项含义如下。

- **路径：** 通过输入值或拖动微调器来设置路径的级别。
- **图形步数：** 该微调框用于设置横截面图形的每个顶点之间的步数。该值会影响围绕放样周边的数目。
- **路径步数：** 该微调框用于设置路径的每个主分段之间的步数。该值会影响沿放样长度方向的分段的数目。
- **优化图形：** 如果选中该复选框，则对于横截面的直分段，会忽略图形步数。

2.4 修改器建模

修改器是用于修改场景模型的工具，它们根据参数的设置来修改对象。同一对象可以添加多个修改器。修改器添加的次序不同，其生成的模型效果也不同。常用的修改器有车削、挤出、FFD、晶格、噪波、弯曲、扭曲等。

案例解析：建立蘑菇群场景

利用圆柱体结合FFD修改器和“弯曲”修改器来建立蘑菇群场景。具体操作步骤如下。

步骤 01 单击“圆柱体”按钮，创建一个半径为50mm、高度为10mm的圆柱体，并设置分段和边数，如图2-26所示。

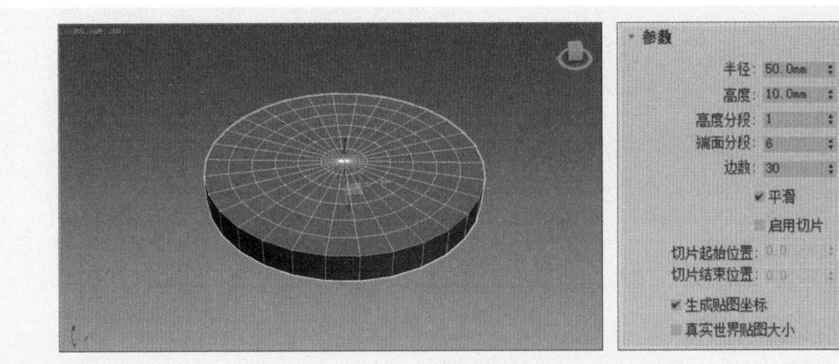

图 2-26

步骤 02 为对象添加“FFD（长方体）”修改器，在命令面板中单击“设置点数”按钮，打开“设置FFD尺寸”对话框，设置点数，如图2-27所示。

步骤 03 激活“控制点”子层级，选择上一层除中心外的所有控制点，如图2-28所示。

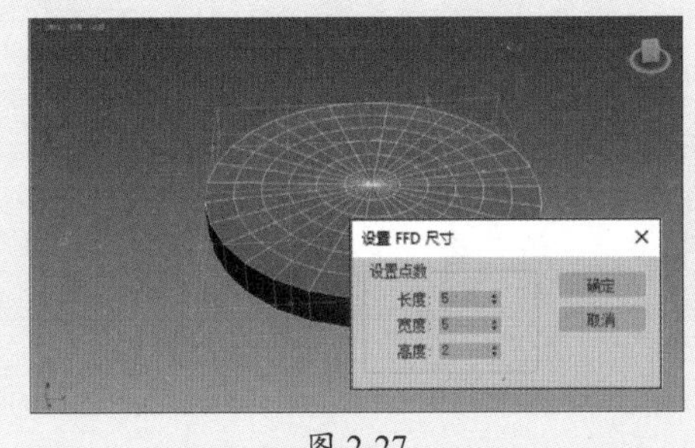

图 2-27

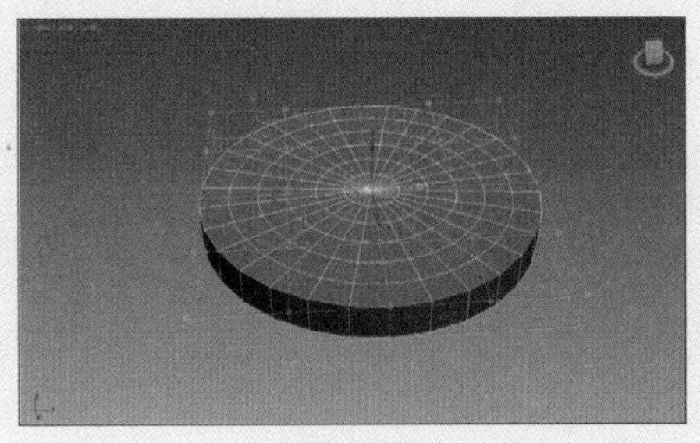

图 2-28

步骤 04 在前视图中向下调整顶点位置，如图2-29所示。

步骤 05 选择最外一圈控制点，在前视图中向下调整位置，如图2-30所示。

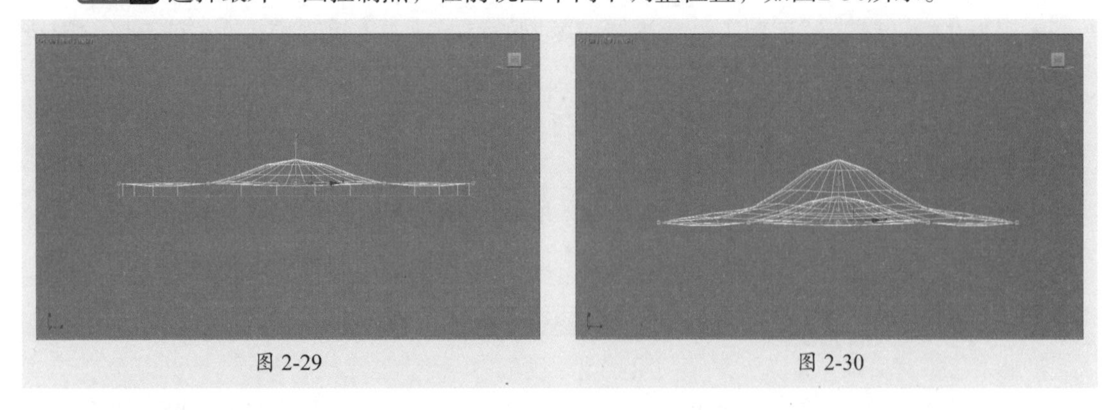

图 2-29　　　　图 2-30

步骤 06 继续调整控制点，制作出蘑菇菌盖模型，如图2-31所示。

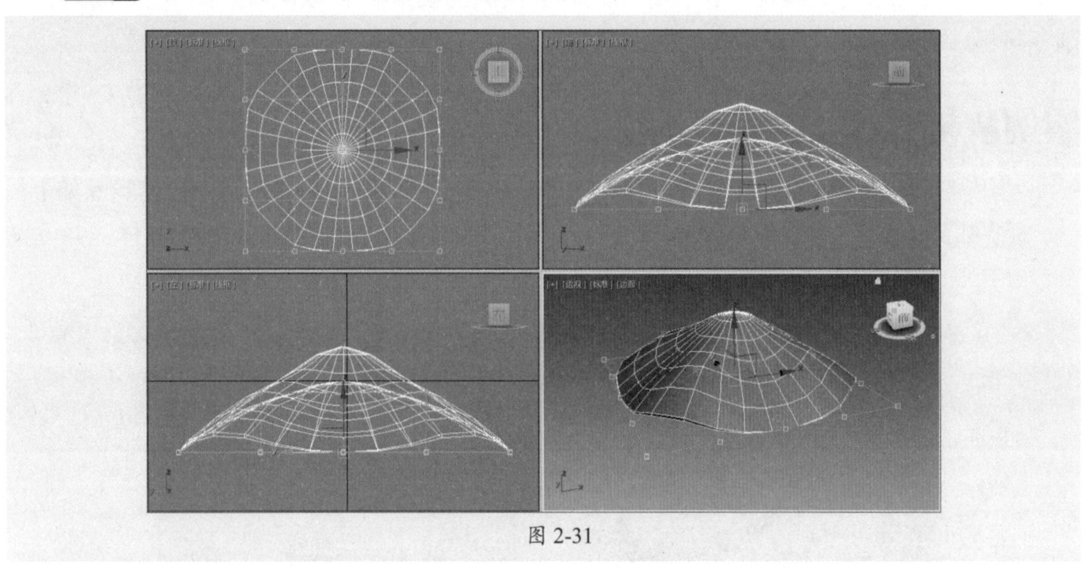

图 2-31

步骤 07 单击“切角圆柱体”按钮，在顶视图中创建一个半径为5mm、高度为120mm的切角圆柱体作为菌柄，并设置圆角及分段等参数，如图2-32所示。

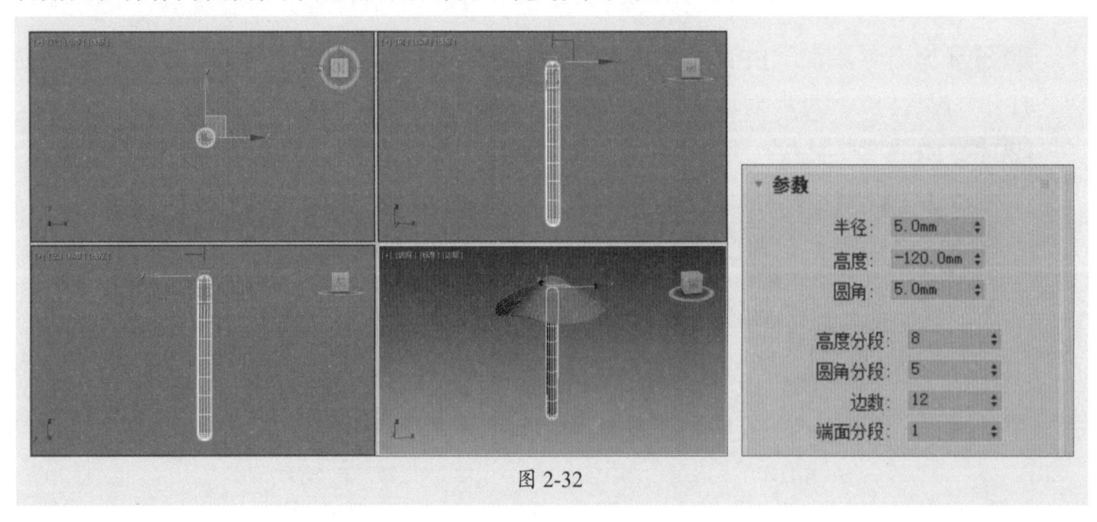

图 2-32

步骤08 为菌柄对象添加“FFD（圆柱体）”修改器，并设置控制点的点数，如图2-33所示。

步骤09 激活“控制点”子层级，选择底部的控制点，在顶视图中进行均匀缩放，如图2-34所示。

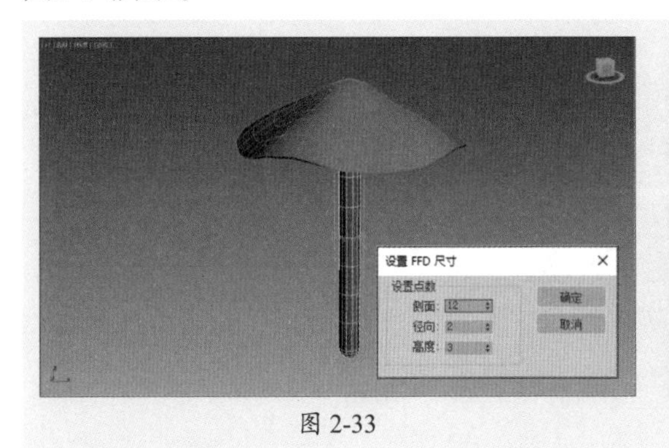

图 2-33

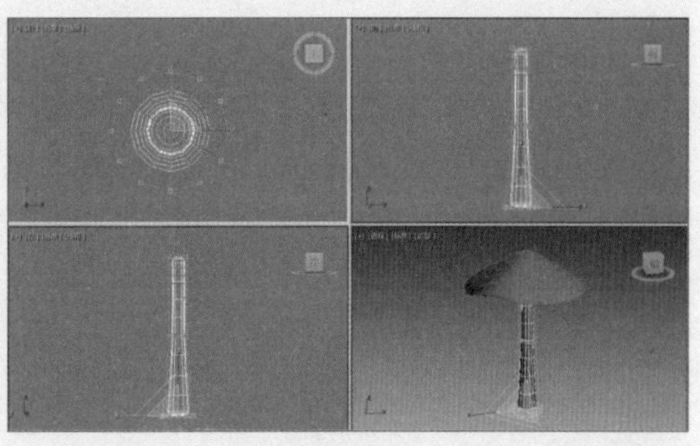

图 2-34

步骤10 为模型添加“弯曲”修改器，在“参数”卷展栏中设置弯曲角度和弯曲轴，即可在视口中看到弯曲效果，如图2-35所示。

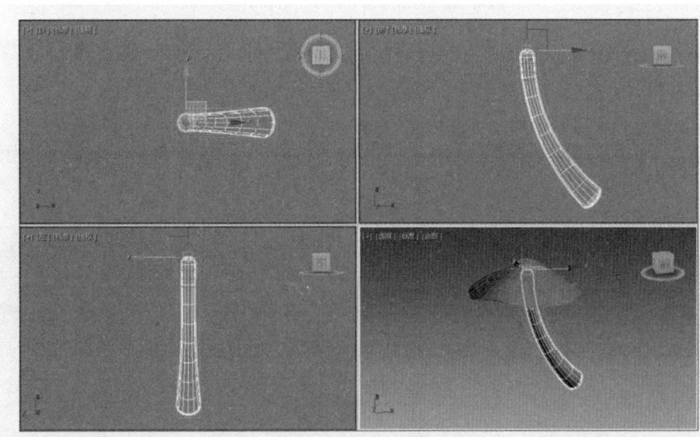

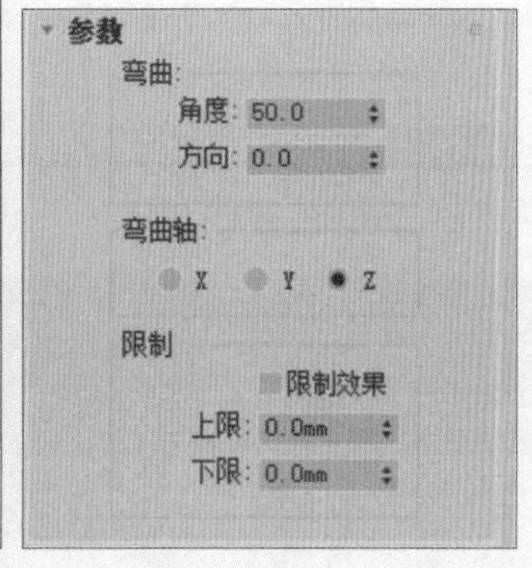

图 2-35

步骤11 在修改器堆栈中单击激活“弯曲”修改器，然后在前视图中沿Y轴向下移动修改器的起始位置，制作出菌柄模型，如图2-36所示。

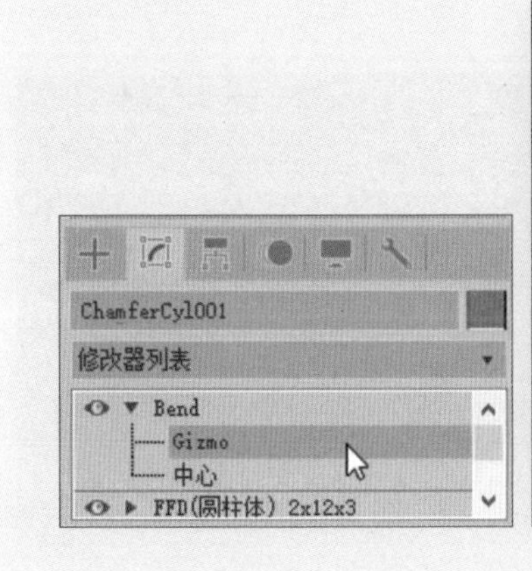

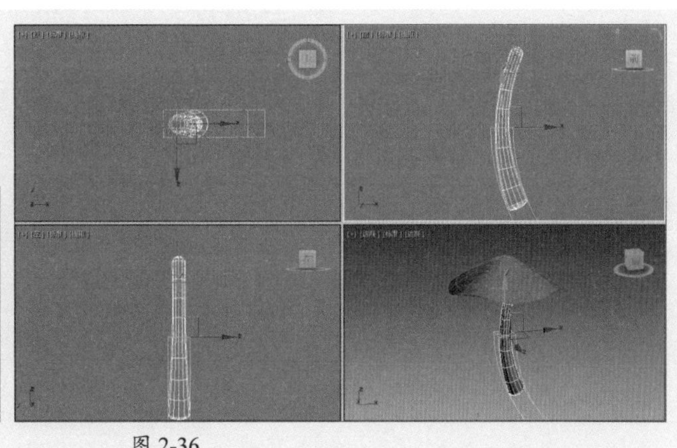

图 2-36

步骤 12 退出修改器堆栈，再调整菌柄位置，如图2-37所示。

步骤 13 选择模型，执行“组>组”命令，打开“组”对话框，直接单击“确定”按钮创建成组，如图2-38所示。

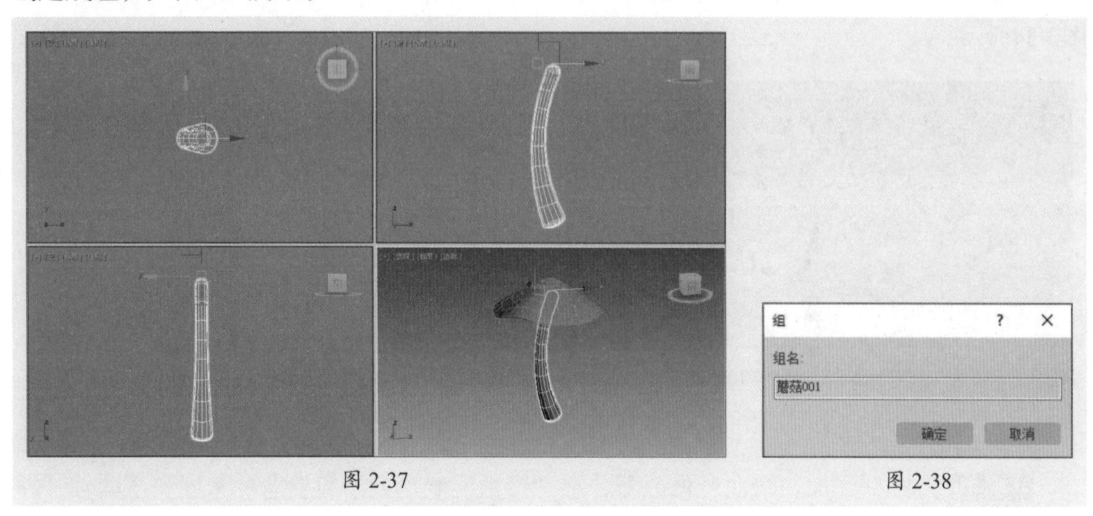

图 2-37　　图 2-38

步骤 14 选择蘑菇模型，按Ctrl+V组合键克隆对象。利用“选择并缩放”工具调整模型比例，然后利用“选择并旋转”工具在顶视图中旋转对象，再调整对象的位置，如图2-39所示。

步骤 15 按照此方法复制出多个蘑菇模型，缩放比例并调整角度和位置，完成蘑菇群场景的制作，如图2-40所示。

图 2-39

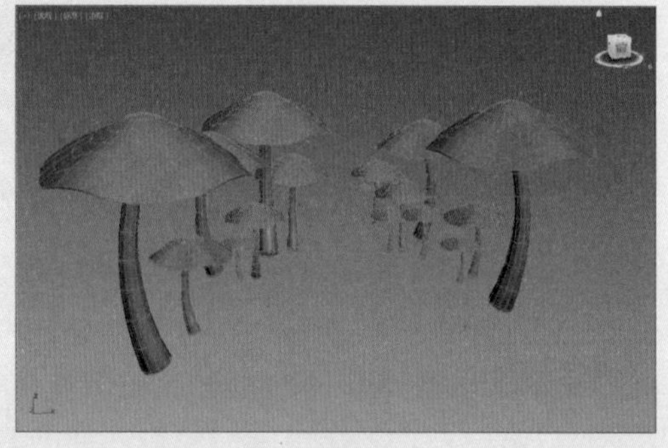

图 2-40

2.4.1　车削

“车削”修改器可以将二维样条线旋转一周，生成旋转体，用户也可以设置旋转角度，更改实体旋转效果，常用于制作轴对称物体，如图2-41所示。

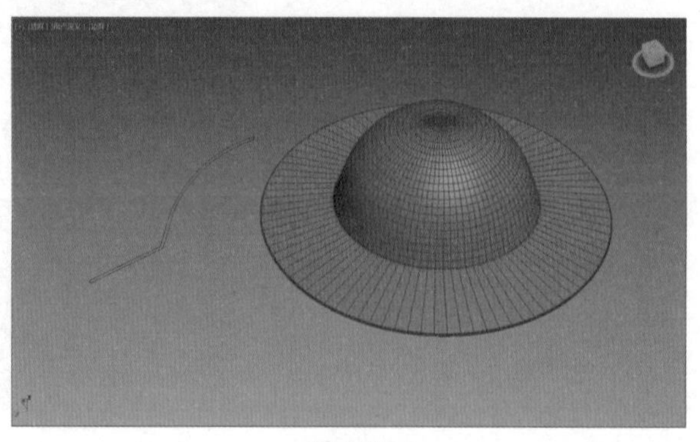

图 2-41

在使用“车削”修改器后，命令面板中将出现“参数”卷展栏，如图2-42所示。“参数”卷展栏中各选项的含义如下。

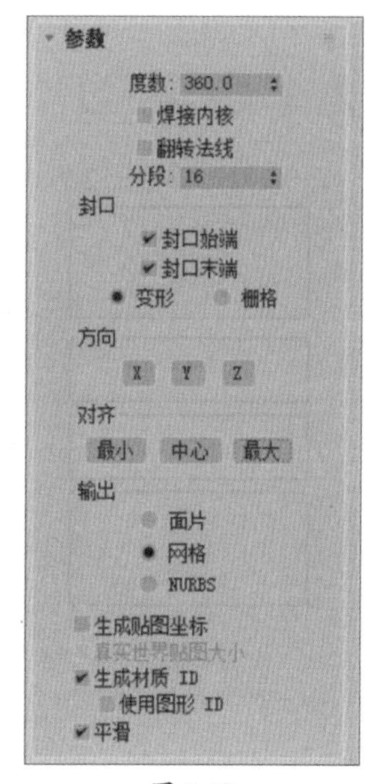

图 2-42

- **度数**：该微调框用于设置车削实体的旋转度数。
- **焊接内核**：将中心轴向上重合的点进行焊接精减，以得到结构相对简单的模型。
- **翻转法线**：将模型表面的法线方向反向操作。
- **分段**：该微调框用于设置车削线段后，旋转出的实体上的分段，其值越高，实体表面就越光滑。
- **封口**：该选项组用于设置在挤出实体的顶面和底面上是否封盖实体。
- **方向**：该选项组用于设置实体进行车削旋转的坐标轴。
- **对齐**：该选项组用来控制曲线旋转的对齐方式。
- **输出**：该选项组用于设置挤出的实体模型输出的类型。
- **生成材质ID**：自动生成材质ID，设置顶面材质ID为1，底面材质ID为2，侧面材质ID则为3。
- **使用图形ID**：选中该复选框，将使用图形材质ID。
- **平滑**：该复选框用于将挤出的实体平滑显示。

2.4.2 挤出

“挤出”修改器可以将绘制的二维样条线挤出厚度，从而产生三维实体，如果绘制的线段为封闭的，即可挤出带有底面的三维实体，若绘制的线段不是封闭的，那么挤出的实体则是片状的。

在使用“挤出”修改器后，命令面板的下方将出现“参数”卷展栏，如图2-43所示。“参数”展卷栏中各选项的含义如下。

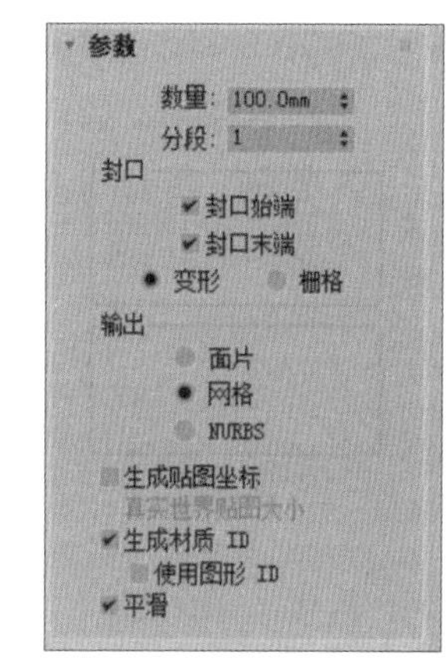

图 2-43

- **数量**：该微调框用于设置挤出实体的厚度。
- **分段**：该微调框用于设置挤出厚度上的分段数量。
- **封口始端**：在顶端加面封盖物体。
- **封口末端**：在底端加面封盖物体。
- **变形**：用于变形动画的制作，保证点面数恒定不变。
- **栅格**：对边界线进行重新排列处理，以最精简的点面数来获取优秀的模型。
- **输出**：该选项组用于设置挤出的实体输出模型的类型。
- **生成贴图坐标**：为挤出的三维实体生成贴图材质坐标。选中该复选框，将激活“真实世界贴图大小”复选框。
- **真实世界贴图大小**：贴图大小由绝对坐标尺寸决定，与对象相对尺寸无关。
- **生成材质ID**：自动生成材质ID，设置顶面材质ID为1，底面材质ID为2，侧面材质ID则为3。
- **使用图形ID**：选中该复选框，将使用图形材质ID。

- **平滑：**该复选框用于将挤出的实体平滑显示。

2.4.3 FFD

FFD修改器是对网格对象进行变形修改的最主要的修改器之一，其特点是通过控制点的移动带动网格对象表面产生平滑一致的变形，如鹅卵石等，如图2-44所示。

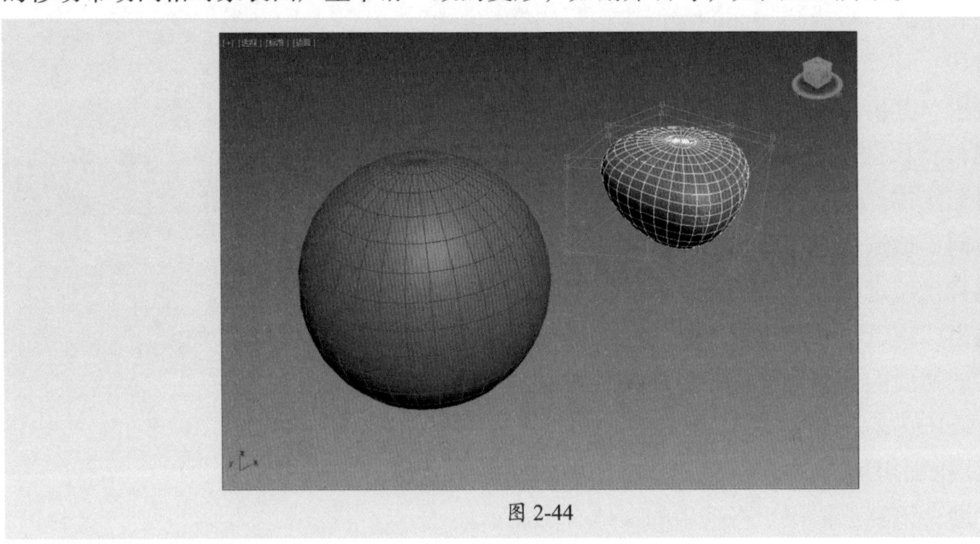

图 2-44

在使用FFD修改器后，命令面板的下方将出现“FFD参数”卷展栏，如图2-45所示。“FFD参数”卷展栏中各选项的含义如下。

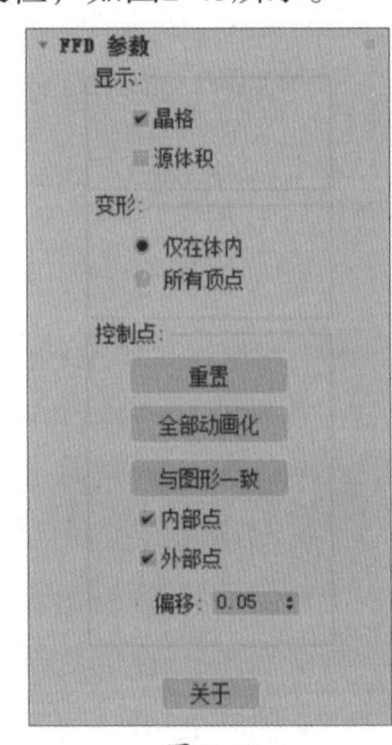

图 2-45

- **晶格：**选中该复选框将会绘制连接控制点的线条，以形成栅格。
- **源体积：**选中该复选框，控制点和晶格会以未修改的状态显示。
- **仅在体内：**只影响处在最小单元格内的面。
- **所有顶点：**影响对象的全部节点。
- **重置：**单击该按钮，将回到初始状态。
- **与图形一致：**单击该按钮，将转换为图形。
- **外部点/内部点：**仅控制受“与图形一致”影响的对象外部/内部点。
- **偏移：**该微调框用于设置偏移量。

2.4.4 晶格

“晶格”修改器可以将图形的线段或边转化为圆柱形结构，并在顶点上产生可选的关键多面体，可用于创建可渲染的几何体结构，或作为获得线框渲染效果的另一种方法，如图2-46所示。

在使用“晶格”修改器之后，命令面板的下方将出现“参数”卷展栏，如图2-47所示。“参数”卷展栏中常用选项的含义如下。

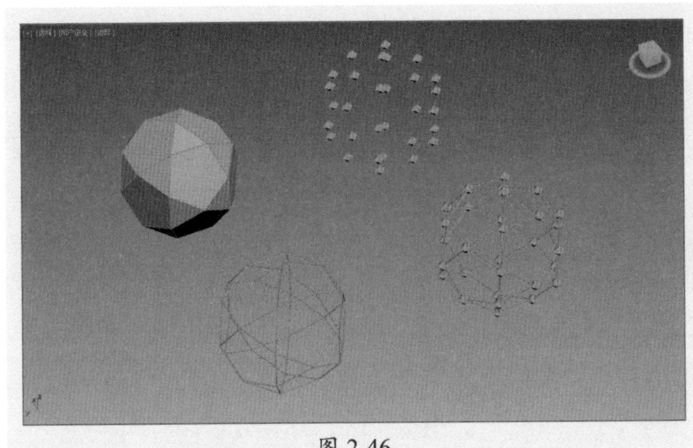

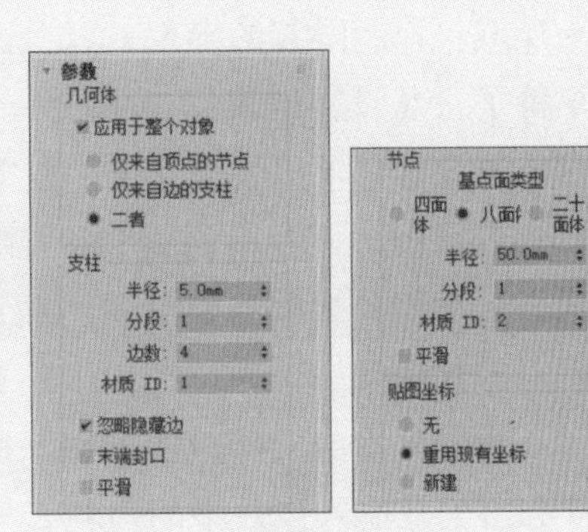

图 2-46　　图 2-47

- **应用于整个对象：** 选中该复选框，然后选择晶格显示的物体，在该复选框下包含“仅来自顶点的节点”“仅来自边的支柱”和“二者”3个单选按钮，它们分别表示晶格是以顶点、支柱及顶点和支柱显示。
- **半径：** 该微调框用于设置物体框架的半径大小。
- **分段：** 该微调框用于设置框架结构上物体的分段数值。
- **边数：** 该微调框用于设置框架结构上物体的边。
- **材质ID：** 该微调框用于设置框架的材质ID号，通过它的设置可以实现对物体不同位置赋予不同的材质。
- **平滑：** 选中该复选框，可使晶格实体后的框架平滑显示。
- **基点面类型：** 设置节点面的类型。其中包括四面体、八面体和二十面体。
- **半径：** 该微调框用于设置节点的半径大小。

2.4.5 噪波

“噪波”修改器可以沿着三个轴的任意组合调整对象顶点的位置，模拟对象形状随机变化，可以得到随机的涟漪图案，也可以从平面几何体中创建多山地形，还可以模拟起伏不断的水面动画，如图2-48所示。将“噪波”修改器应用到任何对象类型上，它会更改形状以帮助用户更直观地理解更改参数设置所带来的影响。其参数设置如图2-49所示。

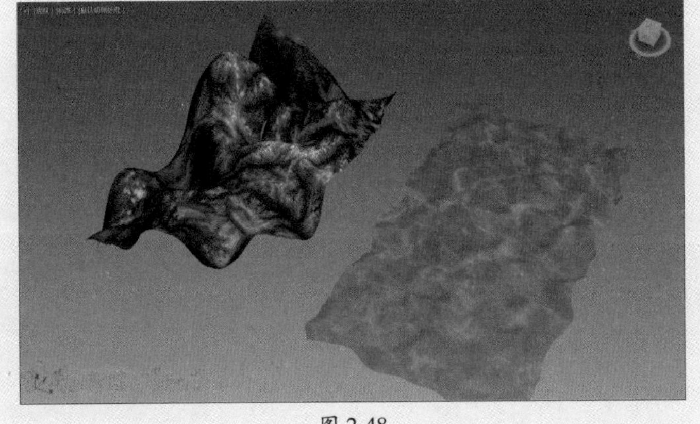

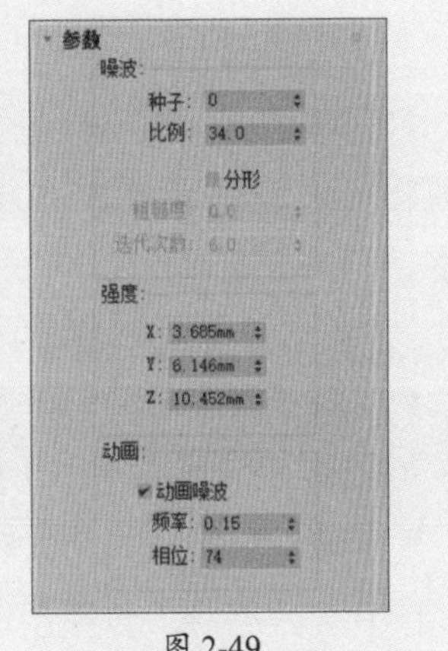

图 2-48　　图 2-49

“参数”卷展栏中各选项含义如下。

- **噪波：** 控制噪波的出现，以及由此引起的在对象的物理变形上的影响。
- **种子：** 从设置的数据中生成一个随机起始点。在创建地形时该选项非常有用，因为每种设置都可以生成不同的配置。
  - ◆ **比例：** 该微调框用于设置噪波影响的大小。
  - ◆ **分形：** 根据当前设置产生分形效果。
  - ◆ **粗糙度：** 该微调框用于决定分形变化的程度。
  - ◆ **迭代次数：** 该微调框用于控制分形功能所使用的迭代的数目。
- **强度：** 控制噪波效果的强弱。只有应用了强度后，噪波才会起作用。
- **动画：** 通过为噪波图案叠加一个要遵循的正弦波形，控制噪波效果的形状。
  - ◆ **动画噪波：** 该微调框用于调节噪波和强度参数的组合效果，选中该复选框后播放动画可以看到动态效果。
  - ◆ **频率：** 该微调框用于设置正弦波的周期。
  - ◆ **相位：** 该微调框用于移动基本波形的开始点和结束点。

2.4.6 弯曲

“弯曲”修改器可以使物体弯曲变形，用户可以设置弯曲角度和方向等，将修改控制在指定的范围内。该修改器常被用于管道变形和人体弯腰等，如图2-50所示。

图 2-50

打开修改器列表框，选择“弯曲”选项，即可调用“弯曲”修改器。在调用“弯曲”修改器后，命令面板的下方将出现“参数”卷展栏，如图2-51所示。

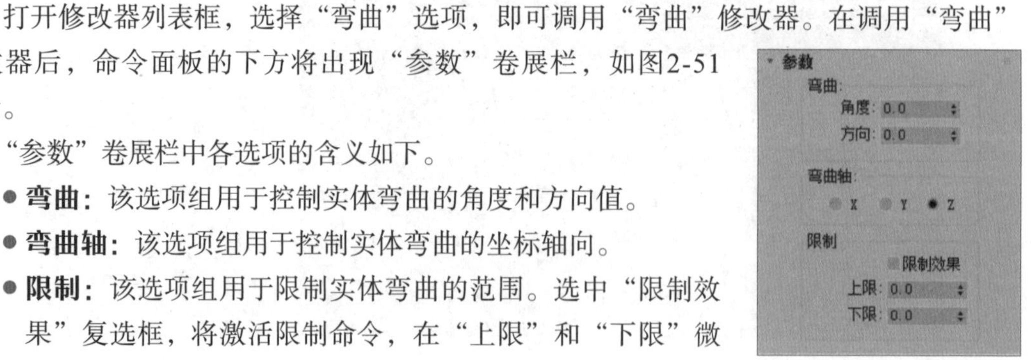

图 2-51

“参数”卷展栏中各选项的含义如下。

- **弯曲：** 该选项组用于控制实体弯曲的角度和方向值。
- **弯曲轴：** 该选项组用于控制实体弯曲的坐标轴向。
- **限制：** 该选项组用于限制实体弯曲的范围。选中“限制效果”复选框，将激活限制命令，在“上限”和“下限”微调框中设置限制范围即可完成限制效果。

2.4.7 扭曲

“扭曲”修改器可在对象的几何体中心对对象进行旋转，使其产生扭曲的特殊效果（就像拧湿抹布），如图2-52所示。

该修改器的参数设置与“弯曲”修改器的参数设置类似，如图2-53所示。“参数”卷展栏中各选项的含义如下。

- **角度：** 该微调框用于确定围绕垂直轴扭曲的量。
- **偏移：** 使扭曲旋转在对象的任意末端聚团。
- **X/Y/Z：** 指定执行扭曲所沿着的轴。
- **限制效果：** 应用限制约束对扭曲效果进行控制。
- **上限：** 该微调框用于设置扭曲效果的上限。
- **下限：** 该微调框用于设置扭曲效果的下限。

图 2-52

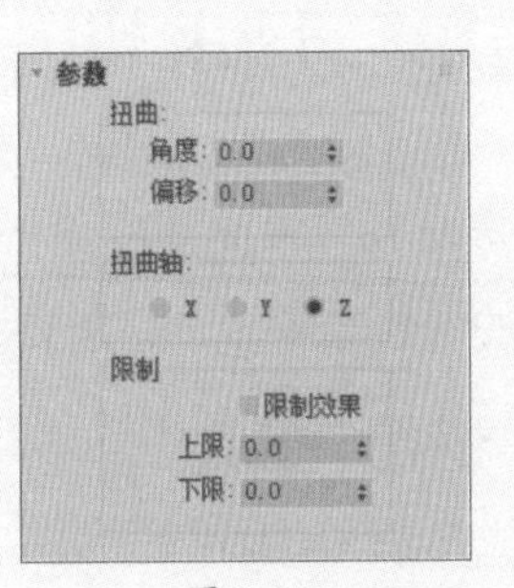

图 2-53

2.4.8 路径变形

“路径变形”（WSM）修改器可以将物体绑定在路径上，从而产生弯曲或扭曲的效果，如飞扬的飘带、过山车等，如图2-54所示。

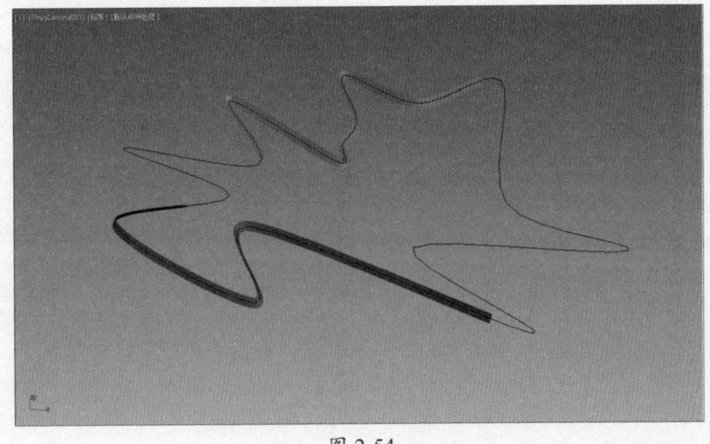
图 2-54

选择对象，为其添加“路径变形”（WSM）修改器，单击“拾取路径”按钮，拾取路径对象，在“参数”卷展栏中设置相关参数即可制作出对象沿路径扭曲变形的效果，如图2-55所示。

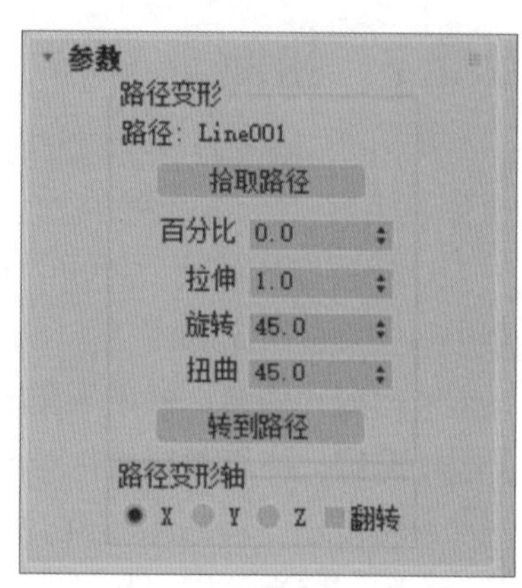

图 2-55

- **拾取路径：** 单击该按钮，然后选择一条样条线或MURBS曲线作为路径使用。
- **百分比：** 根据路径长度的百分比，沿着Gizmo路径移动对象。
- **拉伸：** 使用对象的轴点作为缩放的中心，沿Gizmo路径缩放对象。
- **旋转：** 以Gizmo路径为轴旋转对象。
- **扭曲：** 以Gizmo路径为轴扭曲对象。
- **转到路径：** 单击该按钮可以使对象链接到路径。
- **路径变形轴：** 选择一条轴以Gizmo路径旋转，使其与指定对象的局部轴相对齐。

2.4.9 Hair和Fur（WSM）

Hair和Fur（WSM）是3ds Max的一个修改器，专门用来模拟制作毛发的效果，其功能非常强大，不仅可以制作静态毛发，还可以模拟动态的毛发。“Hair和Fur（WSM）”修改器的参数非常多，只需要手动设置某个参数，就可以发现其作用。

1.“选择”卷展栏

“选择”卷展栏提供了各种工具，用于访问不同的子对象层级和显示设置、创建与修改选定内容，此外还显示了与选定实体有关的信息，如图2-56所示。

图 2-56

- **导向：** 子对象层级，单击该按钮后，将启用“设计”卷展栏中的“设计发型”按钮。
- **面、多边形、元素：** 可以分别选择三角形面、多边形、元素对象。
- **按顶点：** 选中该复选框，只需要选择子对象的顶点就可以选中子对象。
- **忽略背面：** 选中该复选框，选择子对象时只影响面对着用户的面。
- **命令选择集：** 该选项组可用来复制、粘贴选择集。

2.“工具”卷展栏

“工具”卷展栏提供了使用毛发完成各种任务所需的工具，包括从现有的样条线对象创建发型，重置毛发，以及为修改器和特定发型加载并保存一般预设，如图2-57所示。

- **从样条线重梳：** 使用样条线来设计毛发样式。
- **样条线变形：** 可以允许用线来控制发型与动态效果。
- **重置其余：** 在曲面上重新分布头发的数量，以得到较为均匀的效果。

- **重生毛发：** 忽略全部样式信息，将毛发复位到默认状态。
- **加载、保存：** 加载、保存预设的毛发样式。
- **无：** 如果要指定毛发对象，可以单击该按钮，然后选择要使用的对象。
- **X：** 如果要停止使用实例节点，可以单击该按钮。
- **混合材质：** 选中该复选框后，应用于生长对象的材质以及应用于毛发对象的材质将合并为单一的多子对象材质，并应用于生长对象。
- **导向→样条线：** 将所有导向复制为新的单一样条线对象。
- **毛发→样条线：** 将所有毛发复制为新的单一样条线对象。
- **毛发→网格：** 将所有毛发复制为新的单一网格对象。

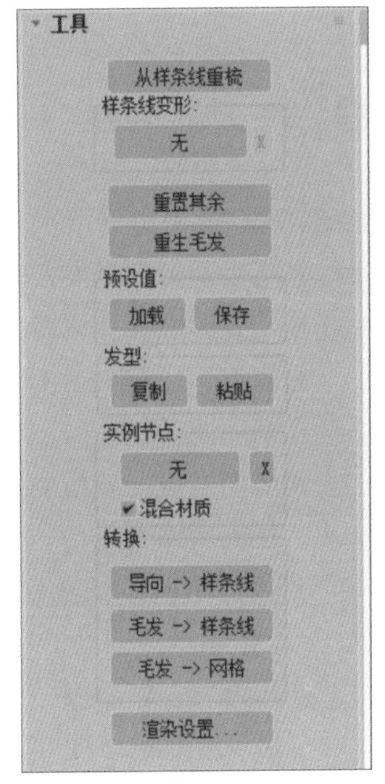

图 2-57

3. “设计”卷展栏

使用“Hair 和 Fur（WSM）”修改器的“导向”子对象层级，可以在视口中交互地设计发型。交互式发型控件位于“设计”卷展栏中。该卷展栏提供了“设计发型”按钮，如图2-58所示。

- **设计发型：** 单击该按钮可以设计毛发的发型。
- **由头梢选择头发、选择全部顶点、选择导向顶点、由根选择导向：** 选择毛发的方式，用户根据实际需求来选择采用何种方式。
- **反选、轮流选、扩展选定对象：** 指定选择对象的方式。
- **隐藏选定对象、显示隐藏对象：** 隐藏或显示选定的导向毛发。
- **发梳：** 在该模式下，可以通过拖曳光标来梳理毛发。
- **剪毛发：** 在该模式下可以修剪导向毛发。
- **选择：** 单击该模式可以进入选择模式。
- **距离褪光：** 选中该复选框时，边缘产生褪光现象，产生柔和的边缘效果。
- **忽略背面毛发：** 选中该复选框时，背面的头发将不受画刷的影响。
- **画刷大小滑块：** 通过拖动滑块来改变画刷的大小。
- **平移、站立、蓬松发根：** 进行平移、站立、蓬松发根的操作。
- **丛：** 强制选定的导向毛发之间相互更加靠近或分散。
- **旋转：** 以光标位置为中心来旋转导向毛发的顶点。
- **比例：** 执行放大或缩小操作。
- **衰减：** 将毛发长度制作成衰减的效果。
- **重梳：** 使用引导线对毛发进行梳理。

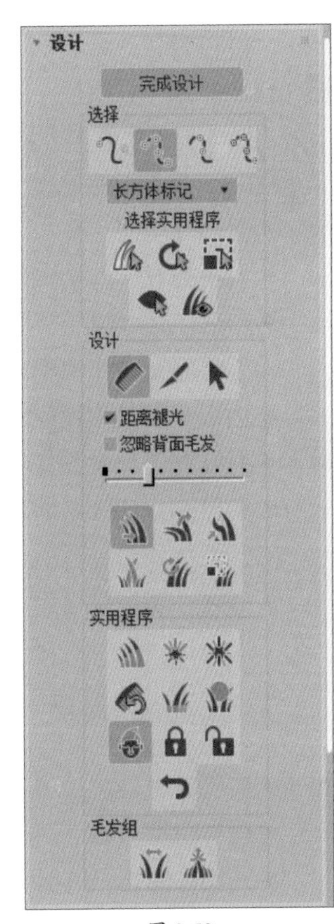

图 2-58

- **重置其余**：在曲面上重新分布毛发数量，达到均匀的结果。
- **锁定/解除锁定**：锁定或解锁导向毛发。
- **毛发组**：该选项组可以将毛发拆分或合并。

4.“常规参数”卷展栏

“常规参数”卷展栏允许在根部和梢部设置毛发数量和密度、长度、厚度以及其他各种综合参数，如图2-59所示。

- **毛发数量、毛发段**：这两个微调框用于设置生成的毛发总数、每根毛发的分段。
- **毛发过程数**：该微调框用于设置毛发过程数。
- **密度、比例**：这两个微调框用于设置毛发的密度及缩放比例。
- **剪切长度**：该微调框用于设置将整体的毛发长度进行比例缩放。
- **随机比例**：该微调框用于设置渲染毛发时的随机比例。
- **根厚度、梢厚度**：这两个微调框用于设置发根的厚度及发梢的厚度。
- **置换**：该微调框用于设置毛发从根到生长对象曲面的置换量。

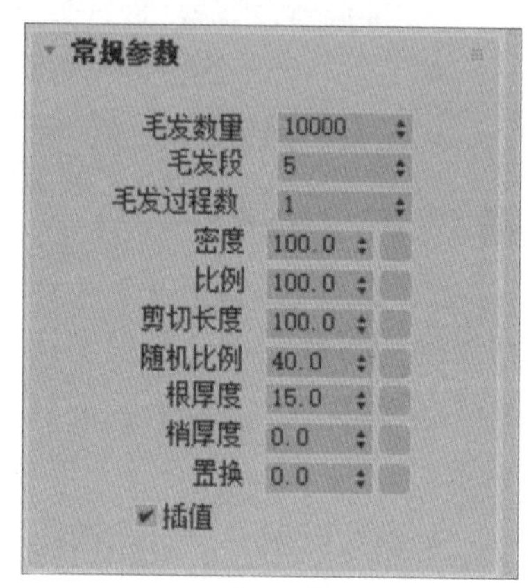

图 2-59

5.“材质参数”卷展栏

“材质参数”卷展栏中的参数均应用于由 Hair 生成的缓冲渲染毛发。如果是几何体渲染的毛发，则毛发颜色派生自生长对象，参数设置如图2-60所示。

- **阻挡环境光**：在照明模型时，控制环境或漫反射对模型的影响及造成的偏差。
- **发梢褪光**：选中该复选框后，毛发将朝向发梢产生淡出到透明的效果。
- **梢颜色/根颜色**：设置距离生长对象曲面最远或最近的毛发梢部和根部的颜色。
- **色调变化/亮度变化**：设置毛发颜色或亮度的变化量。
- **变异颜色**：设置变异毛发的颜色。
- **变异%**：该微调框用于设置接受“变异颜色”的毛发的百分比。
- **高光**：该微调框用于设置在毛发上高亮显示的相对大小。
- **光泽度**：该微调框用于设置在毛发上高亮显示的程度。
- **高光反射染色**：设置反射高光的颜色。
- **自身阴影**：该微调框用于设置自身阴影的大小。
- **几何体阴影**：该微调框用于设置毛发从场景中的几何体接收到的阴影的量。

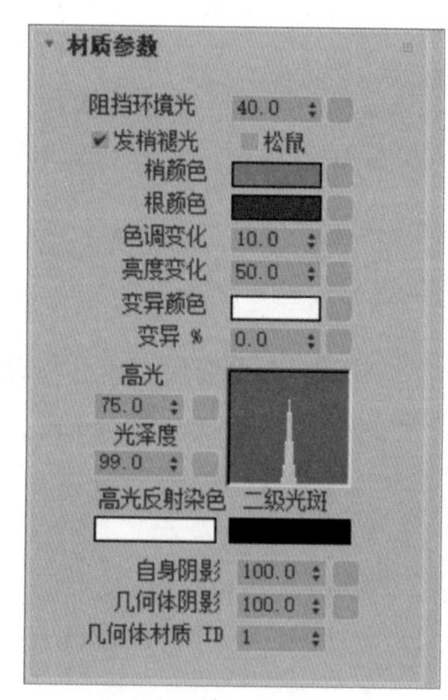

图 2-60

6 “海市蜃楼参数”“成束参数”“卷发参数”卷展栏

“海市蜃楼参数”“成束参数”“卷发参数”卷展栏可以控制毛发是否产生束状、卷曲等效果。参数设置如图2-61所示。

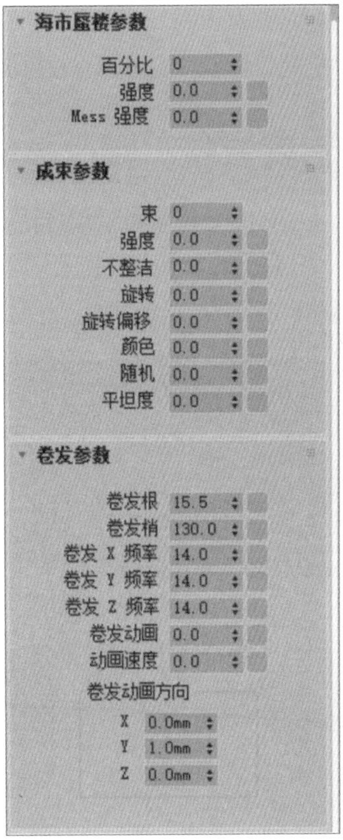

“海市蜃楼参数”卷展栏中各选项的含义如下。

- **百分比：**该微调框用于控制海市蜃楼的百分比。
- **强度：**该微调框用于控制海市蜃楼的强度。

“成束参数”卷展栏中各选项的含义如下。

- **束：**相对于总体毛发数量，设置毛发束数量。
- **强度：**强度越大，束中各个梢彼此之间的吸引越强。
- **不整洁：**值越大，越不整洁地向内弯曲束，每个束的方向是随机的。
- **旋转：**扭曲每个束。
- **旋转偏移：**从根部偏移束的梢。较高的“旋转”和“旋转偏移”值使束更卷曲。
- **颜色：**值可改变束的颜色。
- **随机：**该微调框用于控制随机的效果。
- **平坦度：**该微调框用于控制平坦的程度。

“卷发参数”卷展栏中各选项含义如下。

- **卷发根：**该微调框用于设置头发在其根部的置换量。
- **卷发梢：**该微调框用于设置头发在其梢部的置换量。
- **卷发X/Y/Z频率：**控制在3个轴中的卷发频率。
- **卷发动画：**该微调框用于设置波浪运动的幅度。
- **动画速度：**该微调框用于设置动画噪波场通过空间时的速度。
- **卷发动画方向：**该选项组用于设置卷发动画的方向向量。

图 2-61

7 “纽结参数”“多股参数”卷展栏

“纽结参数”“多股参数”卷展栏可以控制毛发的扭曲、多股分支效果。参数设置如图2-62所示。

“纽结参数”卷展栏中各选项含义如下。

- **纽结根/纽结梢：**设置毛发在其根部/梢部的纽结置换量。
- **纽结X/Y/Z频率：**设置在3个轴上的纽结频率。

“多股参数”卷展栏中主要选项含义如下。

- **数量：**设置每个聚集块的头发数量。
- **根展开：**设置为根部聚集块中的每根毛发提供的随机补偿量。
- **梢展开：**设置为梢部聚集块中的每根毛发提供的随机补偿量。
- **随机化：**设置随机处理聚集块中的每根毛发的长度。

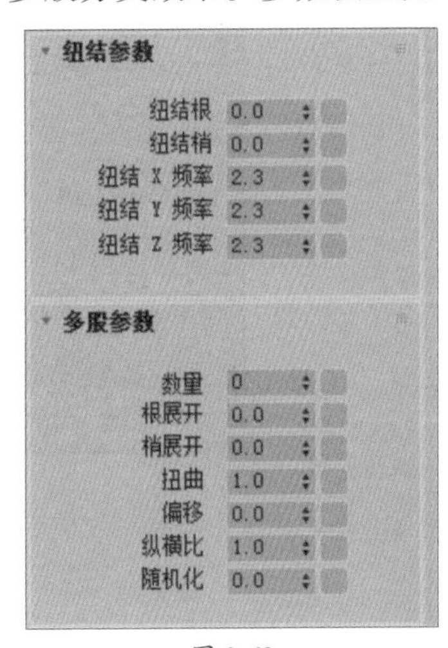

图 2-62

2.5 网格建模

网格建模是通过定义几何体的顶点、边线和面来生成新模型。在编辑时，可先将几何体转换为可编辑的网格体，然后再针对某顶点、边线以及面进行调整。可编辑网格是一种可变形对象，适用于创建简单、少边的对象或用于网格平滑和HSDS建模的控制网格。

案例解析：制作老树根模型

利用可编辑网格功能创建老树根模型。具体操作步骤如下。

步骤 01 单击“圆柱体”按钮，创建一个圆柱体，设置半径、高度及分段等参数，如图2-63所示。

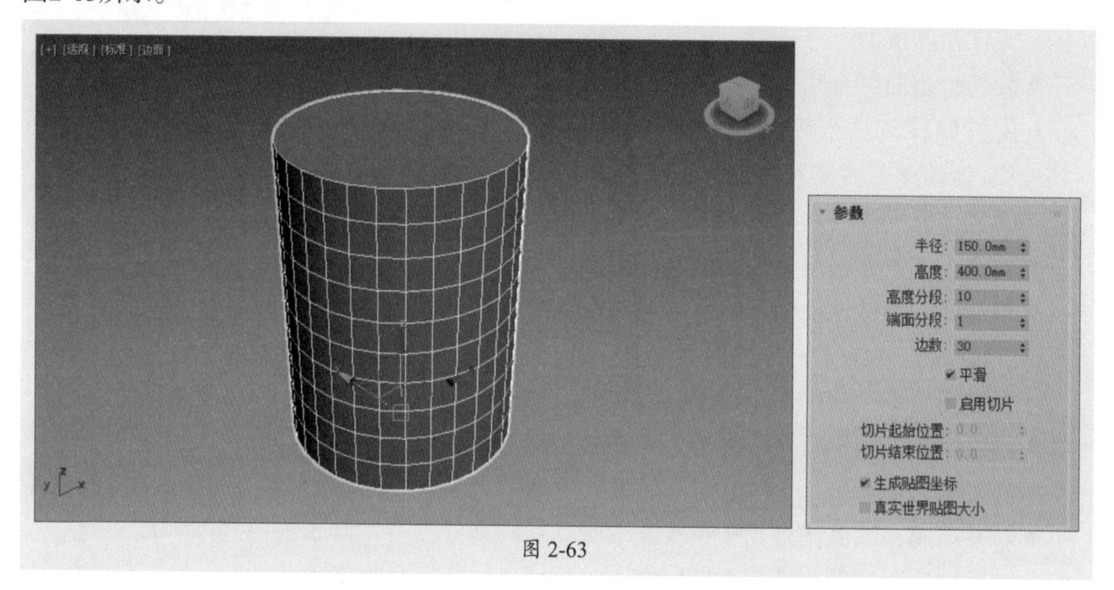

图 2-63

步骤 02 右击，在弹出的快捷菜单中选择“转换为可编辑网格”命令，将对象转换为网格对象，如图2-64所示。

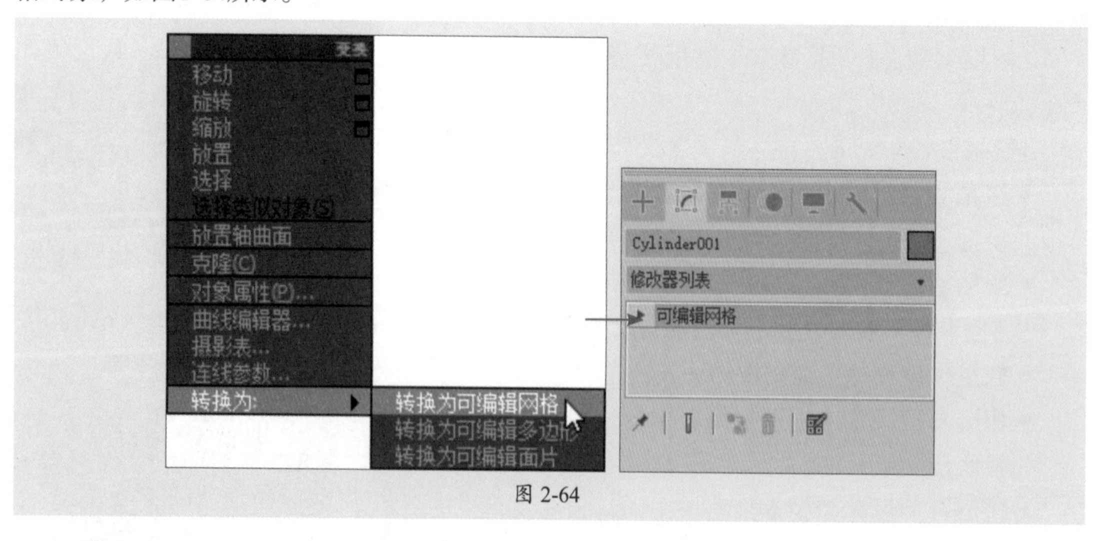

图 2-64

步骤 03 激活“顶点”子层级，在前视图中调整顶点位置，如图2-65所示。

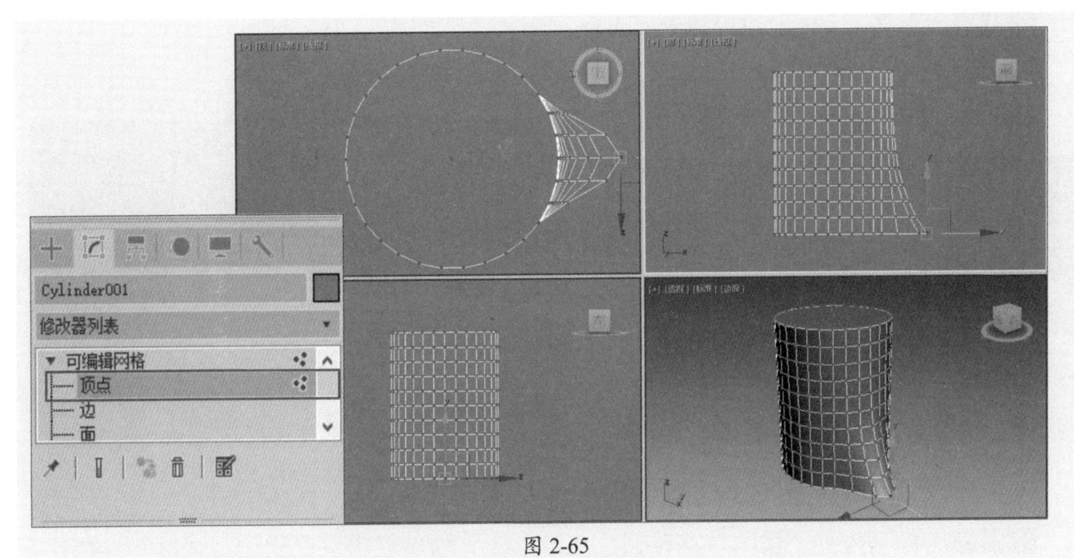

图 2-65

步骤 04 继续调整顶点，制作出树根造型，如图2-66所示。

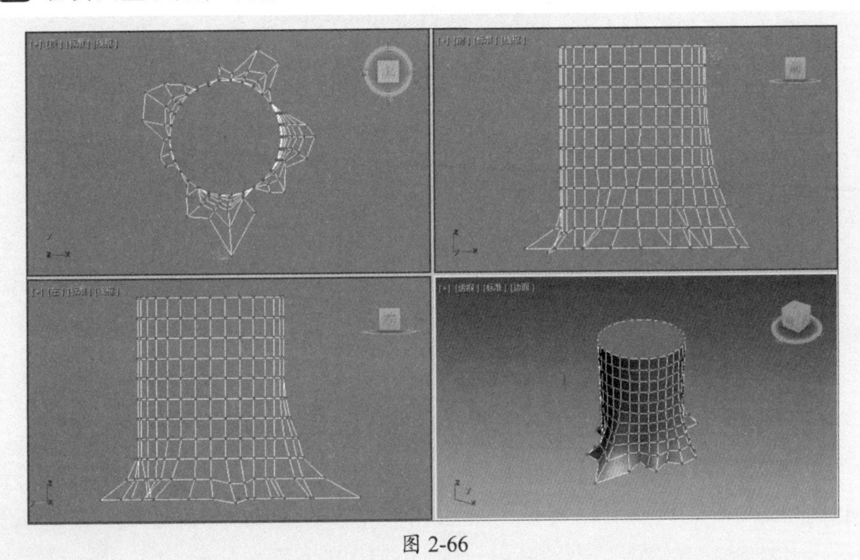

图 2-66

步骤 05 展开“软选择”卷展栏，选中“使用软选择”复选框，再设置“衰减”为60，在视口中选择顶点，如图2-67所示。

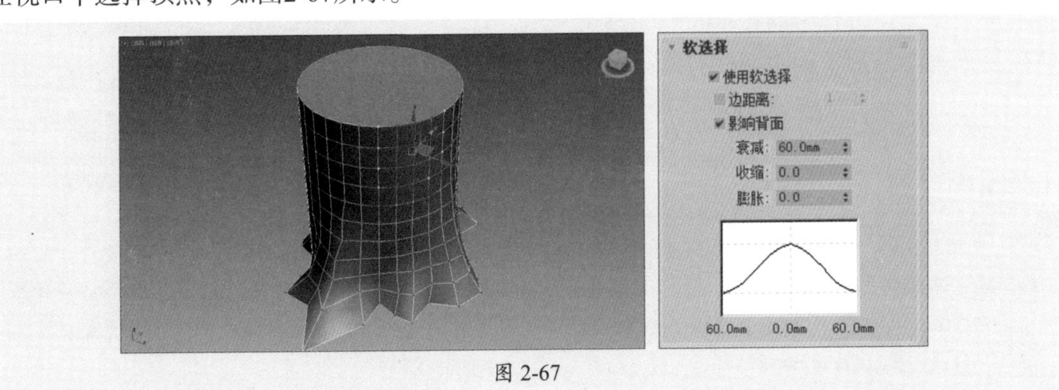

图 2-67

步骤 06 调整顶点位置，如图2-68所示。

步骤 07 调整衰减参数并继续调整顶点位置，如图2-69所示。

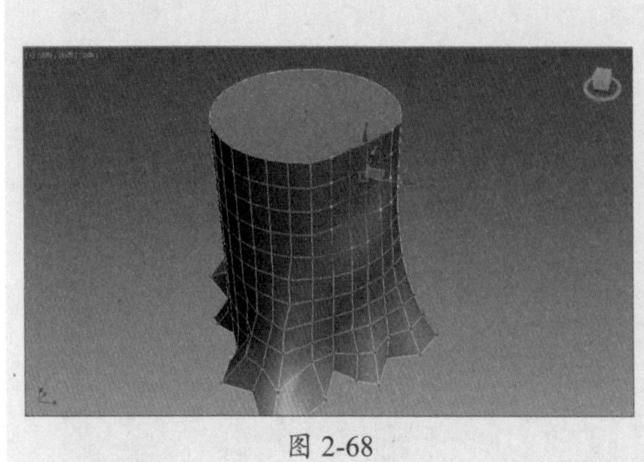

图 2-68

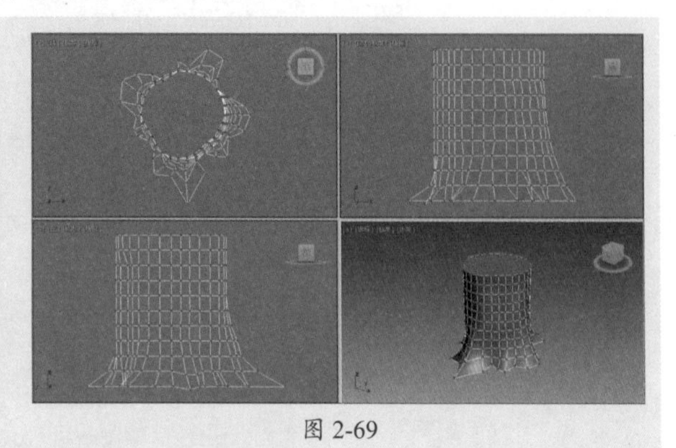

图 2-69

步骤 08 为模型添加“噪波”修改器，在“参数”卷展栏中设置比例、强度等参数，完成老树根模型的创建，如图2-70所示。

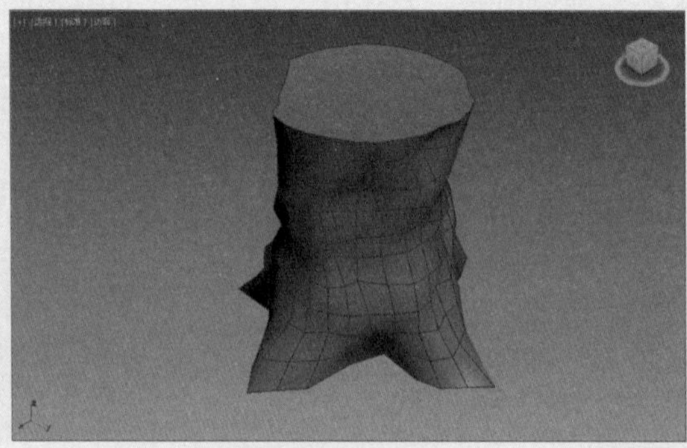

图 2-70

2.5.1 转换网格对象

3ds Max中的大多数对象可以转换为可编辑网格，但是对于开口样条线对象，只有顶点可用，因为在被转换为网格时开放样条线没有面和边。

选择对象并右击，在弹出的快捷菜单中选择“转换为>转换可编辑网格”命令，可将当前对象转换为网格对象。此外，选中对象，在修改器列表中添加“编辑网格”修改器也可转换，如图2-71所示。

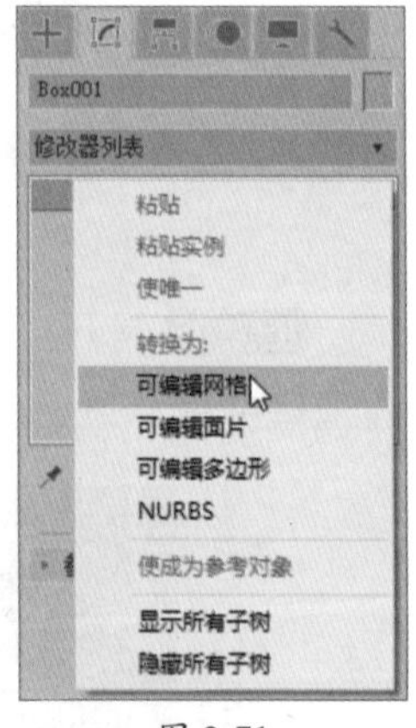

图 2-71

操作提示

“编辑网格”命令与“可编辑网格”对象的所有功能相匹配，只是不能在“编辑网格”设置子对象动画；为物体添加“编辑网格”修改器后，物体创建时的参数仍然保留，可在修改器中修改它的参数；而将其塌陷为可编辑网格后，对象的修改器堆栈将被塌陷，即在此之前对象的创建参数和使用的其他修改器将不再存在，直接转变为最后的操作结果。

2.5.2 编辑网格对象

将模型转换为可编辑网格后，可以看到其子层级分别为顶点、边、面、多边形和元素5种，它与多边形建模的子层级有所不同。参数设置如图2-72所示。

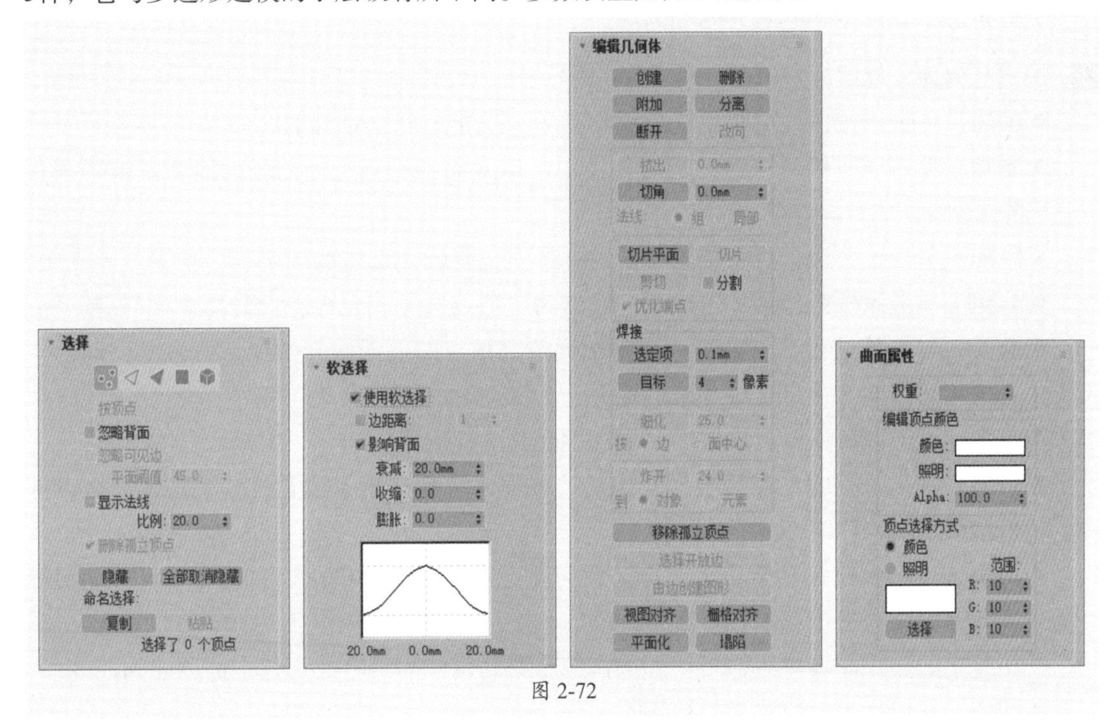

图 2-72

各参数卷展栏中常用选项的含义如下。

1. “选择”卷展栏

- **按顶点：** 当该复选框处于启用状态时，单击顶点，将选中任何使用此顶点的子对象。
- **忽略背面：** 选中该复选框，选定子对象时只会选择视口中显示其法线的那些子对象。
- **忽略可见边：** 仅在“多边形”子对象层级可用。当取消选中该复选框时，单击一个面，无论“平面阈值”微调框如何设置，其选择不会超出可见边；当选中该复选框时，面选择将忽略可见边，使用“平面阈值”微调框的设置作为指导。
- **显示法线：** 选中该复选框时，3ds Max会在视口中显示法线。
- **隐藏：** 单击该按钮可以隐藏任何选定的子对象。

2. “软选择”卷展栏

- **使用软选择：** 选中该复选框后，在子层级上影响“移动”“旋转”和“缩放”功能的操作，如果在子对象上选择操作变形修改器，那么也将影响应用到对象上的操作变形修改器。
- **边距离：** 选中该复选框后，将软选择限制到指定的面数，该选择在进行选择的区域和软选择的最大范围之间。
- **影响背面：** 选中该复选框后，那些法线方向与选定子对象平均法线方向相反的、取消选择的面就会受到软选择的影响。

- **衰减：** 该微调框用于定义影响区域的距离，是用当前单位表示从中心到球体边的距离。
- **收缩：** 沿着垂直轴提高和降低曲线的顶点。
- **膨胀：** 沿着垂直轴展开和收缩曲线。

3. “编辑几何体”卷展栏

- **创建：** 单击该按钮，可将子对象添加到单个选定的网格对象中。
- **删除：** 单击该按钮，可删除选定的子对象以及附加在其上面的任何面（仅限于子对象层级）。
- **附加：** 单击该按钮，可将场景中的另一个对象附加到选定的网格。
- **分离：** 单击该按钮，可将选定子对象作为单独的对象或元素进行分离。
- **断开：** 单击该按钮，可为每一个附加到选定顶点的面创建新的顶点，可以移动面使之远离它与原始顶点连接起来的地方。
- **改向：** 单击该按钮，可在边的范围内旋转边（仅限于“边”子层级）。
- **挤出：** 单击该按钮，然后拖动选定的边或面来进行挤出，或是设置“挤出”微调框来执行挤出操作。
- **切角：** 单击该按钮，然后垂直拖动任何面进行挤出。释放鼠标，然后垂直移动鼠标光标，以便对挤出对象执行倒角处理。
- **切片平面：** 在需要对边执行切片操作的位置处定位和旋转的切片平面创建Gizmo。
- **切片：** 在切片平面位置处执行切片操作。
- **剪切：** 允许单击，移动鼠标，然后再次单击，在两条边之间创建一条或多条新边，从而细分边对边之间的网格曲面。
- **选定项：** 单击此按钮可焊接在该微调框中设定的公差范围内的选定顶点。所有线段都会与选定的单个顶点连接。
- **目标：** 进入焊接模式，可以选择顶点并将它们移动。
- **细化：** 根据“边”“面中心”和“张力”的设置，单击该按钮即可细化选定的面。
- **炸开：** 根据边所在的角度将选定面炸开为多个元素或对象。该功能在“对象”模式以及所有子对象层级中可用。
- **移除孤立顶点：** 无论当前选择如何，删除对象中所有的孤立顶点。
- **选择开放边：** 单击该按钮，可选择所有只有一个面的边。
- **由边创建图形：** 选择边后，单击该按钮，以便通过选定的边创建样条线形状。
- **平面化：** 单击该按钮，可强制所有选定的子对象共面。
- **塌陷：** 单击该按钮，可将选定子对象塌陷为平均顶点。

课堂实战 创建鱼群游动的场景

利用“路径变形（WSM）”修改器，结合3ds Max的动画功能来制作鱼群游动的动画场景。具体操作步骤如下。

步骤 01 打开准备好的金鱼模型，如图2-73所示。

步骤 02 在“样条线”面板中单击“线”按钮，在“创建方法”卷展栏中选中“平滑”单选按钮，如图2-74所示。

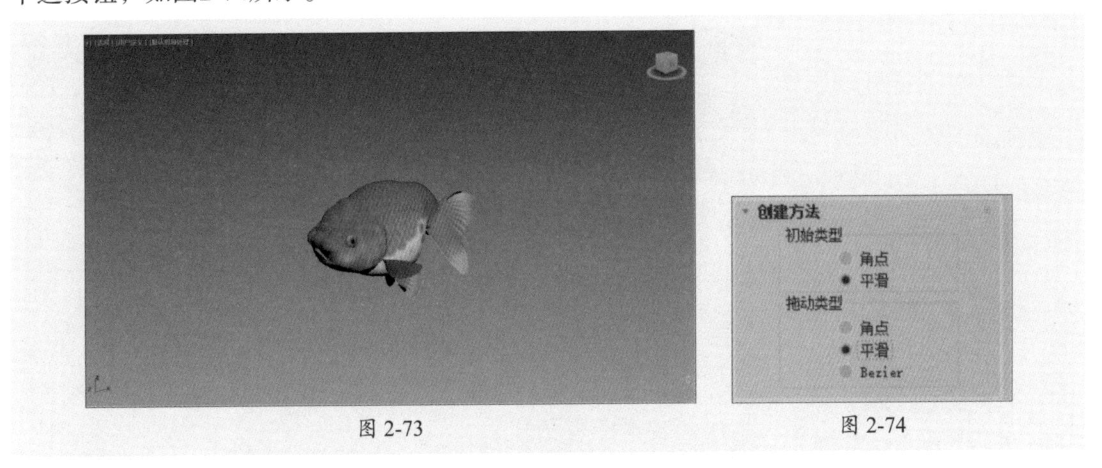

图 2-73　　图 2-74

步骤 03 在顶视图中单击绘制一个封闭样条线，如图2-75所示。

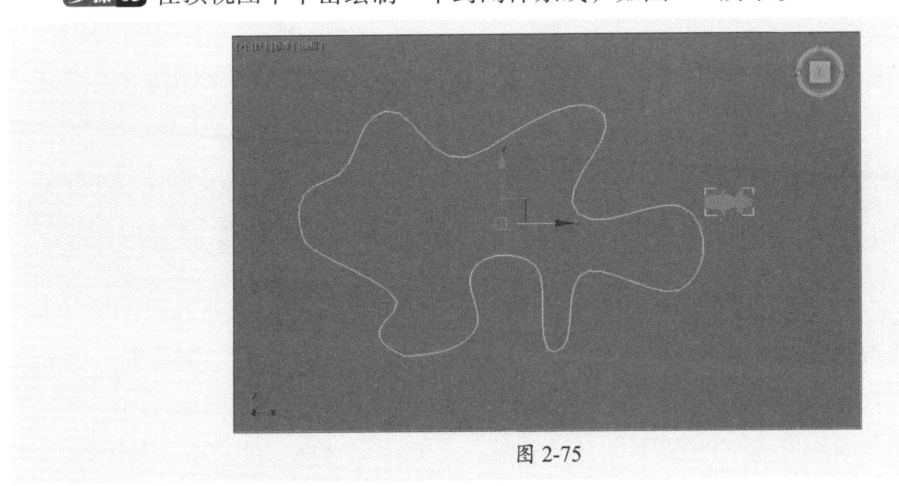

图 2-75

步骤 04 选择金鱼模型，为其添加“路径变形（WSM）”修改器，单击“拾取路径”按钮，在视口中单击拾取样条线，效果如图2-76所示。

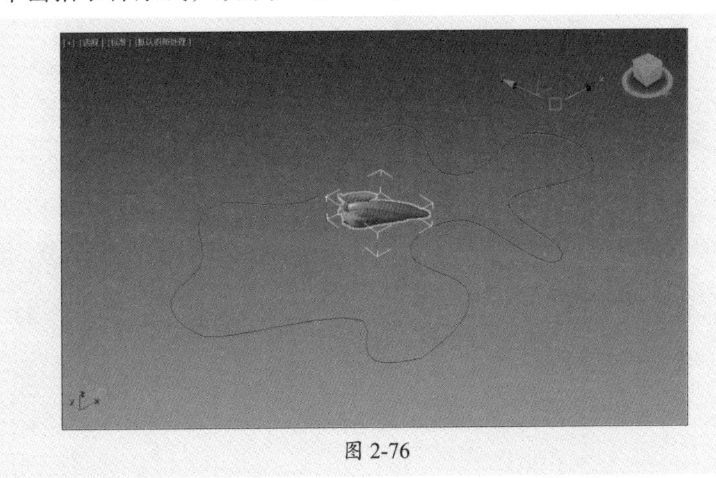

图 2-76

步骤 05 在“参数”卷展栏中单击“转到路径”按钮，再设置路径变形轴为X轴，选中“翻转”复选框，如图2-77所示。

步骤 06 设置后的视口效果如图2-78所示。

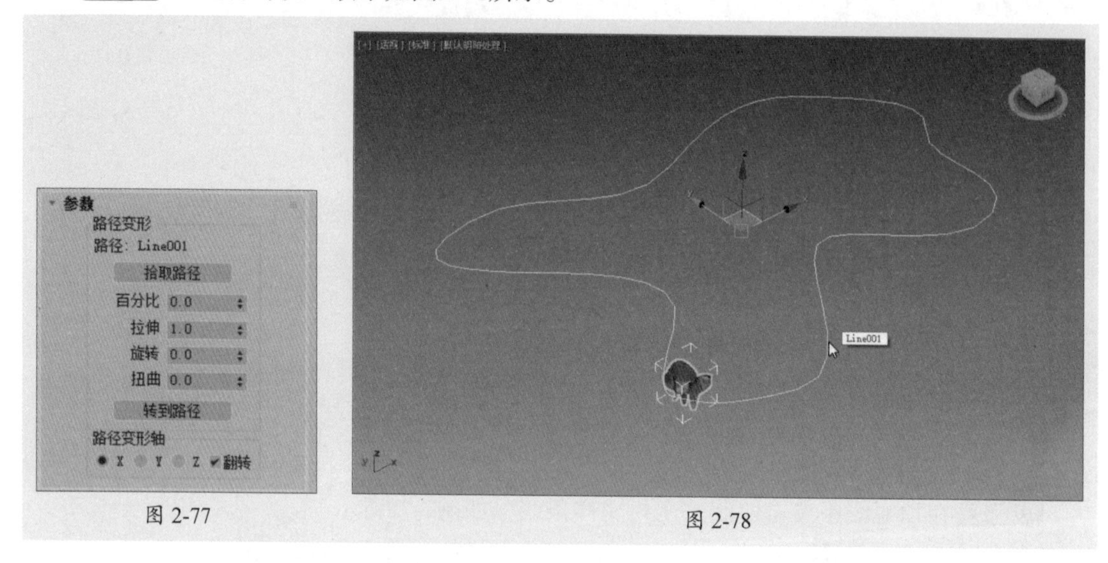

图 2-77　　图 2-78

步骤 07 在动画控制栏中开启“自动关键点”模式，在第0帧位置处按K键添加关键帧，如图2-79所示。

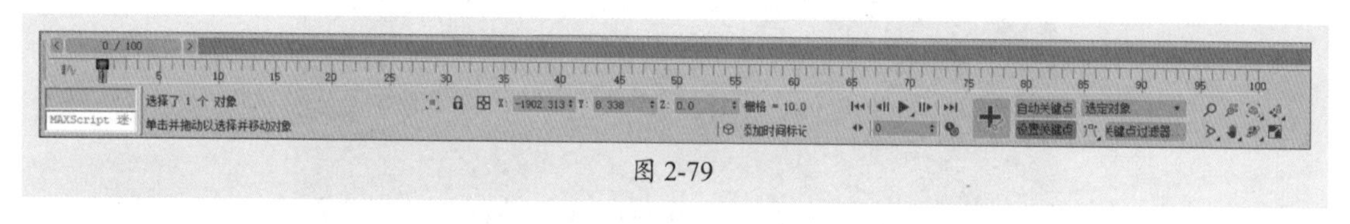

图 2-79

步骤 08 在动画控制栏中单击“时间配置”按钮，打开“时间配置”对话框，这里设置“结束时间”为500，如图2-80所示。

步骤 09 移动时间线滑块到第500帧，在“参数”卷展栏中设置“百分比”为100.0，如图2-81所示。

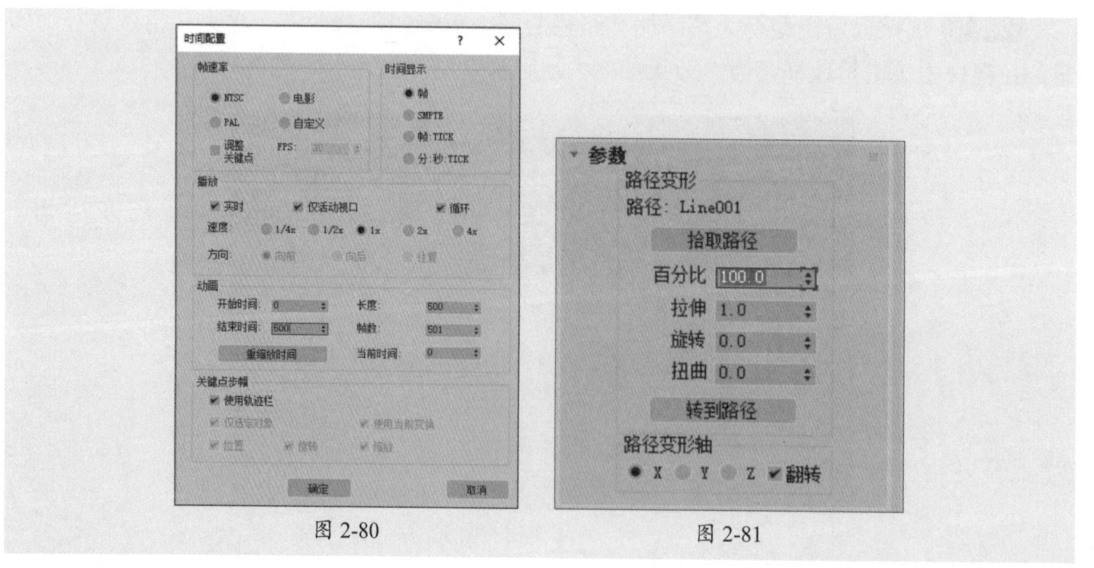

图 2-80　　图 2-81

步骤 10 单击“播放动画”按钮即可看到金鱼游动的效果，如图2-82所示。

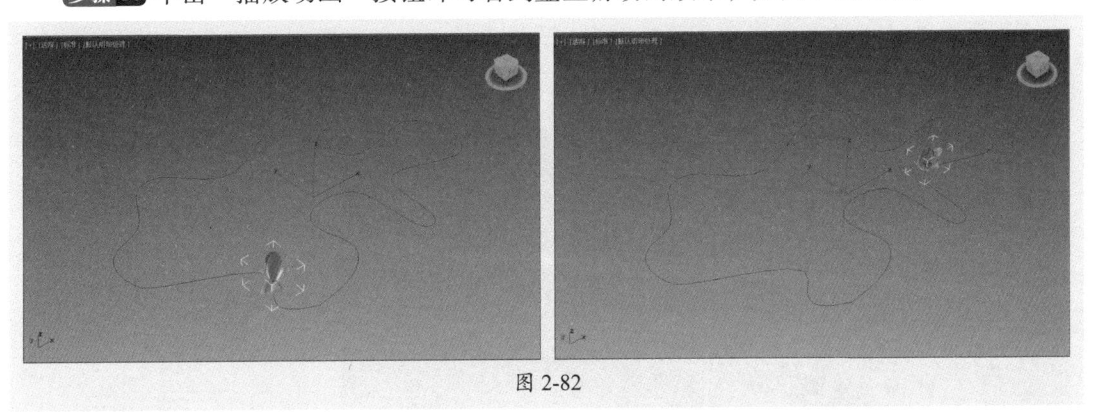

图 2-82

步骤 11 退出关键帧模式，选择路径和金鱼模型，激活“选择并旋转”工具，按住Shift键旋转复制对象，如图2-83所示。

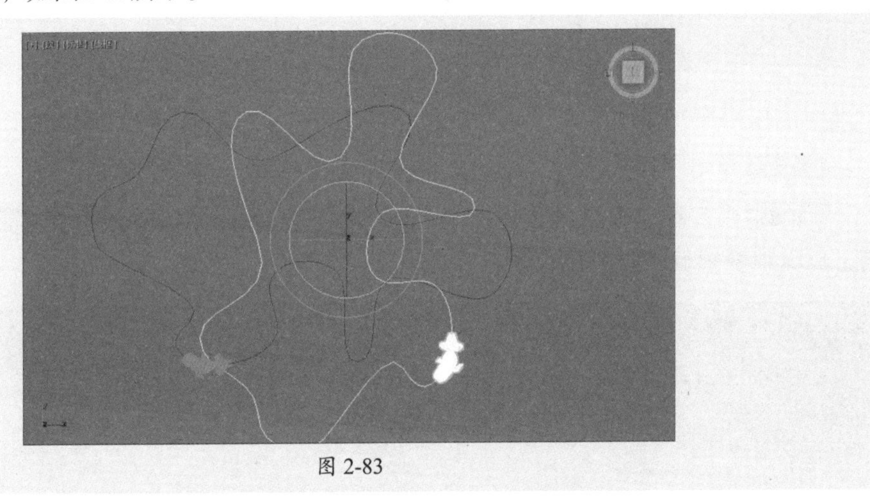

图 2-83

步骤 12 激活“选择并缩放”工具，在透视视口中缩放对象，如图2-84所示。

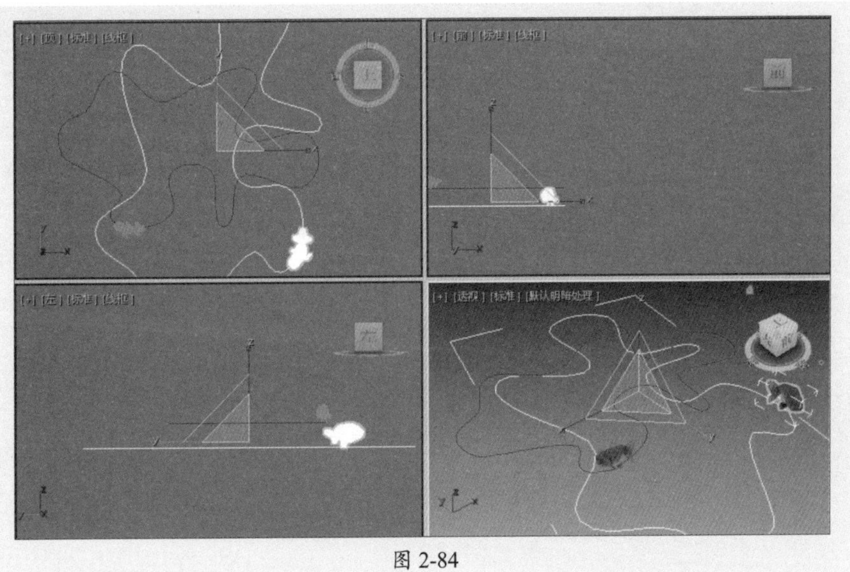

图 2-84

步骤 13 按照此方法再复制多个模型，如图2-85所示。

步骤 14 将时间线滑块移动至第500帧，任意选择一个小鱼模型，在“参数”卷展栏中设置“百分比”为50.0，如图2-86所示。

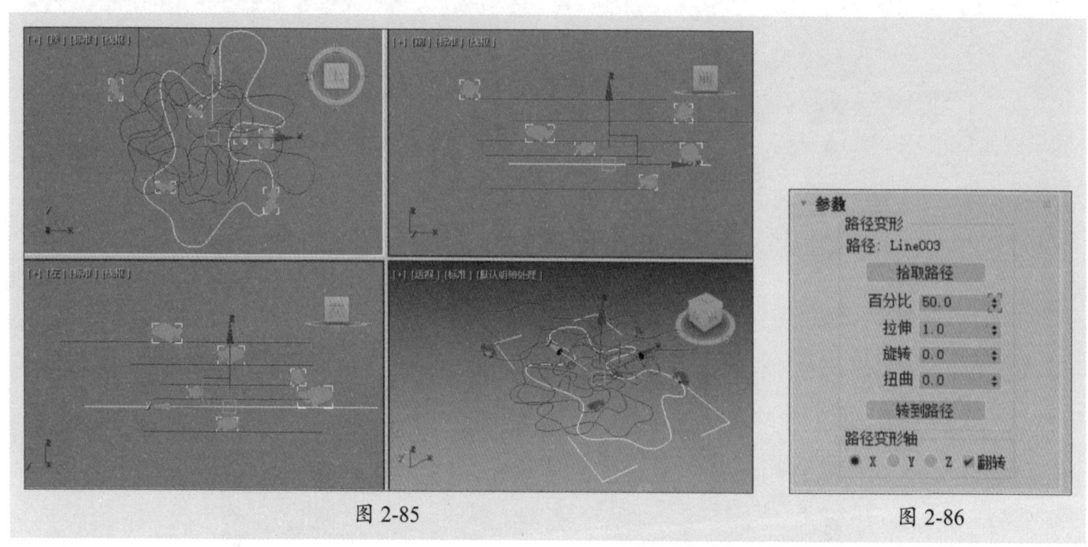

图 2-85　　图 2-86

步骤 15 单击“播放动画”按钮，会发现这条小鱼的游动速度变慢了。

步骤 16 按照此方法再设置其他小鱼模型的“百分比”参数。隐藏全部路径，再播放动画，可以观察到最终的动画效果，如图2-87所示。

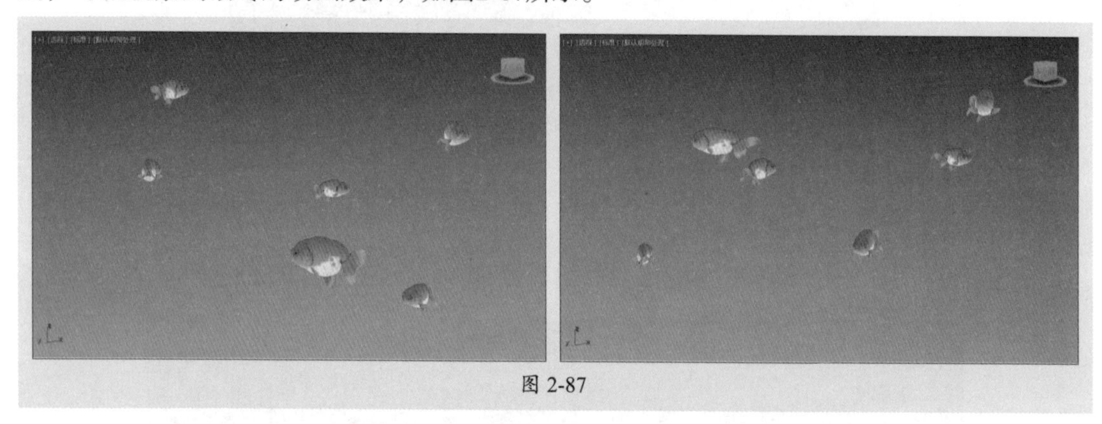

图 2-87

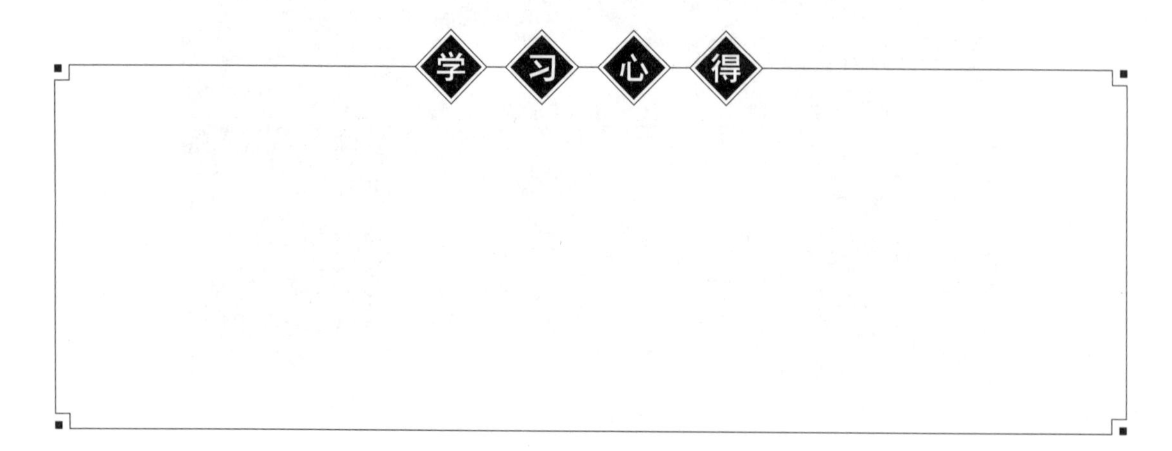

课后练习 创建啤酒瓶盖模型

本练习将利用可编辑多边形、各类修改器命令创建啤酒瓶盖模型效果，如图2-88所示。

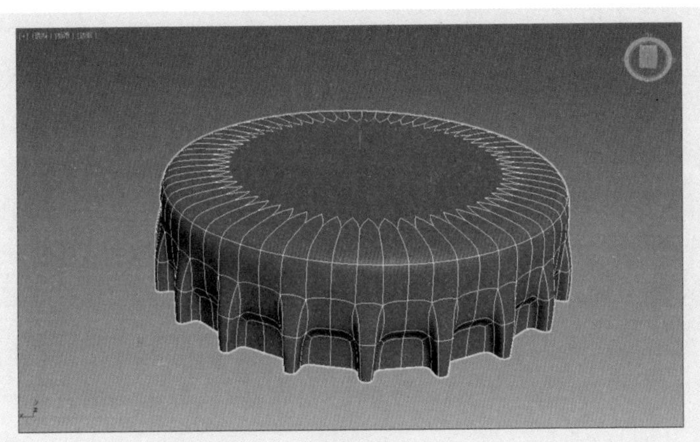

图 2-88

1. 技术要点

步骤 01 执行“平面”“可编辑多边形”“挤出”“复制”等命令绘制瓶盖褶皱部分。

步骤 02 执行“弯曲”修改器命令，将瓶盖褶皱模型弯曲360°。

步骤 03 执行“可编辑多边形”的子命令来对瓶盖进行封口。

步骤 04 执行“网格平滑”修改器优化瓶盖模型。

2. 分步演示

分步演示如图2-89所示。

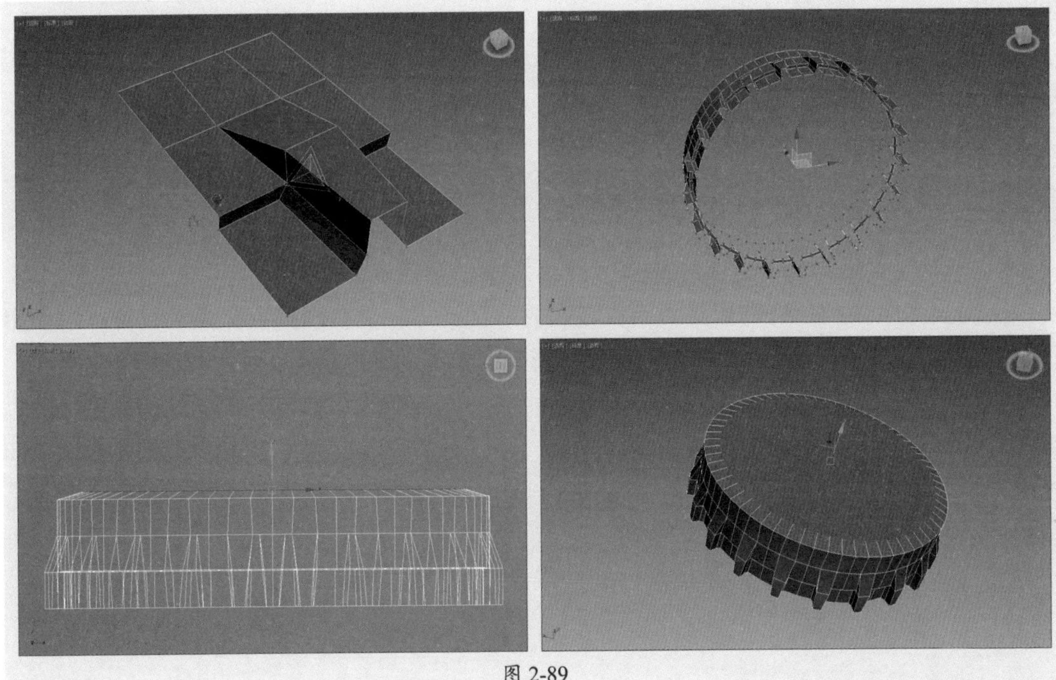

图 2-89

拓展赏析

“80后”的记忆——上海美术电影制片厂

在“80后”的童年记忆里，有一个名字是挥之不去的——上海美术电影制片厂。它不仅是一个制片厂，更是“80后”这一代人心中的动画圣地，承载了我们无数的欢笑与梦想。

《黑猫警长》《葫芦兄弟》《小蝌蚪找妈妈》《天书奇谭》《九色鹿》《雪孩子》等经典作品没有华丽的特效，也没有炫酷的音效，但具有独特的魅力。每一帧画面都精心绘制，每一个角色都栩栩如生，每一个故事都引人入胜。它们不仅让我们感受到了动画的奇幻与美好，更让我们在潜移默化中领悟到人生的真谛。黑猫警长的机智勇敢、葫芦兄弟的团结互助、小蝌蚪的纯真可爱、天书奇谭的奇幻冒险，这些故事情节和角色形象，都深深地印刻在我们的脑海中。图2-90所示为各经典动画作品插图。

图 2-90

上海美术电影制片厂的作品，不仅在国内广受好评，更在国际上赢得了赞誉。它们用独特的中国元素和深厚的文化内涵，让世界看到了中国动画的魅力。

现如今，“80后”的我们已经长大，但那些关于上海美术电影制片厂的动画片记忆却永远清晰如初。每当回想起那些童年的时光，心中总会涌起一股暖流。那些陪伴我们成长的动画片，那些让我们捧腹大笑的故事情节，那些让我们感动落泪的角色形象，都已经成为我们心中最珍贵的回忆。

思政课堂

第3章

材质贴图技术

内容导读

材质与贴图的应用是3ds Max中一项至关重要的技术，它能够让模型赋予生动、真实的视觉效果。材质决定了模型表面的基本属性，如颜色、光泽度、透明度等，而贴图则是将图像或图案应用于材质的表面，以模拟更复杂的纹理和细节。本章将对3ds Max中的一些常用材质及贴图类型进行介绍，以帮助读者了解材质贴图的概念，掌握基本的模型贴图操作。

思维导图

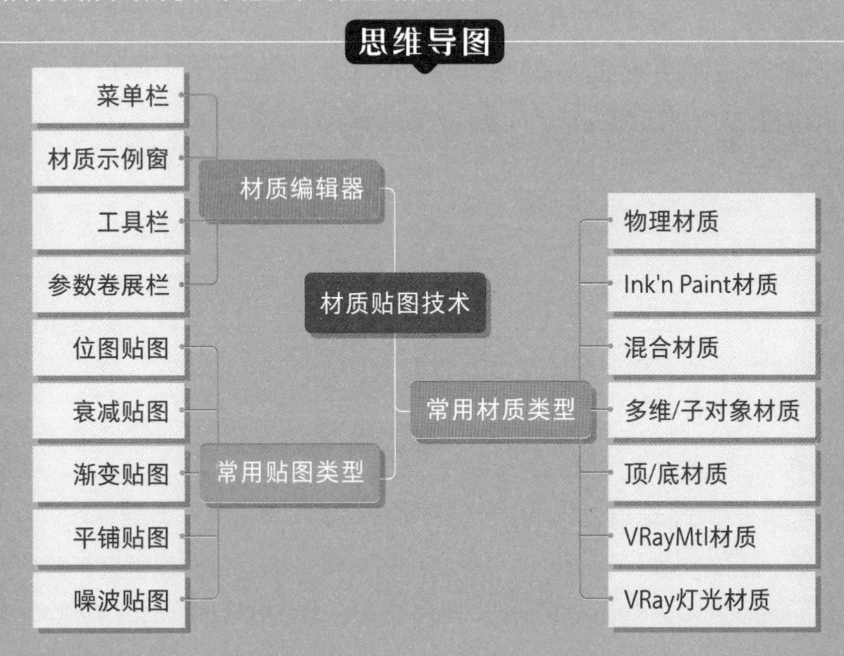

3.1 材质编辑器

材质编辑器是专门用于创建、编辑和赋予材质及贴图的重要工具面板。按M键即可快速打开材质编辑器，如图3-1所示。当然，也可通过选择菜单栏中的“渲染”>“材质编辑器”>“精简材质编辑器”命令打开材质编辑器。

材质编辑器分为菜单栏、材质示例窗、工具栏以及参数卷展栏四个部分。通过材质编辑器可以将材质赋予到3ds Max 的场景对象。

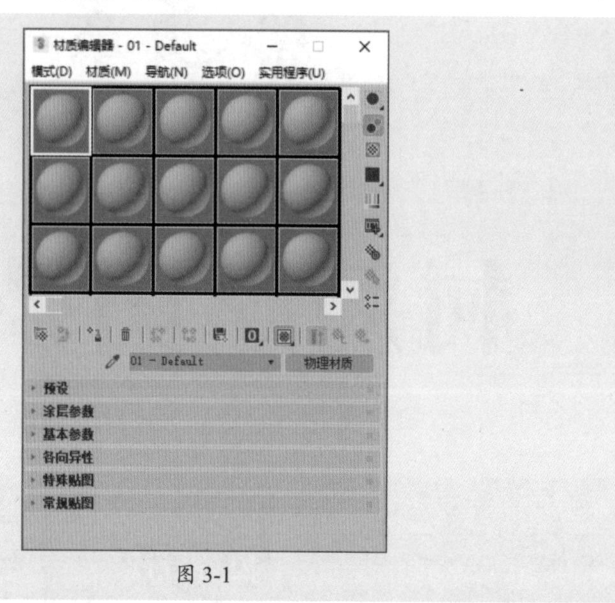

图 3-1

1. 菜单栏

材质编辑器的菜单栏位于面板顶部，包括“模式”“材质”“导航”“选项”“实用程序”5个菜单项，它提供了另一种调用各种材质编辑器工具的方式。

2. 材质示例窗

材质示例窗可以预览模型的材质和贴图，每个窗口可以预览一个材质或贴图。将材质从示例窗拖动到视口中的对象上，可以将材质赋予场景对象。

示例窗的数量是可以改变的。右击示例窗，在弹出的菜单中选择“3 × 2示例窗”“5 × 3示例窗”或“6 × 4示例窗”命令即可。

3. 工具栏

材质编辑器的工具栏位于示例窗右侧和下侧，右侧是用于管理和更改贴图及材质的按钮。为了帮助记忆，通常将示例窗右侧的工具栏称为“垂直工具栏”，将位于示例窗下方的工具栏称为“水平工具栏”。

4. 参数卷展栏

在工具栏下方是在3ds Max中使用最为频繁的区域——材质参数卷展栏。材质的预设模式、涂层参数、基本参数、各向异性、各类贴图通道等都可以在这里进行设置，不同的材质类型具有不同的参数卷展栏。在各种贴图层级中，也会出现相应的卷展栏。

3.2 常用材质类型

3ds Max内置了多种材质类型，每一种材质都具有相应的功能。默认以物理材质来展示。如果安装了VRay渲染器插件，那么用户还可使用VRay相关材质来展示真实世界中的材质。

案例解析：制作艺术小灯箱材质

利用“多维/子对象”材质结合VRayMtl材质为小灯箱模型添加材质。具体操作步骤如下。

步骤 01 打开“小灯箱”素材场景，如图3-2所示。

步骤 02 选择装饰品模型，在“修改”面板中激活“元素”子层级，按住Ctrl键依次选择模型框架，如图3-3所示。

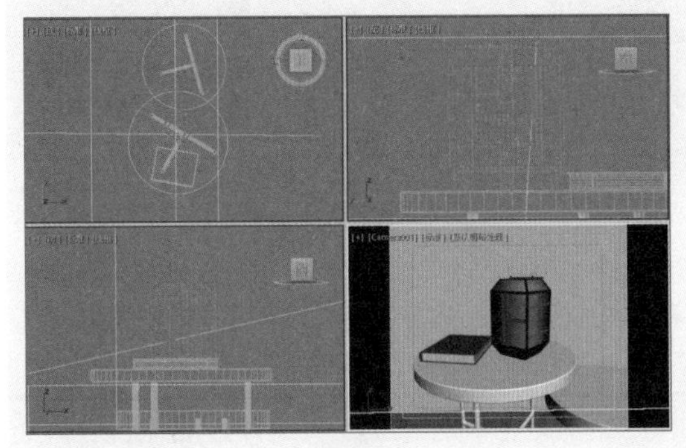

图 3-2

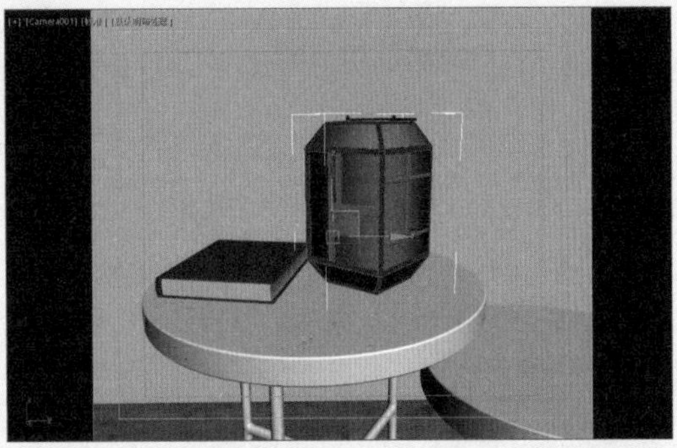

图 3-3

步骤 03 在“多边形：材质ID”卷展栏中设置ID为1，如图3-4所示。

步骤 04 再激活“多边形”子层级，分别选择多边形并设置ID2~4，如图3-5所示。

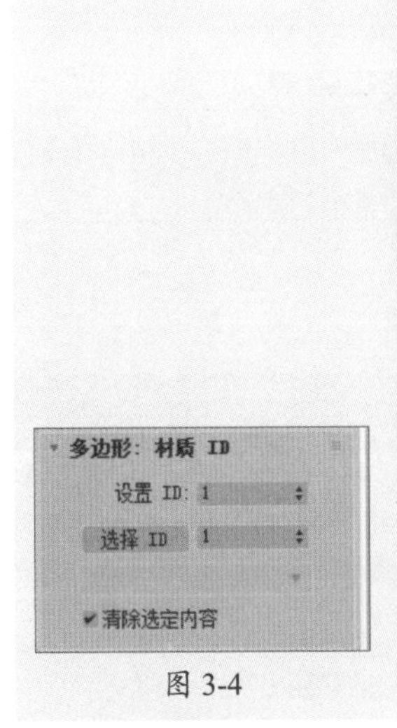

图 3-4

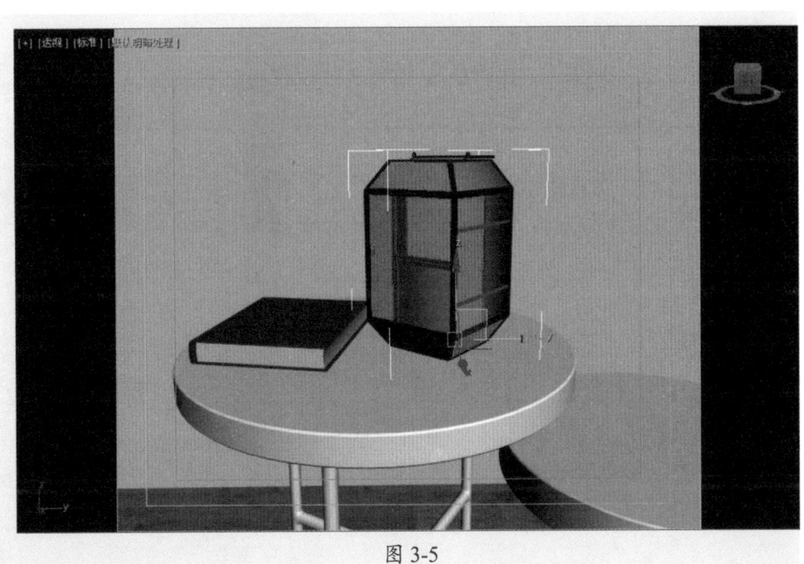

图 3-5

步骤 05 按M键打开材质编辑器，选择一个空白材质球，设置材质类型为“多维/子对象”，在弹出的“替换材质”对话框中选中“丢弃旧材质”单选按钮，如图3-6所示。

步骤 06 展开“多维/子对象基本参数”卷展栏，可以看到有10个默认子对象，如图3-7所示。

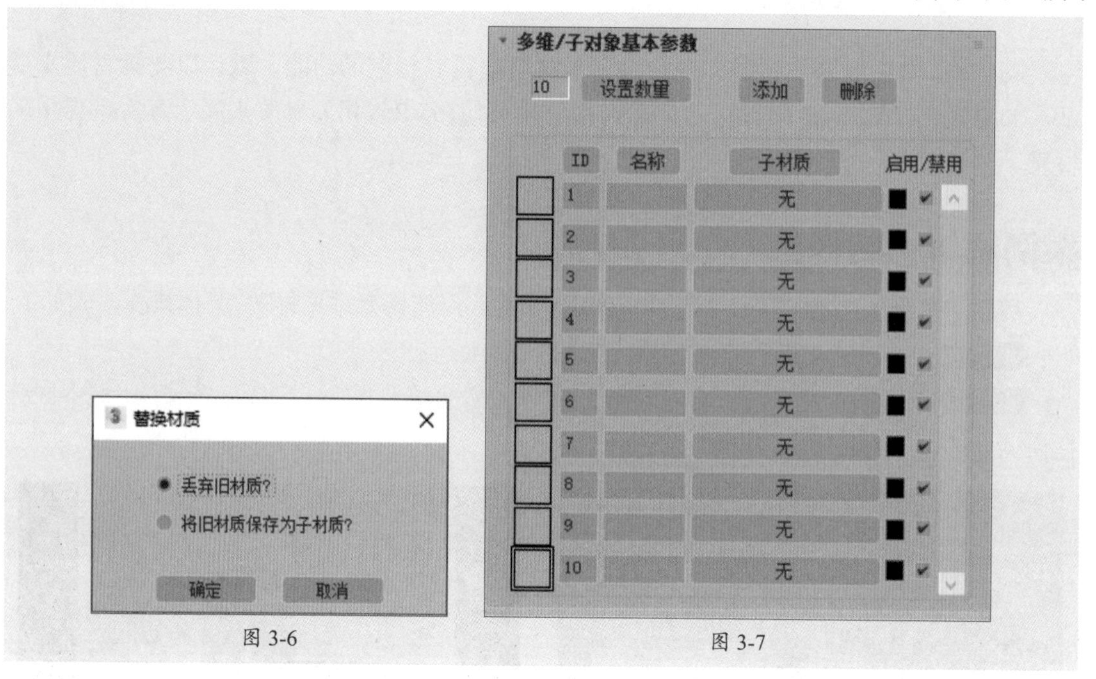

图 3-6

图 3-7

步骤 07 单击“设置数量”按钮，打开“设置材质数量”对话框，设置“材质数量”为4，如图3-8所示。

步骤 08 单击“确定”按钮关闭对话框，即可重新设置子对象为4个，并设置4个子材质类型为VRayMtl，如图3-9所示。

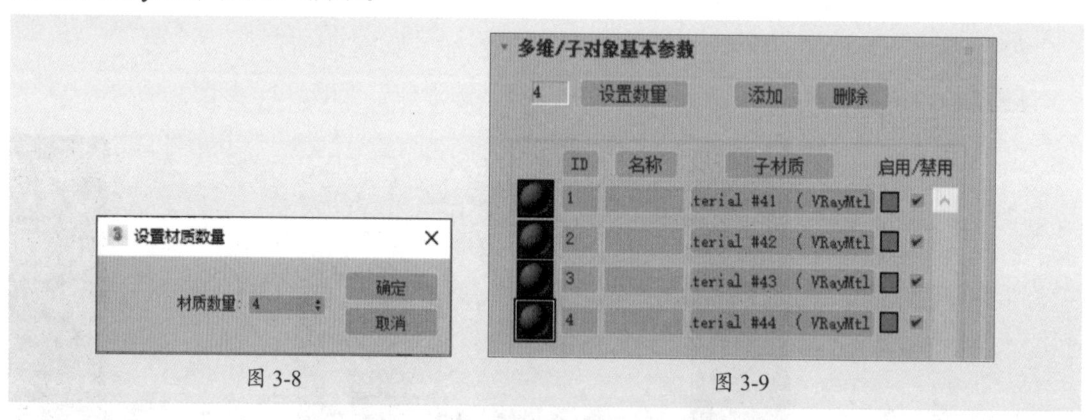

图 3-8

图 3-9

步骤 09 打开子材质1“基本参数”卷展栏，设置漫反射颜色和反射颜色，再设置反射光泽度，如图3-10所示。

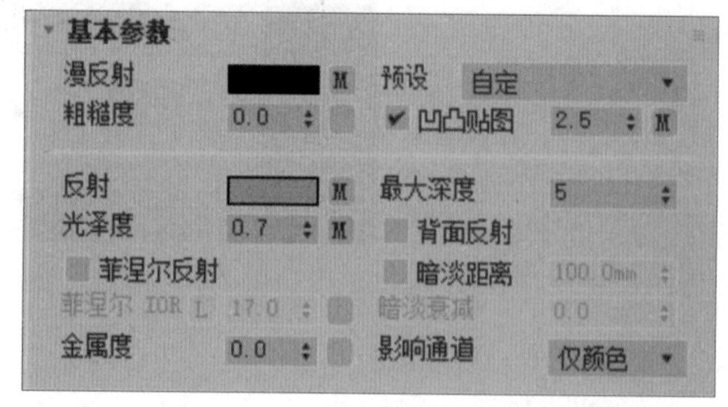

图 3-10

步骤 10 漫反射颜色和反射颜色参数设置如图3-11所示。

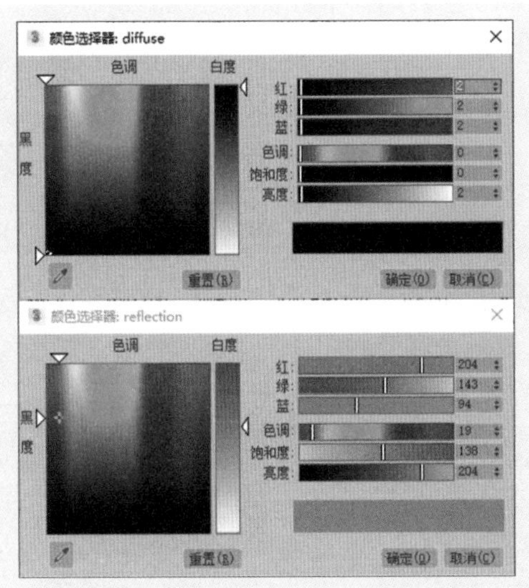

图 3-11

步骤 11 在“双向反射分布函数”卷展栏中设置“各向异性”为0.3，如图3-12所示。

步骤 12 设置好的材质球预览效果如图3-13所示。

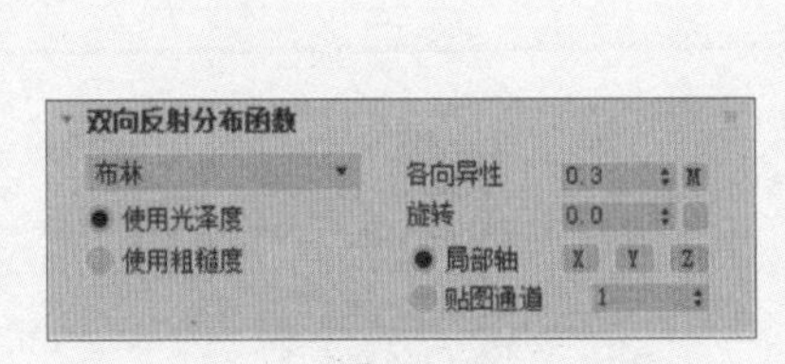

图 3-12

图 3-13

步骤 13 打开子材质2“基本参数”卷展栏，仅设置漫反射颜色，如图3-14所示。

步骤 14 打开子材质3“基本参数”卷展栏，同样设置漫反射颜色，如图3-15所示。

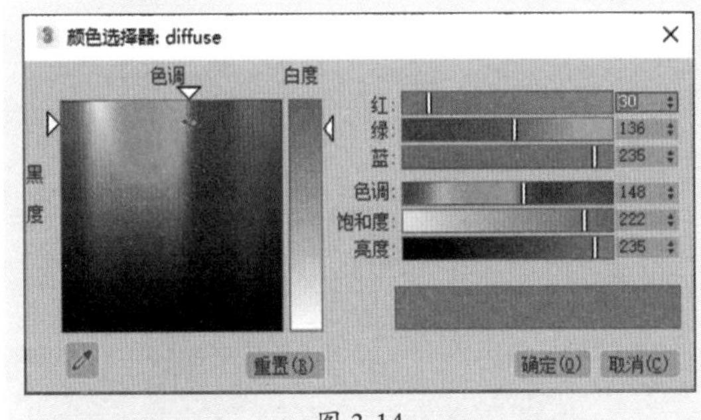

图 3-14

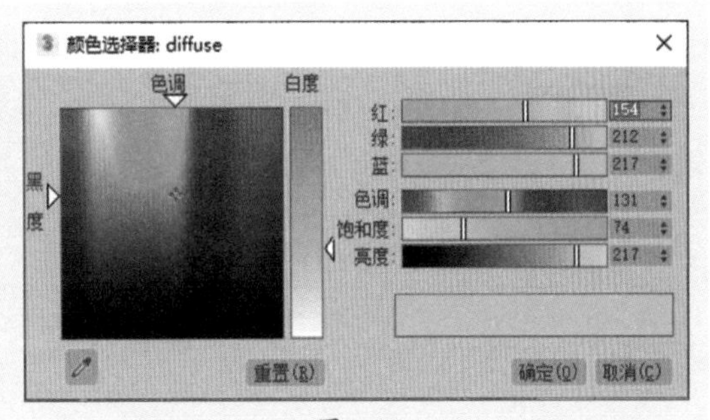

图 3-15

步骤 15 打开子材质4“基本参数”卷展栏，设置漫反射颜色、反射颜色、折射颜色，其中漫反射颜色设置为白色，然后再设置“光泽度”为0.98，“折射率”为1.02，如图3-16所示。

步骤 16 反射颜色及折射颜色参数设置如图3-17所示。

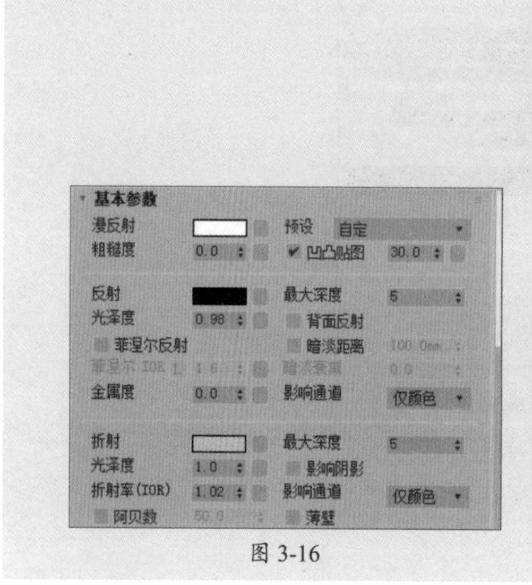

图 3-16

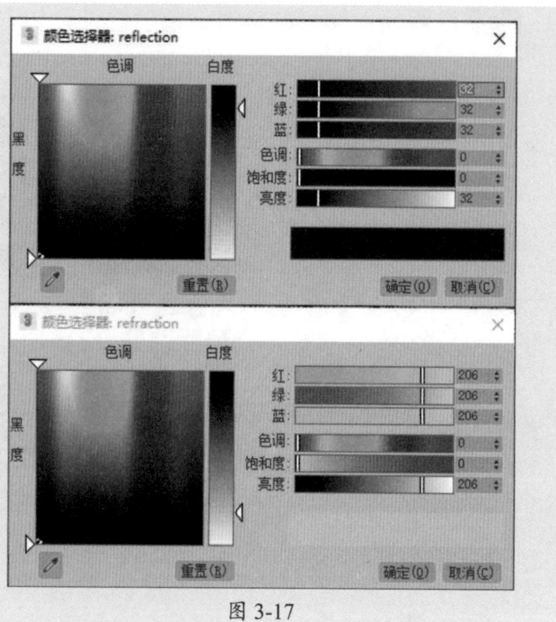

图 3-17

步骤 17 设置好的材质球预览效果如图3-18所示。

步骤 18 材质设置完毕后，直接将其赋予装饰品模型，如图3-19所示。

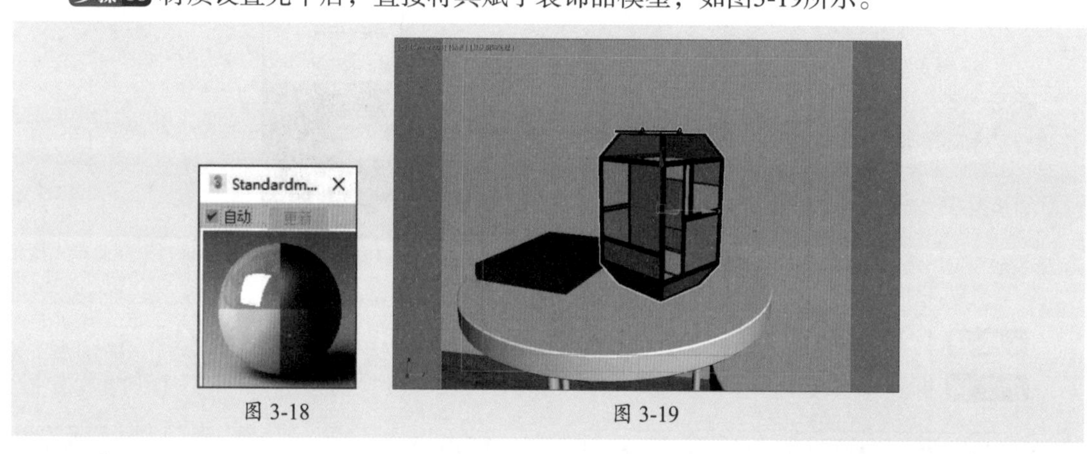

图 3-18

图 3-19

步骤 19 渲染摄影机视口，最终材质效果如图3-20所示。

图 3-20

3.2.1 物理材质

物理材质是3ds Max默认的材质，它可与光度学灯光和光能传递渲染方式一起使用。多用于构建建筑模型场景中，可以提供非常逼真的渲染效果。下面将对物理材质相关的卷展栏进行介绍。

1）“预设”卷展栏

“预设”卷展栏提供了系统内置的5种常用材质类型，分别为“磨光”“非金属材质”“透明材质”“金属”和“特殊”。选择所需的预设材质即可查看其效果，如图3-21所示。

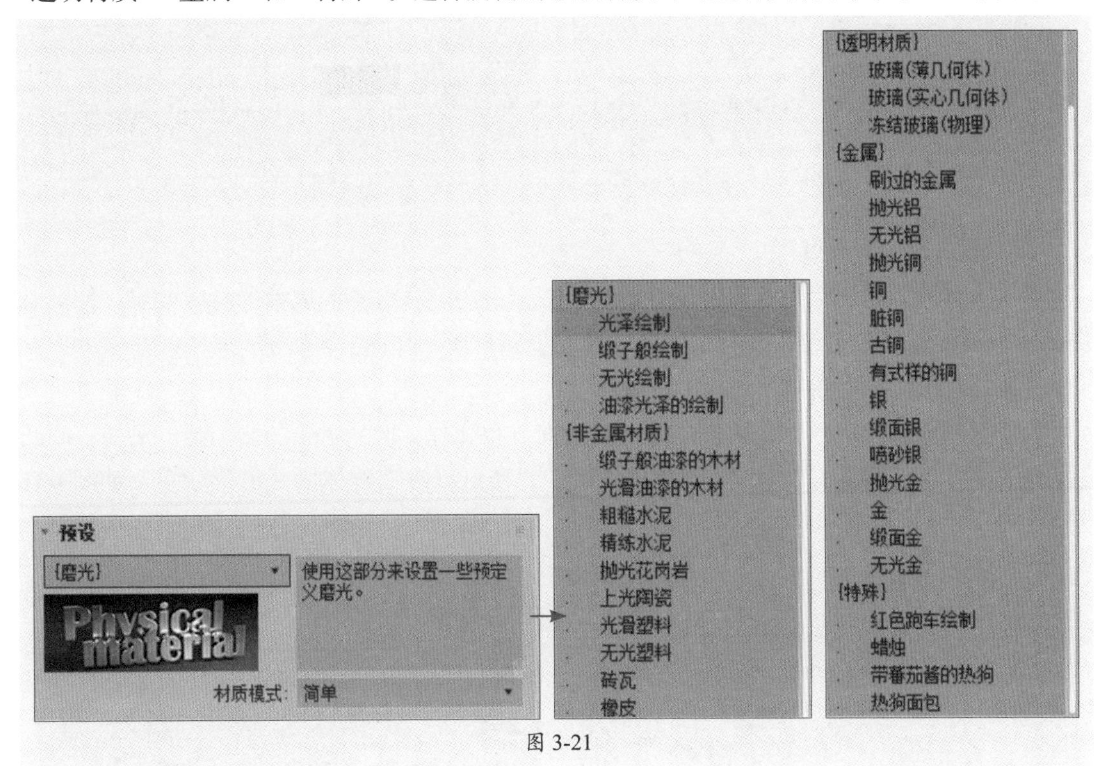

图 3-21

2）“涂层参数”卷展栏

物理材质可以添加涂层，在有涂层的情况下将透过该颜色看到基本材质，图3-22所示为“涂层参数”卷展栏。

3）“基本参数”卷展栏

“基本参数”卷展栏主要用于设置材质的基础颜色和反射、透明度、次表面散射等参数，并指定用于材质各种组件的贴图，如图3-23所示。下面对该卷展栏常用参数进行说明。

- **基础颜色和反射：** 对于非金属，它可能被视为漫反射颜色。对于金属，它就是金属本身的颜色和其反射的其他物体的颜色。
- **透明度：** 控制材质的透明度。
- **次表面散射：** 也被称为半透明颜色。通常与基础颜色设置相同。
- **发射：** 设置发射自发光的颜色，也受色温影响。

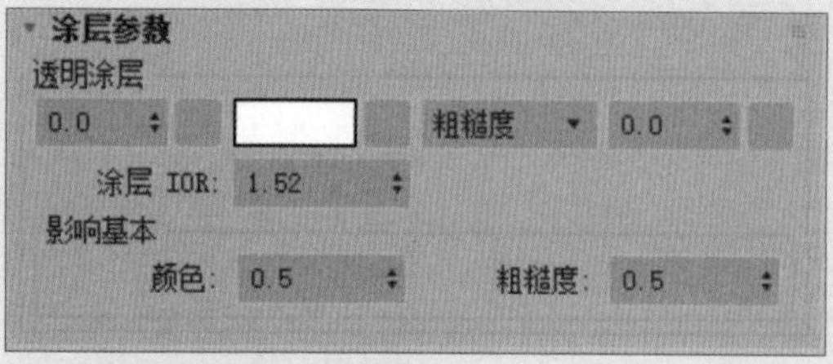

图 3-22

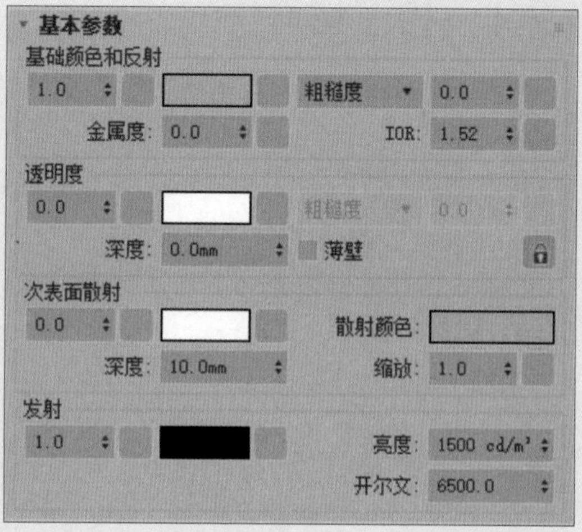

图 3-23

4）“各向异性”卷展栏

“各向异性”卷展栏主要用于设置模型在不同方向上具有不同属性的材质效果，使渲染出的模型更加逼真。常用来制作头发、玻璃或金属材质，如图3-24所示。

5）“特殊贴图”卷展栏

“特殊贴图”卷展栏主要用来丰富材质的细节和纹理，增强材质的真实感。例如，凹凸贴图可以模拟物体表面凹凸不平的材质效果；置换可以改变物体的几何形状等，如图3-25所示。

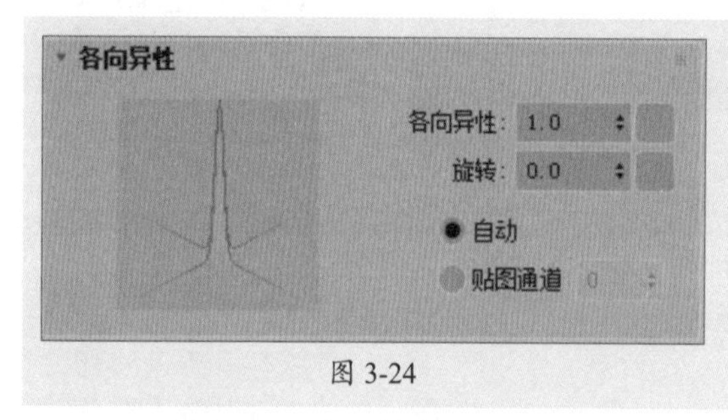

图 3-24

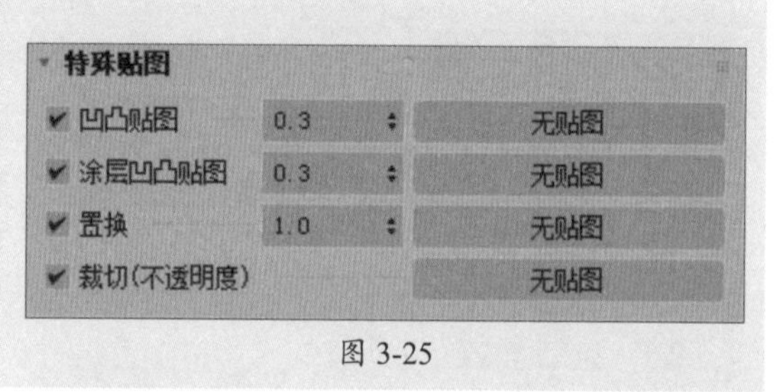

图 3-25

6）“常规贴图”卷展栏

“常规贴图”卷展栏访问材质的各个组件，部分组件可使用贴图替代原有材质颜色，如图3-26所示。

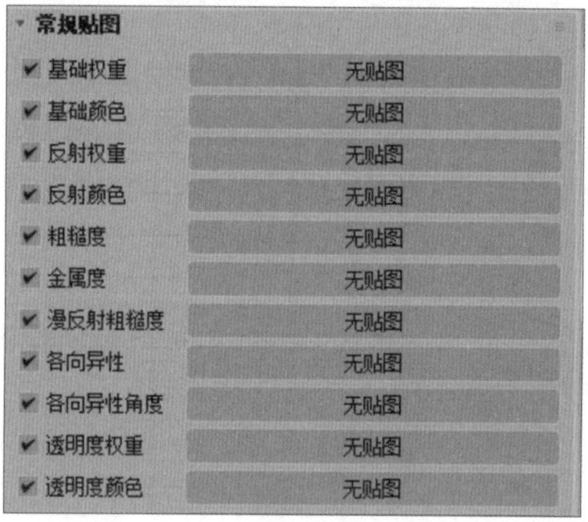

图 3-26

3.2.2 Ink'n Paint材质

Ink'n Paint材质提供带明暗处理有墨水边界的平面，常用来模拟卡通动画的材质效果。该材质包括4个参数卷展栏，分别为“基本材质扩展”“绘制控制”“墨水控制”和“超级采样/抗锯齿”。下面介绍较为常用的两个参数卷展栏，如图3-27、图3-28所示。

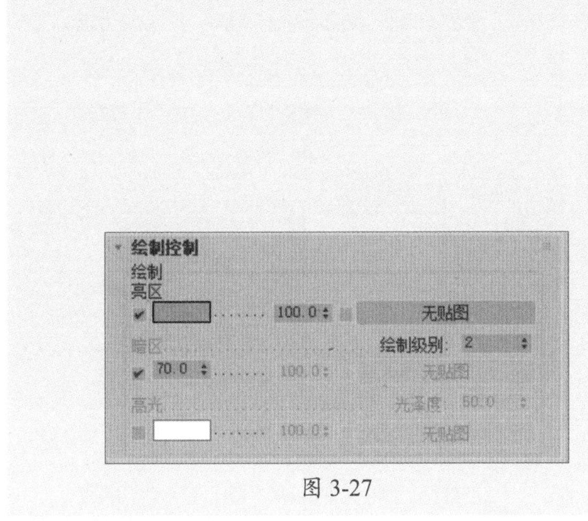

图 3-27

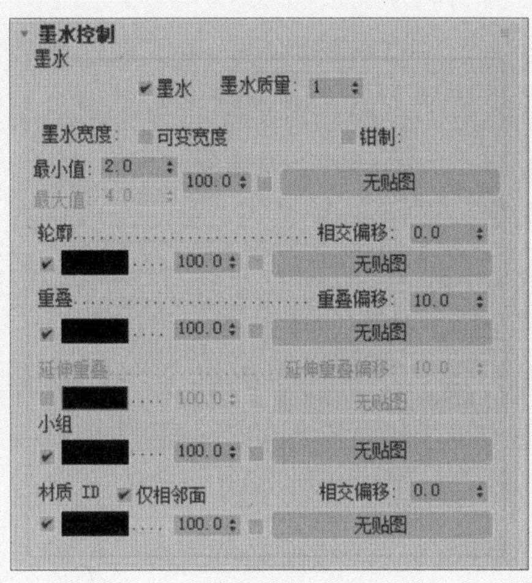

图 3-28

“绘制控制”卷展栏中各主要选项的含义如下。

- **亮区/暗区/高光：** 用来调节材质的亮区/暗区/高光区域的颜色，可以在后面的贴图通道中加载贴图。
- **绘制级别：** 该微调框用来调整颜色的色阶。

“墨水控制”卷展栏中各主要选项的含义如下。

- **墨水：** 控制是否开启描边效果。
- **墨水质量：** 该微调框用来控制边缘形状和采样值。
- **墨水宽度：** 设置描边的宽度。
- **最小值/最大值：** 设置墨水宽度的最小和最大像素值。
- **可变宽度：** 选中该复选框后可以使描边的宽度在最大值和最小值之间变化。
- **钳制：** 选中该复选框后可以使描边宽度的变化范围限制在最大值与最小值之间。
- **轮廓：** 选中该复选框后可以使物体外侧产生轮廓线。
- **重叠：** 当物体与自身的一部分相交重叠时使用。
- **延伸重叠：** 与重叠类似，但多用在较远的表面上。
- **小组：** 勾画用于物体表面光滑组部分的边缘。
- **材质ID：** 用于勾画不同材质ID之间的边界。

3.2.3 混合材质

混合材质是指在曲面的单个面上将两种材质进行混合。用户可以通过设置“混合量”微调框来控制材质的混合程度，它能够实现两种材质之间的无缝混合，常用于制作如花纹玻璃、烫金等材质表现。

混合材质将两种材质以百分比的形式混合在曲面的单个面上，通过不同的融合度，控制两种材质表现出的强度，另外还可以指定一张图作为融合的蒙版，利用它本身的明暗度来决定两种材质融合的程度，设置混合发生的位置和效果。“混合基本参数”卷展栏如图3-29所示。

- **材质1/材质2：**设置两个用于混合的材质，通过右侧的单选按钮来选择相应的材质，通过复选框来启用或禁用材质。
- **遮罩：**该通道用于导入使两个材质进行混合的遮罩贴图，两个材质之间的混合度取决于遮罩贴图的强度。
- **混合量：**决定两种材质混合的百分比，对无遮罩贴图的两个贴图进行融合时，依据它来调节混合程度。
- **混合曲线：**控制遮罩贴图中黑白过渡区造成的材质融合的尖锐或柔和程度，专用于使用了Mask遮罩贴图的融合材质。 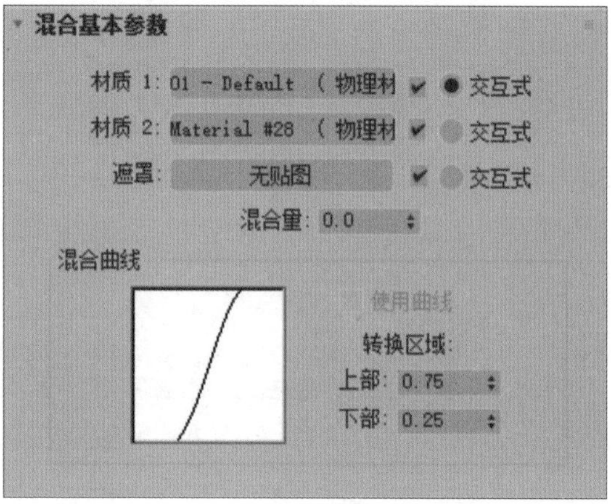
- **使用曲线：**确定是否使用混合曲线来影响融合效果，只有指定并激活遮罩，该复选框才可使用。
- **转换区域：**分别设置“上部”和“下部”微调框来控制混合曲线，两个值相近时会产生清晰尖锐的融合边缘；两个值差距较大时会产生柔和模糊的融合边缘。

图 3-29

3.2.4 多维/子对象材质

多维/子对象材质是将多个材质组合到一个材质当中，将物体设置不同的ID后，根据对应的ID号将材质赋予到指定物体的区域上，该材质常被用于包含许多贴图的物体上。“多维/子对象基本参数”卷展栏如图3-30所示。

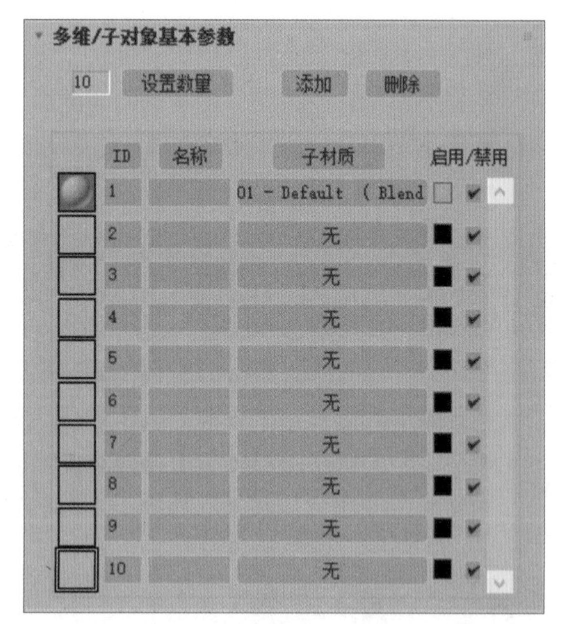

图 3-30

操作提示

如果该对象是可编辑网格，可以拖放材质到面的不同的选中部分，可随时构建一个多维/子对象材质。

“多维/子对象基本参数”卷展栏中各选项的含义如下。

- **设置数量：**用于设置子材质的参数，单击该按钮，即可打开“设置材质数量”对话框，在其中可以设置材质数量。

- **添加：** 单击该按钮，在子材质下方将默认添加一个标准材质。
- **删除：** 单击该按钮，将从下向上逐一删除子材质。

3.2.5 顶/底材质

使用顶/底材质可以为对象的顶部和底部指定两个不同的材质，并允许将两种材质混合在一起，得到类似双面材质的效果。顶/底材质参数提供了访问子材质、混合、坐标等参数，“顶/底基本参数”卷展栏如图3-31所示。

- **顶材质：** 可选中该文本框后的复选框，显示顶材质的命令和类型。
- **底材质：** 可选中该文本框后的复选框，显示底材质的命令和类型。
- **交换：** 单击该按钮可将顶材质和底材质互换。
- **坐标：** 该选项组用于控制对象，确定顶和底的边界。

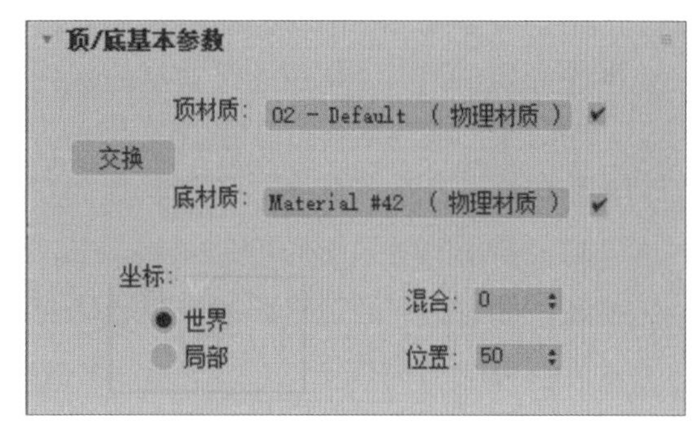

图 3-31

- **混合：** 该微调框用于混合顶材质和底材质之间的边缘。
- **位置：** 该微调框用于确定顶和底两种材质在对象上划分的位置。

3.2.6 VRayMtl材质

选择VRayMtl材质之后，材质编辑器上的“基本参数”卷展栏也会随之变换为VRay基本参数卷展栏，如图3-32所示。下面将对VRayMtl材质“基本参数”卷展栏中的一些重要参数进行介绍。

1）“漫反射”属性组

- **漫反射：** 设置材质的固有色。单击色样可以打开颜色选择器，还可以为漫反射通道指定一张纹理贴图，以此来替代漫反射颜色。
- **粗糙度：** 该微调框用于设置材质表面的粗糙程度。
- **凹凸贴图：** 添加凹凸贴图并设置凹凸参数。

2）“反射”属性组

- **反射：** 控制材质的反射强度。通过调整颜色的明度来控制反射的强弱。颜色越亮反射越强，反之则越弱。
- **光泽度：** 该微调框用于设置材质高光和反射光泽度大小。值为0.0时，将

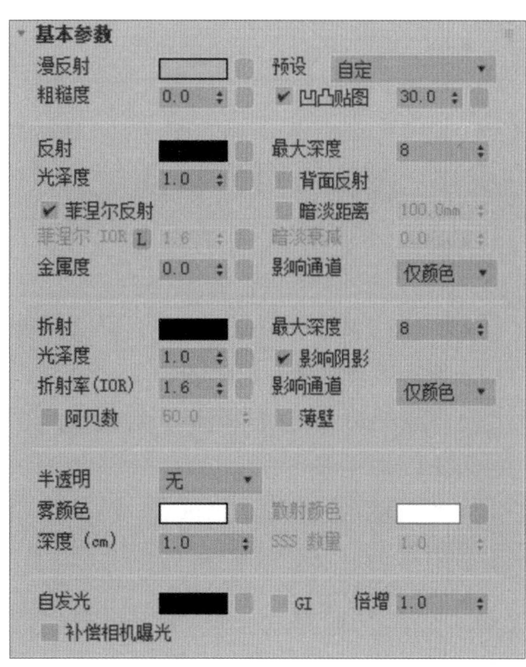

图 3-32

会得到非常模糊的反射效果。值为1.0时，将会关掉高光光泽度。打开高光光泽度将会增加渲染时间。

- **菲涅尔反射：** 选中该复选框时，反射将具有真实世界的玻璃反射效果。
- **最大深度：** 该微调框用于设置光线跟踪贴图的最大深度。光线跟踪更大的深度贴图将返回黑色。

3）“折射”属性组

- **折射：** 该微调框用于通过调整颜色的明度来控制折射的透明度。颜色越亮对象越透明，反之则越不透明。调整颜色的色相也可以影响折射的颜色。还可以为折射通道指定一张纹理贴图，以此来替代折射颜色。
- **光泽度：** 该微调框用于设置材质的光泽度大小。值为0.0，意味着得到非常模糊的折射效果。值为1.0时，将关掉光泽度，VRay将产生非常明显的完全折射效果。
- **折射率：** 该微调框用于设置材质的折射率。值越大，折射效果越锐利，随着值的降低，折射的效果会变得越来越模糊。
- **影响阴影：** 该复选框用来控制透明物体产生的阴影。

4）“半透明”属性组

该属性组设置材质的半透明性，此时VRay将使用雾的颜色来决定通过该材质里面的光线数量。

- **半透明：** 分为硬（蜡）模型、软（水）模型、混合模型三种半透明效果。
- **雾颜色：** 即利用雾来填充折射的物体，雾的颜色将作为折射颜色。
- **深度：** 该微调框用来控制光线在物体内部被追踪的深度，也可理解为光线的最大穿透能力。

5）“自发光”属性组

- **自发光：** 控制是否开启全局照明。
- **GI：** 控制是否开启局部照明。
- **倍增：** 该微调框控制自发光的强度。

3.2.7 VRay灯光材质

VRay灯光材质可以模拟物体发光发亮的效果，常用来制作顶棚灯带、霓虹灯、火焰等效果，其“参数”卷展栏如图3-33所示。该卷展栏主要参数说明如下。

- **颜色：** 控制自发光的颜色，其微调框用来设置自发光的强度。
- **不透明度：** 可以在后面的通道中加载贴图。
- **背面发光：** 选中该复选框，物体会双面发光。
- **补偿相机曝光：** 控制相机曝光补偿的数值。

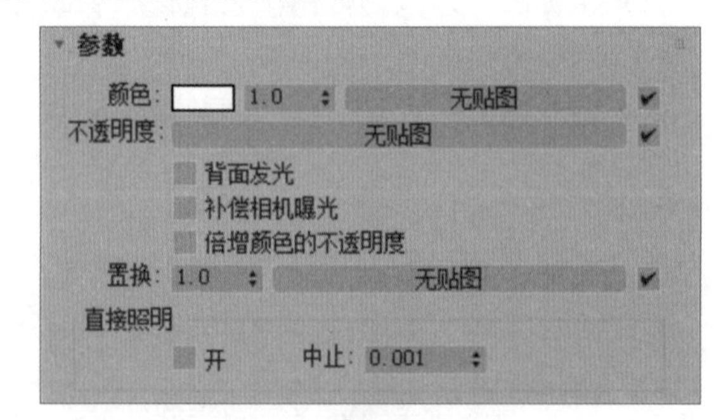

图 3-33

- **倍增颜色的不透明度：** 选中该复选框后，颜色的不透明度将成倍递增。

3.3 常用贴图类型

使用VRay材质，可以应用不同的纹理贴图，控制其反射和折射，增加凹凸贴图，强制直接进行全局照明计算，从而获得逼真的渲染效果。

案例解析：设置手串材质

下面利用衰减贴图为手串模型添加珍珠材质。具体操作步骤如下。

步骤 01 打开手串模型素材，如图3-34所示。

步骤 02 按M键打开材质编辑器，选择一个空白材质球，设置材质类型为VRayMtl，在“贴图”卷展栏中为漫反射通道添加衰减贴图，为反射通道添加混合贴图，如图3-35所示。

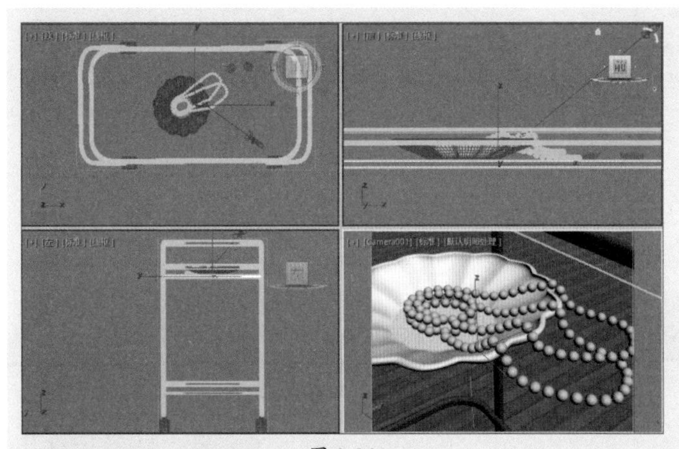

图 3-34

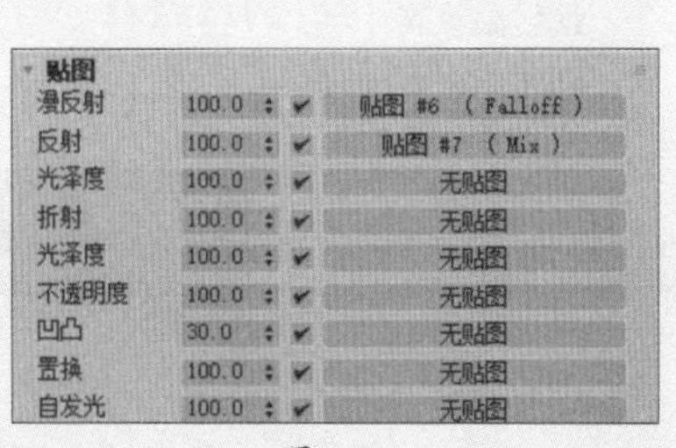

图 3-35

步骤 03 打开“衰减参数”卷展栏，设置颜色1和颜色2，如图3-36所示。

步骤 04 衰减颜色的参数设置如图3-37所示。

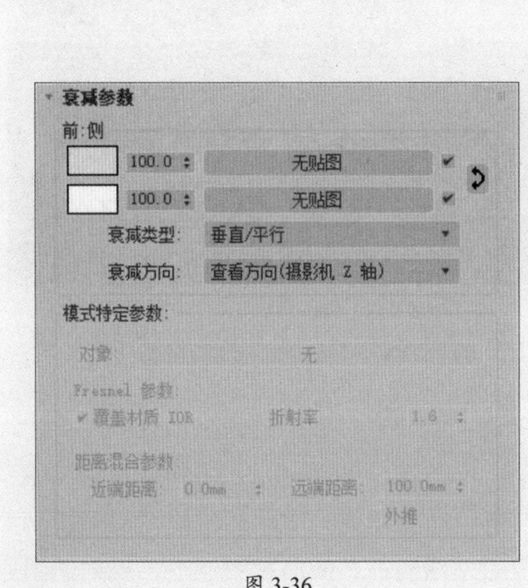

图 3-36

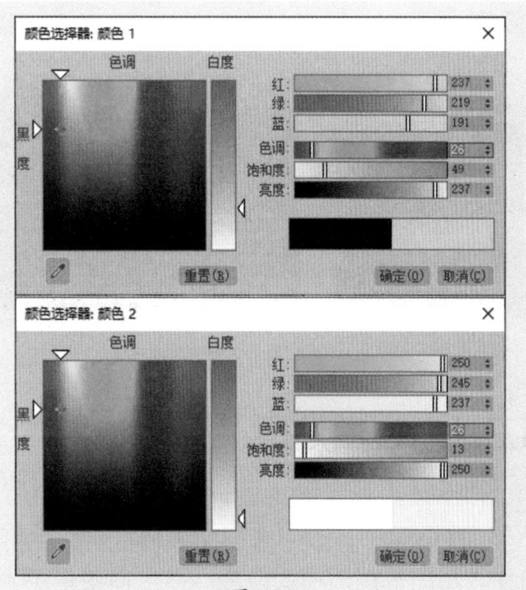

图 3-37

步骤 05 复制漫反射通道的衰减贴图，再打开“混合参数”卷展栏，在颜色1贴图通道粘贴衰减贴图，如图3-38所示。

步骤 06 返回父层级，打开“基本参数”卷展栏，设置反射光泽度，如图3-39所示。

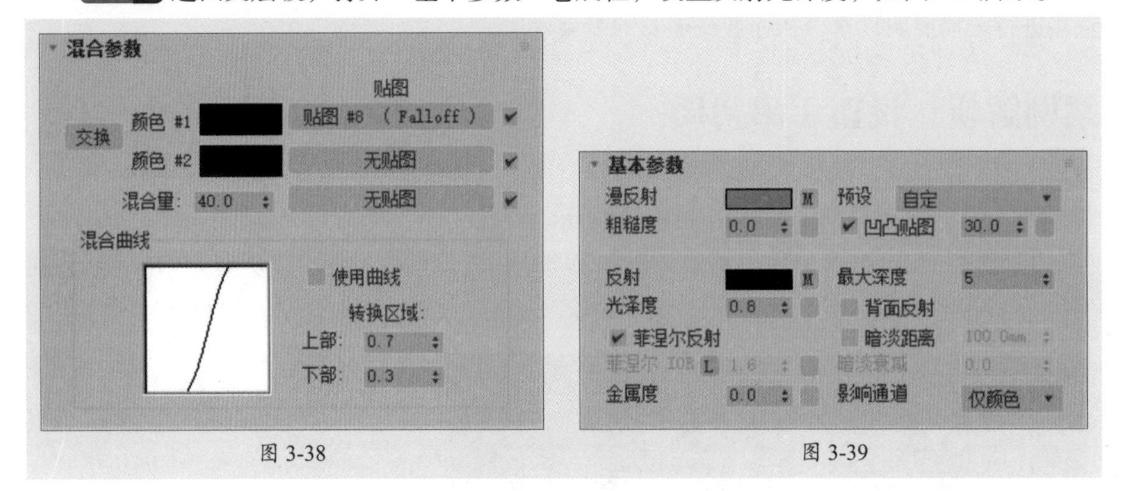

图 3-38　　图 3-39

步骤 07 制作好的珍珠材质预览效果如图3-40所示。

步骤 08 将材质指定给场景中的手串模型，渲染摄影机视口，效果如图3-41所示。

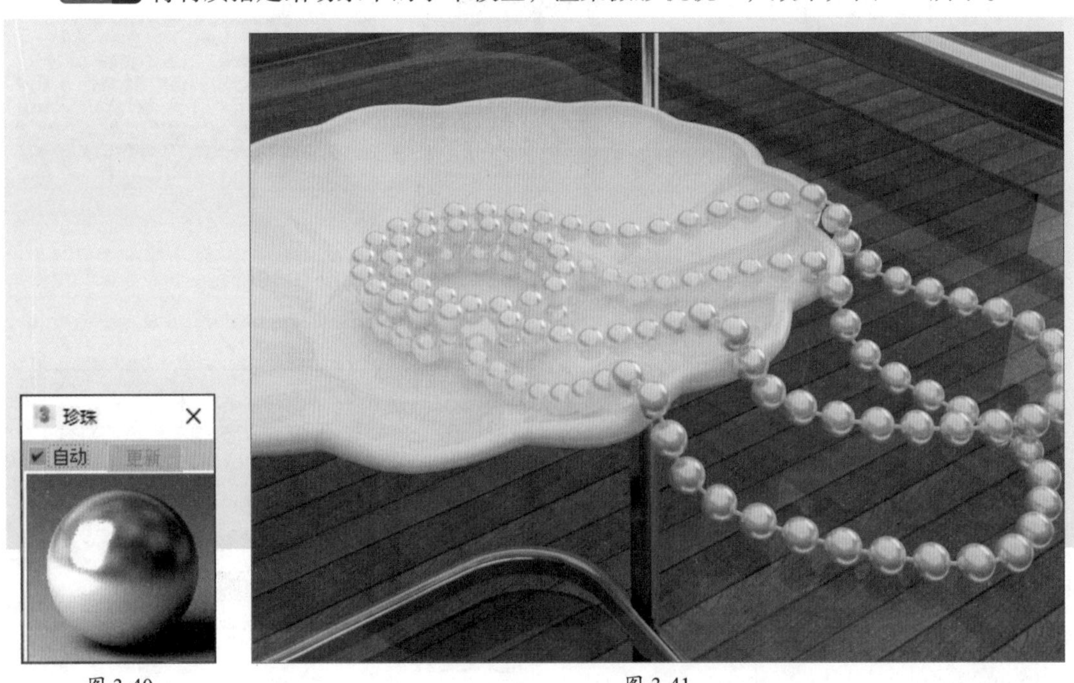

图 3-40　　图 3-41

3.3.1 位图贴图

位图是由彩色像素的固定矩阵生成的图像，支持多种图像格式，包括JPG、TIF、AVI、TGA等，可以用来创建多种材质，也可以使用动画或视频文件替代位图来创建动画材质。位图贴图的使用范围广泛，通常用于漫反射贴图通道、凹凸贴图通道、反射贴图通道、折射贴图通道中。“位图参数”卷展栏如图3-42所示。

“位图参数”卷展栏中主要选项说明如下。

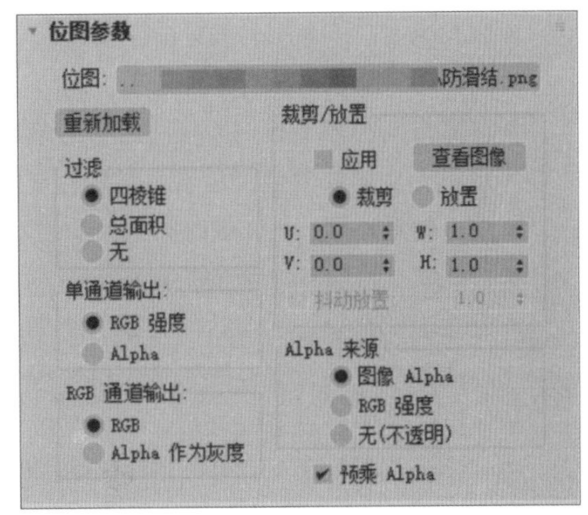

图 3-42

- **位图：**用于选择位图贴图，通过标准文件浏览器选择位图，选中之后，该通道上会显示位图的路径名称。
- **重新加载：**对使用相同名称和路径的位图文件进行重新加载。在绘图程序中更新位图后，无须再使用文件浏览器重新加载该位图。
- **四棱锥：**四棱锥过滤方法，在计算的时候占用较少的内存，其运用最为普遍。
- **总面积：**总面积过滤方法，在计算的时候占用较多的内存，但能产生比四棱锥过滤方法更好的效果。
- **RGB强度：**使用贴图的红、绿、蓝通道强度。
- **Alpha：**使用贴图Alpha通道的强度。
- **应用：**选中该复选框可以应用裁剪或减小尺寸的位图。
- **裁剪/放置：**控制贴图的应用区域及位置。

3.3.2 衰减贴图

衰减贴图可以模拟对象表面由深到浅或者由浅到深的过渡效果或者反射效果，如图3-43所示。在创建不透明的衰减效果时，衰减贴图提供了更大的灵活性，“衰减参数”卷展栏如图3-44所示。

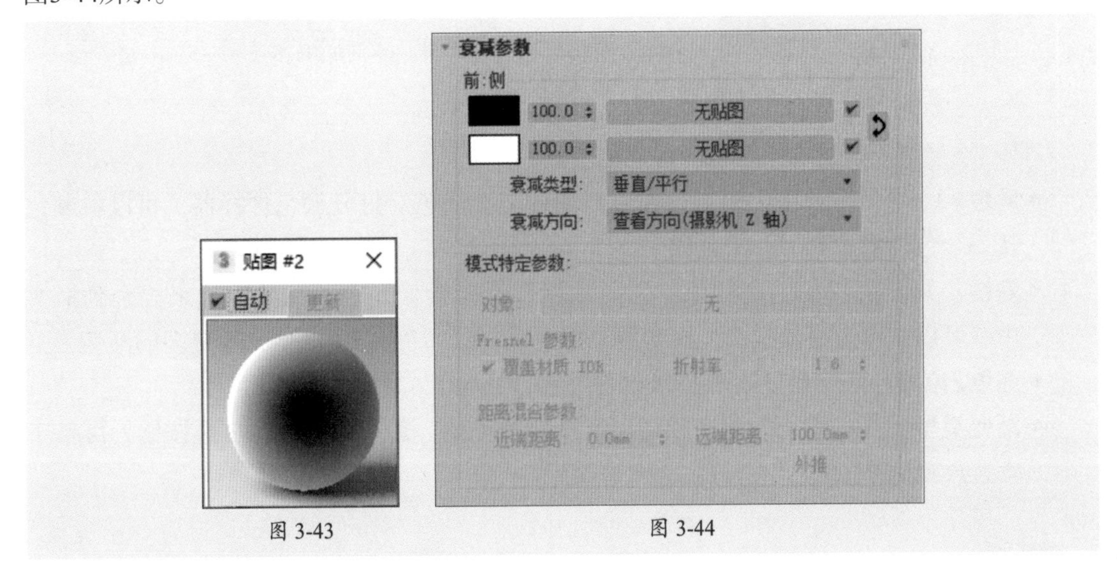

图 3-43　　图 3-44

“衰减参数”卷展栏中主要选项说明如下。

- **前：侧：**用来设置衰减贴图的前面和侧面通道参数。

- **衰减类型：**该下拉列表框用于设置衰减的方式，包含垂直/平行、朝向/背离、Fresnel、阴影/灯光、距离混合5种选项。
- **衰减方向：**该下拉列表框用于设置衰减的方向。
- **对象：**从场景中拾取对象其名称会显示在按钮上。
- **覆盖材质IOR：**允许更改为材质所设置的折射率。
- **折射率：**设置一个新的折射率。
- **近端距离：**设置混合效果开始的距离。
- **远端距离：**设置混合效果结束的距离。
- **外推：**选中该复选框之后，效果继续超出近端距离和远端距离。

在“衰减参数”卷展栏中，用户可以对衰减贴图的两种颜色进行设置，并且提供了如图3-45所示的5种衰减类型。在默认状态下使用的是“垂直/平行”。

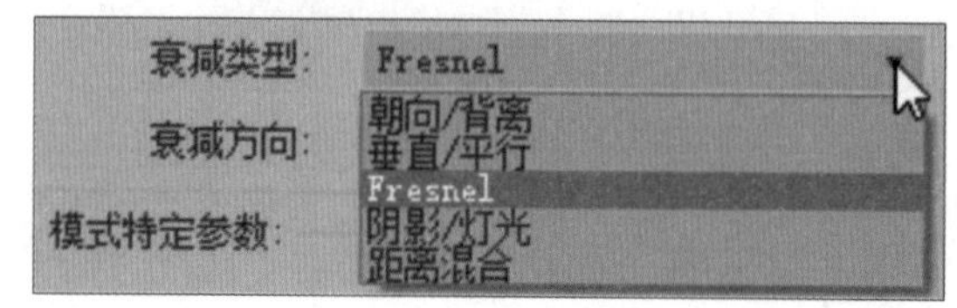

图 3-45

3.3.3 渐变贴图

渐变贴图可从一种颜色过渡到另一种颜色，也可以为渐变过渡效果指定两种或三种颜色或贴图，通过贴图可以产生无限级别的渐变和图像嵌套效果，如图3-46所示。在“渐变参数”卷展栏中可以设置颜色参数、位置参数等，如图3-47所示。

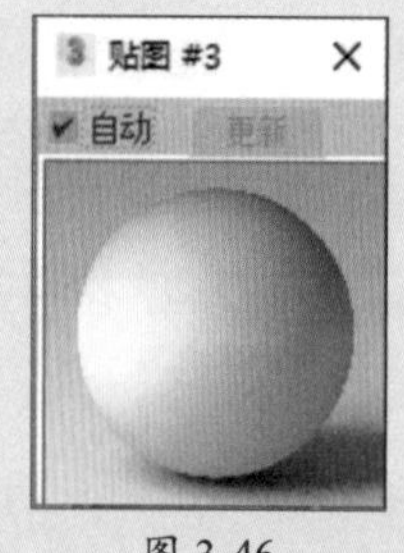

图 3-46

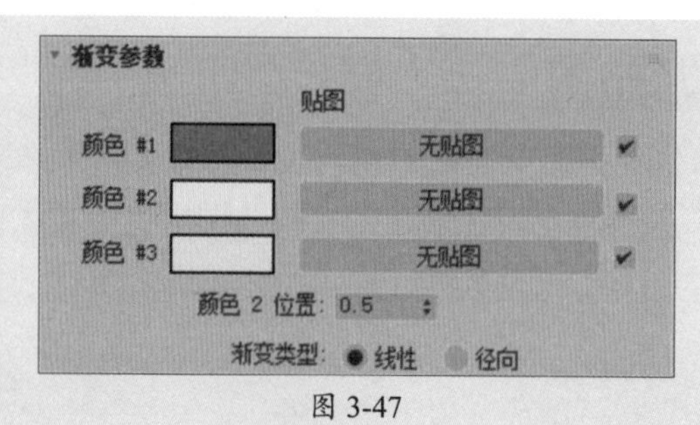

图 3-47

“渐变参数”卷展栏中主要选项说明如下。

- **颜色#1～3：**设置在中间进行插值渐变的三个颜色。打开颜色选择器，可以将颜色从一个色样拖放到另一个色样中。
- **贴图：**显示贴图而不是颜色。贴图采用和混合渐变颜色相同的方式来混合到渐变中。可以在每个窗口中添加嵌套程序以生成5色、7色、9色渐变，或更多的渐变。
- **颜色2位置：**该微调框用来控制中间颜色的中心点。
- **渐变类型：**可分为线行渐变和径向渐变两种类型。选中“线性”单选按钮，可基于垂直位置插补颜色。

操作提示

通过将一个色样拖动到另一个色样上可以交换颜色；单击“复制或交换颜色”对话框中的“交换”按钮也可完成操作。若需反转渐变的总体方向，则可交换第一种颜色和第三种颜色的位置。

3.3.4 平铺贴图

平铺贴图使用颜色或材质贴图创建砖或其他平铺材质。在“标准控制”卷展栏中可以设置预定义的建筑砖图案，也可以自定义图案，如图3-48所示。

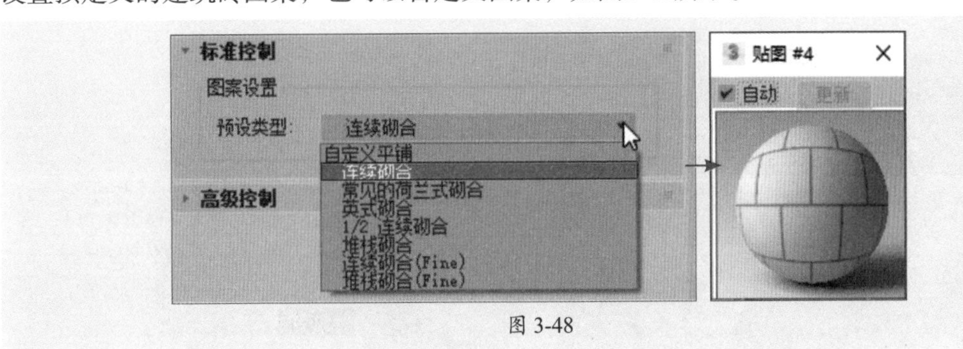

图 3-48

在“高级控制”卷展栏中可以设置图案的表面和砖缝等参数，如图3-49所示。

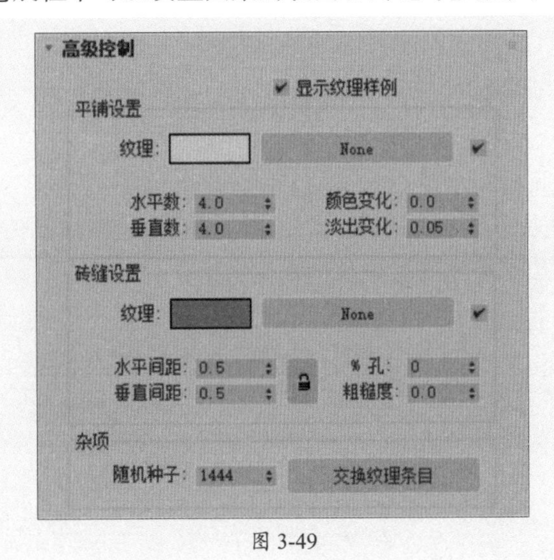

图 3-49

- **显示纹理样例：** 更新并显示贴图指定给瓷砖或砖缝的纹理。
- **纹理：** 控制当前瓷砖的纹理贴图的显示效果。
- **水平数/垂直数：** 控制行/列的瓷砖数量。
- **颜色变化：** 该微调框用于控制瓷砖的颜色变化。
- **淡出变化：** 该微调框用于控制瓷砖的淡出变化。
- **纹理：** 控制当前砖缝的纹理贴图的显示效果。
- **水平间距/垂直间距：** 控制瓷砖间的水平/垂直方向的砖缝的大小。
- **粗糙度：** 该微调框用于控制砖缝边缘的粗糙度。

操作提示

在默认状态下贴图的水平间距和垂直间距是锁定在一起的，用户可以根据需要解开锁定来单独对它们进行设置。

3.3.5 噪波贴图

噪波贴图可以产生随机的噪波波纹纹理。经常使用该贴图制作凹凸效果，如水波纹、草地、墙面、毛巾等，如图3-50所示。“噪波参数”卷展栏如图3-51所示。

图 3-50

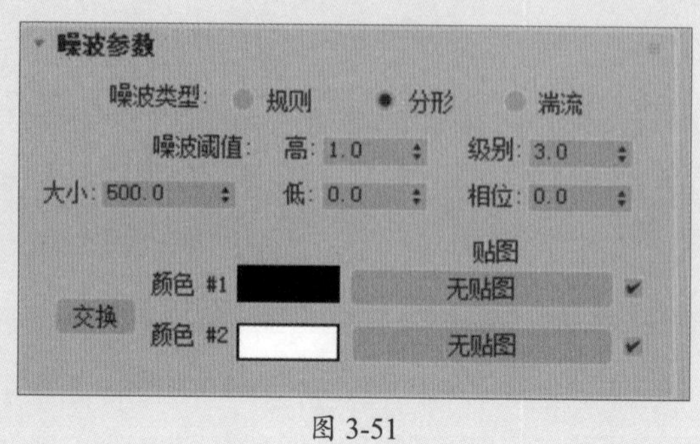

图 3-51

- **噪波类型：** 共有3种澡波类型，分别是规则、分形和湍流。
- **大小：** 以3ds Max为单位设置噪波函数的比例。
- **噪波阈值：** 该微调框用于控制噪波的效果。
- **级别：** 该微调框决定有多少分形能量用于分形和湍流噪波阈值。
- **相位：** 该微调框用于控制噪波函数的动画速度。
- **交换：** 交换两个颜色或贴图的位置。
- **颜色#1/颜色#2：** 从这两个主要噪波颜色中选择，通过所选的两种颜色来生成中间颜色值。

操作提示

分形类型使用分形算法来计算噪波效果。当选中“分形”单选按钮后，“级别”微调框用来控制噪波的迭代次数。

课堂实战 制作盘古斧贴图材质

本案例将利用本章所学的知识点来为盘古斧模型添加相应的材质，其中涉及的主要命令有：UVW展开修改器、编辑UVW命令、Photoshop画笔命令等。具体操作步骤如下。

步骤 01 打开“盘古斧”模型素材。对场景中的轴对称模型进行删减。选择斧柄模型，激活“多边形”子层级，结合各视图选择如图3-52所示的多边形。

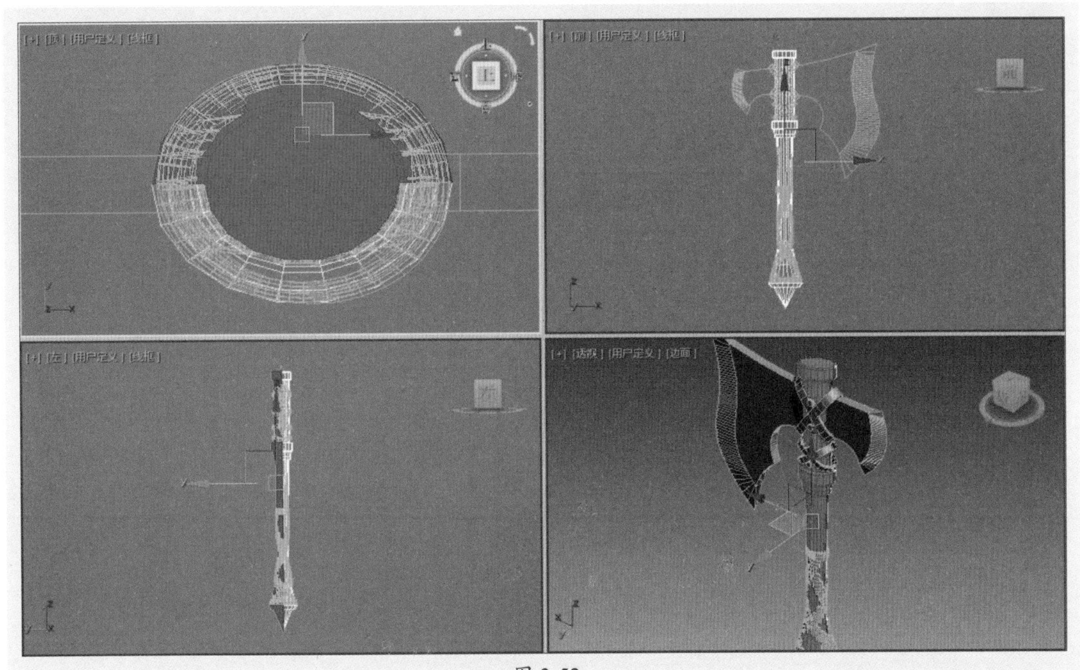

图 3-52

步骤 02 切换到透视视图，按住Alt键减选多边形顶部的面，如图3-53所示。

步骤 03 按Delete键删除被选择的多边形，如图3-54所示。

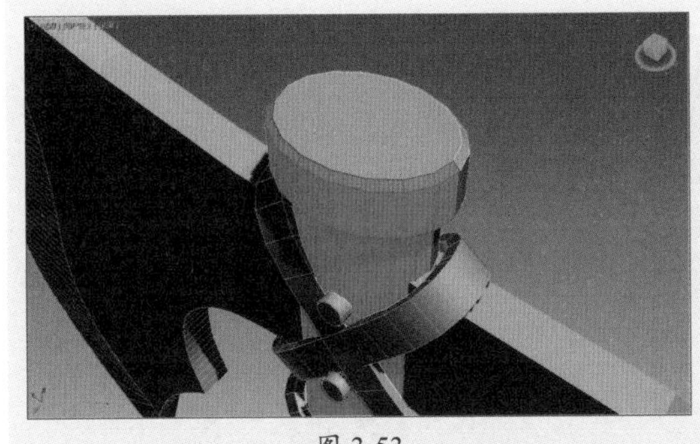

图 3-53

图 3-54

步骤 04 选择斧头模型，激活“多边形”子层级，在“选择”卷展栏中选中“忽略背面”复选框，在后视图中框选对象，如图3-55所示。

步骤 05 取消选中“忽略背面”复选框，在透视图中按住Alt键减去多选的多边形和边，如图3-56所示。

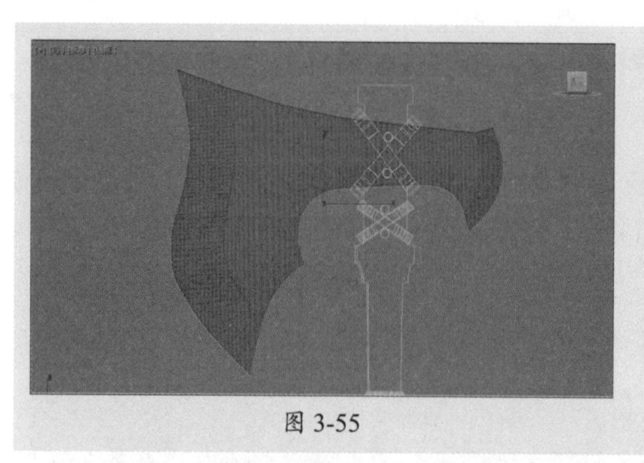
图 3-55

图 3-56

步骤 06 按Delete键删除所选对象，如图3-57所示。

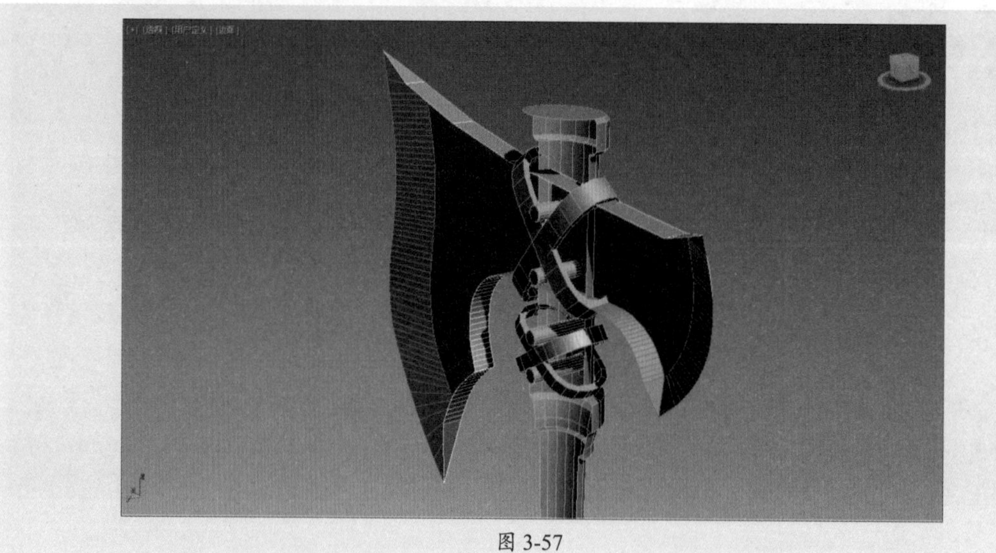
图 3-57

步骤 07 按照同样的方法删除固定带的一半，再退出堆栈，删除多余的把手防滑结、铆钉，如图3-58所示。

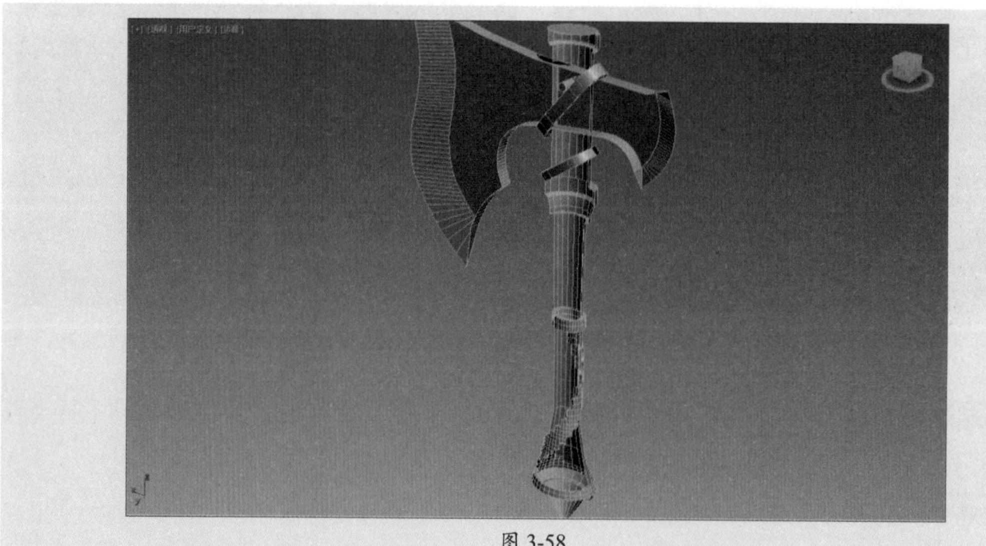
图 3-58

步骤 08 选择手柄，在“编辑几何体”卷展栏中单击“附加”按钮，将除防滑结以外的所有模型都附加为一个整体，如图3-59所示。

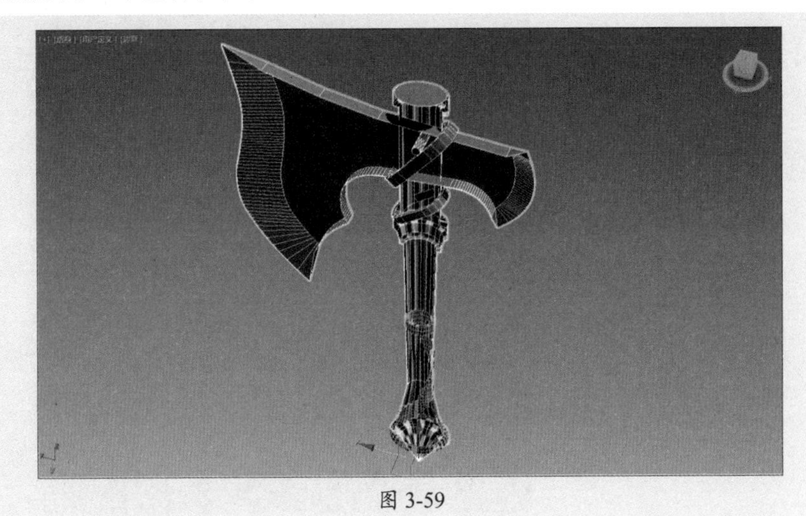

图 3-59

步骤 09 按M键打开材质编辑器，选择一个空白材质球，为漫反射通道添加“棋盘格”贴图，在“坐标”卷展栏中设置UV向的“瓷砖”参数，设置完毕后可以看到材质球预览效果，如图3-60所示。

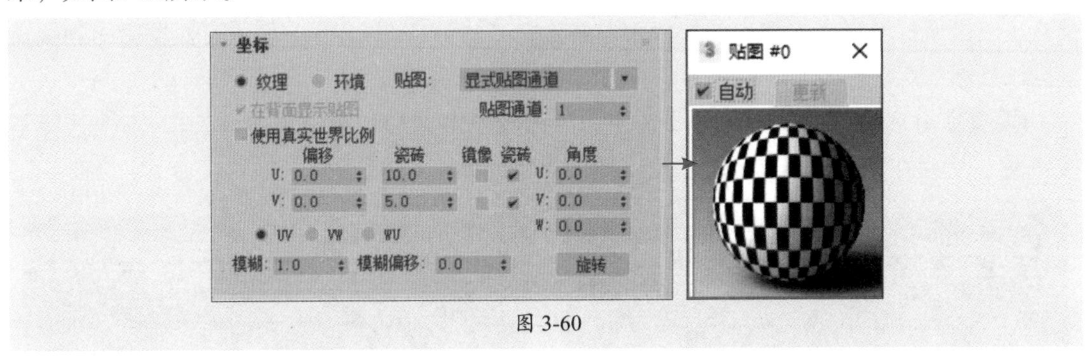

图 3-60

步骤 10 将材质指定给模型对象，如图3-61所示。

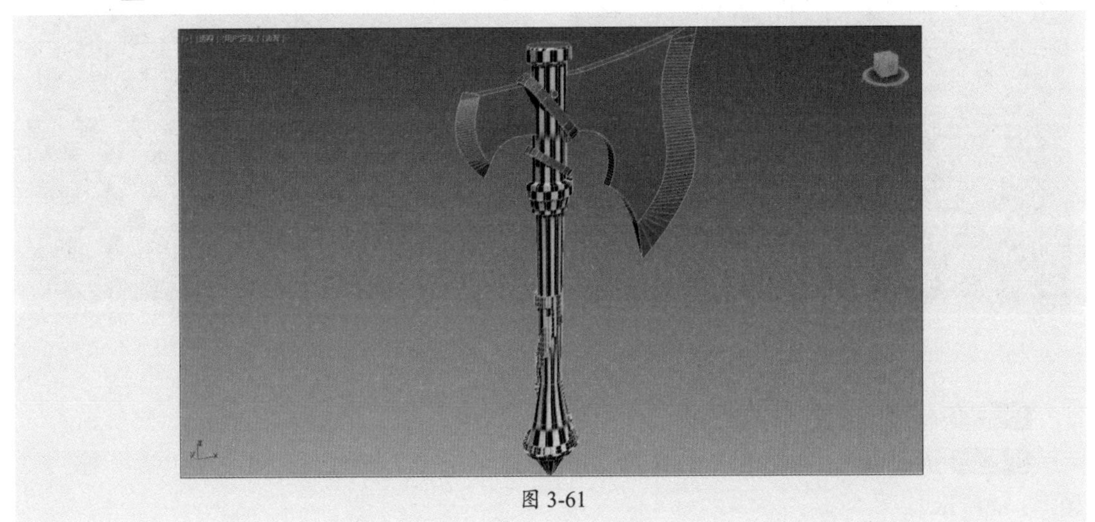

图 3-61

步骤 11 先选择主体模型，从修改器列表中选择“UVW展开”修改器并添加到模型，然后在“编辑UV”卷展栏中单击“UV编辑器”按钮，打开“编辑UVW”设置面板，如图3-62所示。

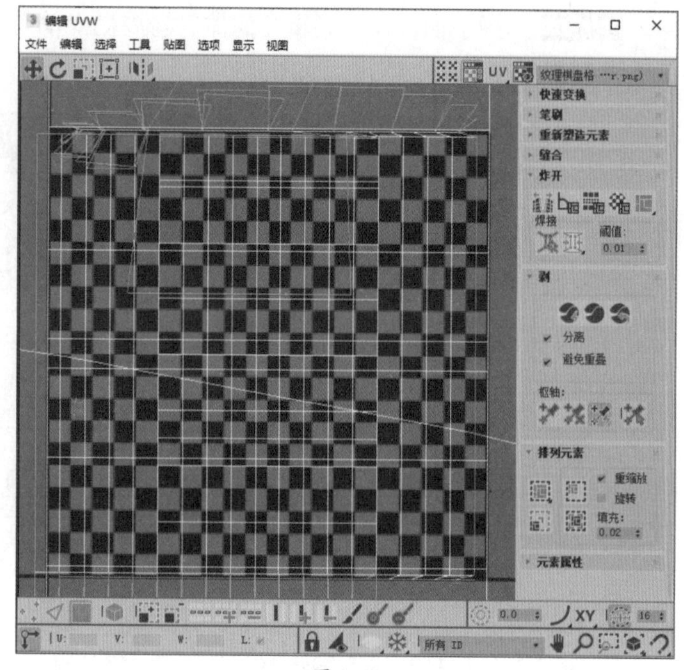

图 3-62

步骤 12 在“编辑UVW”设置面板中单击“顶点”按钮，然后按Ctrl+A组合键全选顶点，单击鼠标右键，在弹出的快捷菜单中选择“紧缩UV”命令，使所有对象紧缩到编辑框内，如图3-63所示。

步骤 13 分离模型的各个部分。在空白处单击取消选择，激活“按元素UV切换选择”按钮，然后在斧头的顶点上单击选中整个对象，如图3-64所示。

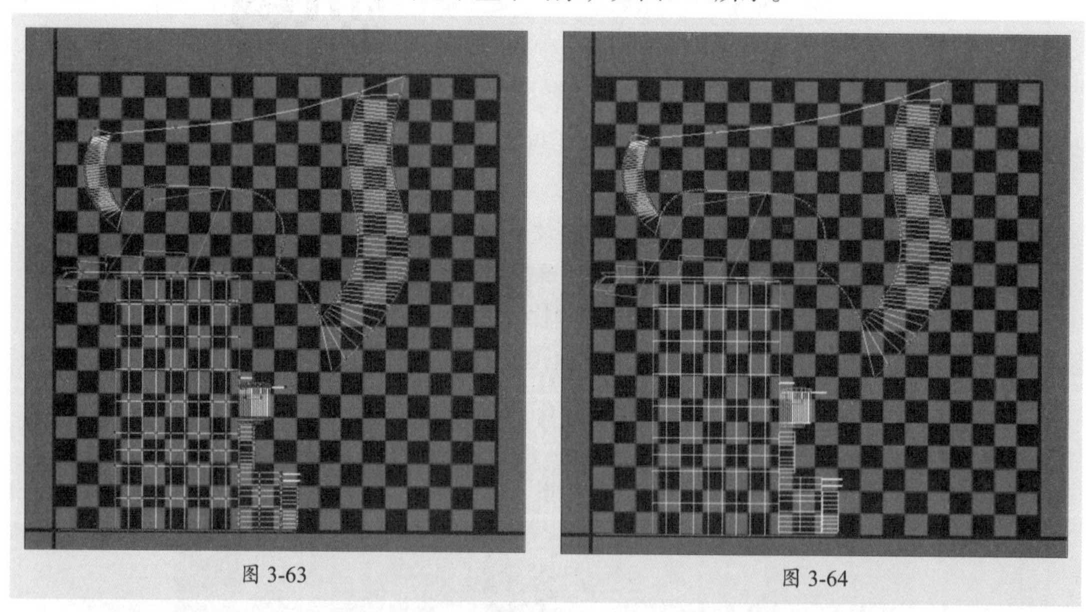

图 3-63　　图 3-64

步骤 14 在“剥”卷展栏中单击“快速剥”按钮，分离斧头对象，如图3-65所示。

步骤 15 依次单击“重置剥”按钮和“紧缩:自定义”按钮，系统会重新排列UV，如图3-66所示。

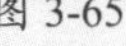

图 3-65

图 3-66

步骤 16 取消选中“按元素UV切换选择”按钮，再单击“多边形”按钮，在工作界面视口中选择如图3-67所示的多边形。

图 3-67

步骤 17 单击“快速剥”按钮，将所选的多边形部分剥离，再单击“重置剥”按钮，可以看到被剥离部分的UV已经展开，如图3-68所示。

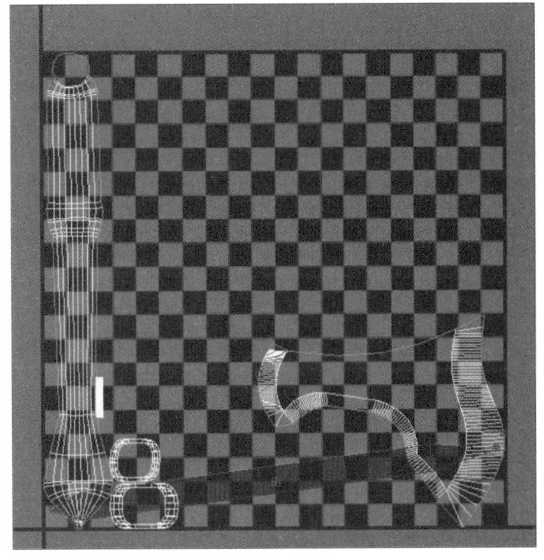

图 3-68

步骤 18 在“编辑UVW”面板中选择如图3-69所示的多边形，也就是斧头底部的横截面。

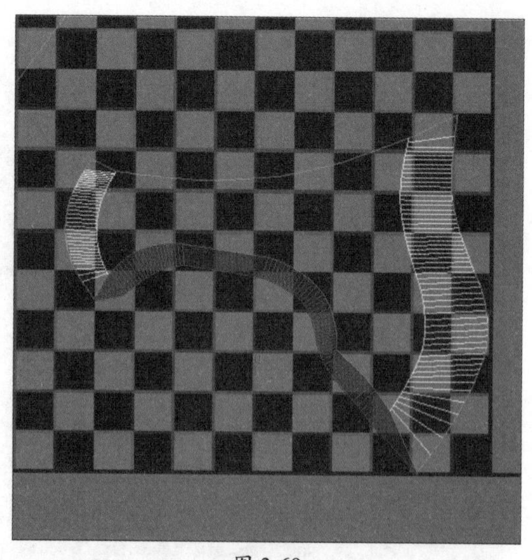

图 3-69

步骤 19 单击“快速剥”按钮，将这部分的UV剥离，如图3-70所示。

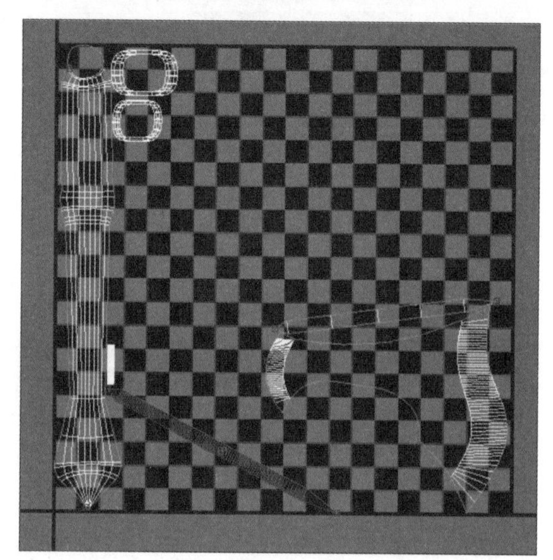

图 3-70

步骤 20 按照此方法将把手分离为三个部分，如图3-71所示。

图 3-71

步骤 21 选择把手的剩余部分，单击“重新剥”按钮，调整UV，如图3-72所示。

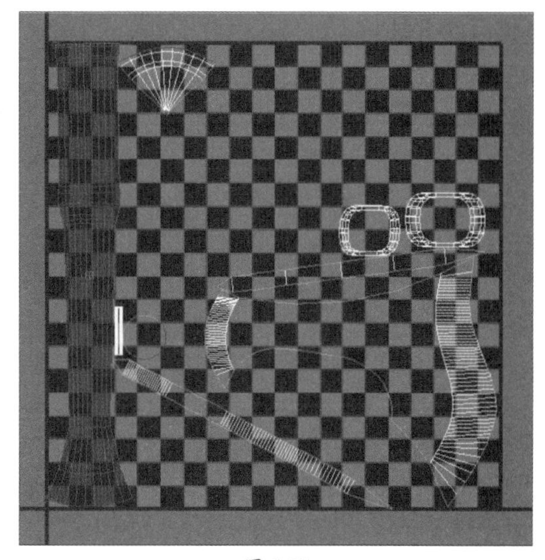

图 3-72

步骤 22 单击“边”按钮，选择其中一个固定带上的边线，如图3-73所示。

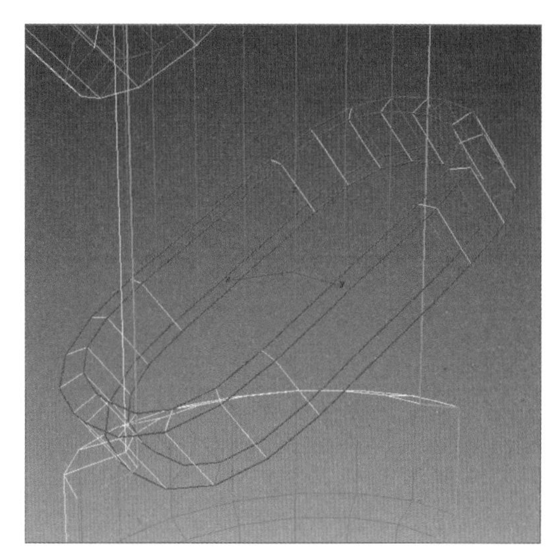

图 3-73

步骤 23 在“炸开”卷展栏中单击“断开”按钮，会沿所选边线位置将对象断开为四份，在视口中可以看到断开位置变成了洋红色，如图3-74所示。

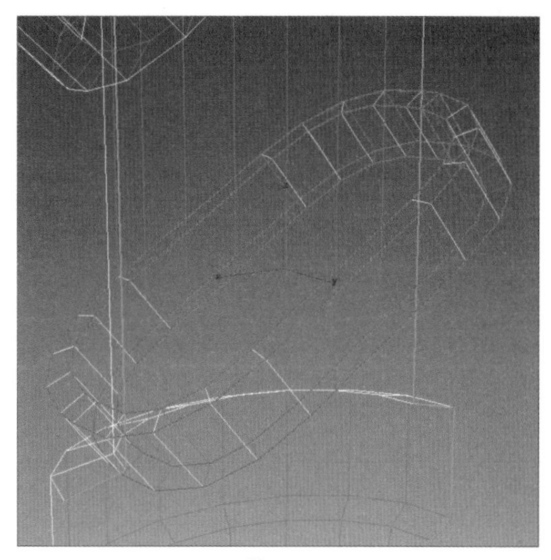

图 3-74

步骤 24 激活“按元素UV切换选择”按钮，在“编辑UVW”面板中分别移动四个对象的位置，如图3-75所示。

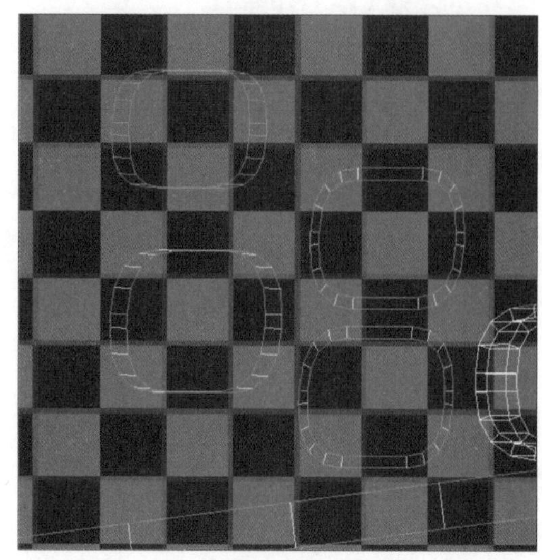

图 3-75

步骤 25 选择未展开UV的部分，单击“快速剥”按钮，将其剥离，如图3-76所示。

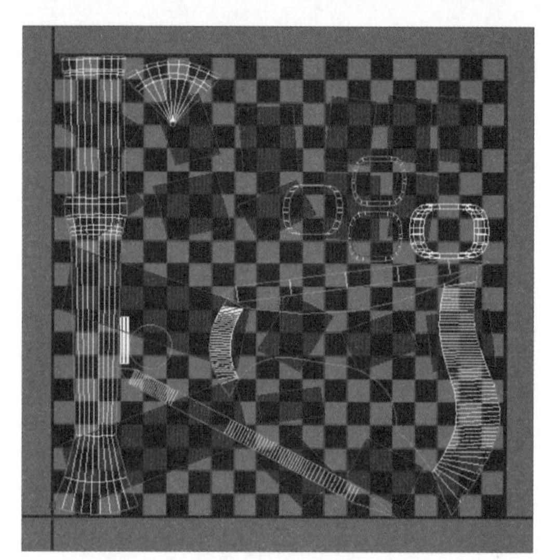

图 3-76

步骤 26 再单击“按多边形角度展平”按钮，展平并对齐UV，如图3-77所示。

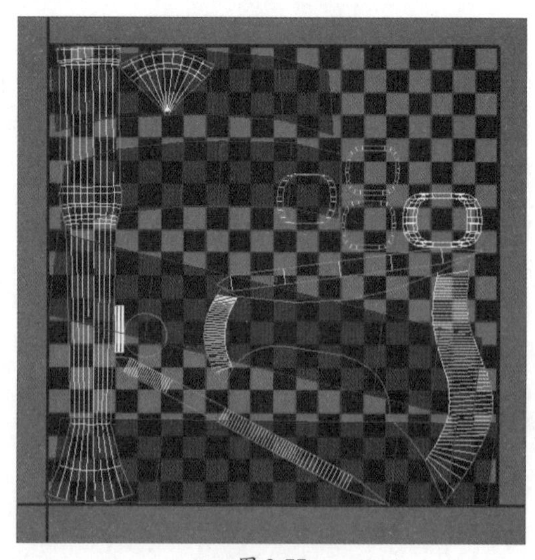

图 3-77

步骤27 利用缩放工具和移动工具，缩放UV并调整位置，如图3-78所示。

图 3-78

步骤28 按照此操作方法再展开另外一个固定带的UV，如图3-79所示。

图 3-79

步骤29 取消选中“按元素UV切换选择”，选择铆钉两端的多边形，如图3-80所示。

图 3-80

步骤 30 单击“快速剥”按钮，剥离铆钉两端多边形的UV，并缩放大小，调整位置，如图3-81所示。

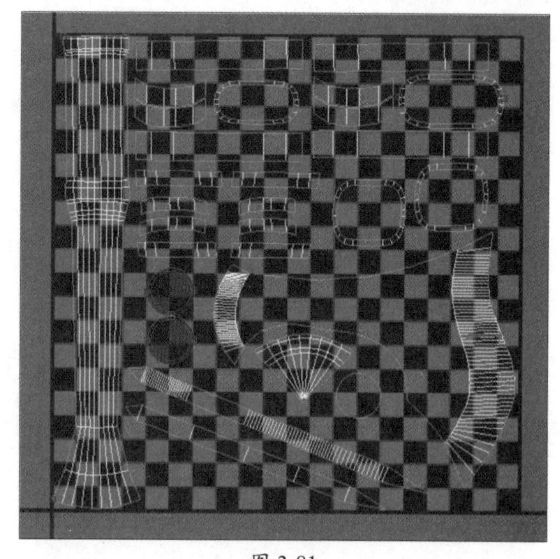

图 3-81

步骤 31 单击“边”按钮，选择铆钉上的一条边，单击“断开”按钮，从该边线位置断开，如图3-82、图3-83所示。

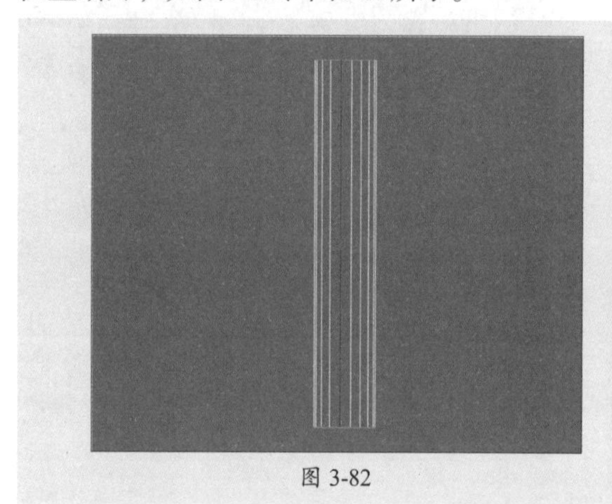

图 3-82

图 3-83

步骤 32 再选择铆钉对象，单击“剥离”按钮，展平并对齐UV，如图3-84所示。

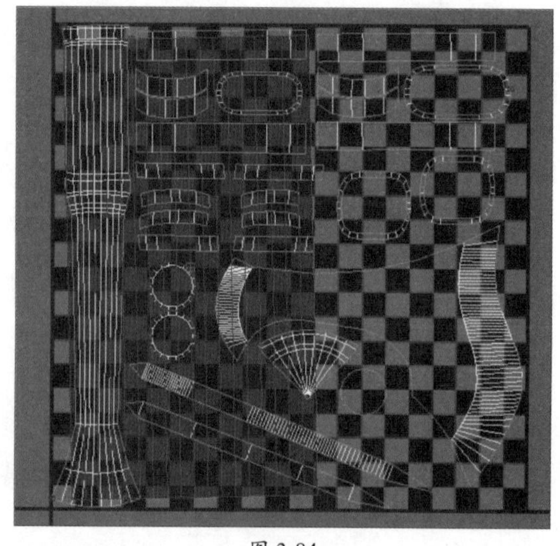

图 3-84

步骤33 调整UV比例及位置，如图3-85所示。

步骤34 激活“按元素UV切换选择”按钮，选择UV，在面板中执行“工具>松弛”命令，打开“松弛工具”对话框，在其中设置松弛方式和迭代次数，如图3-86所示。

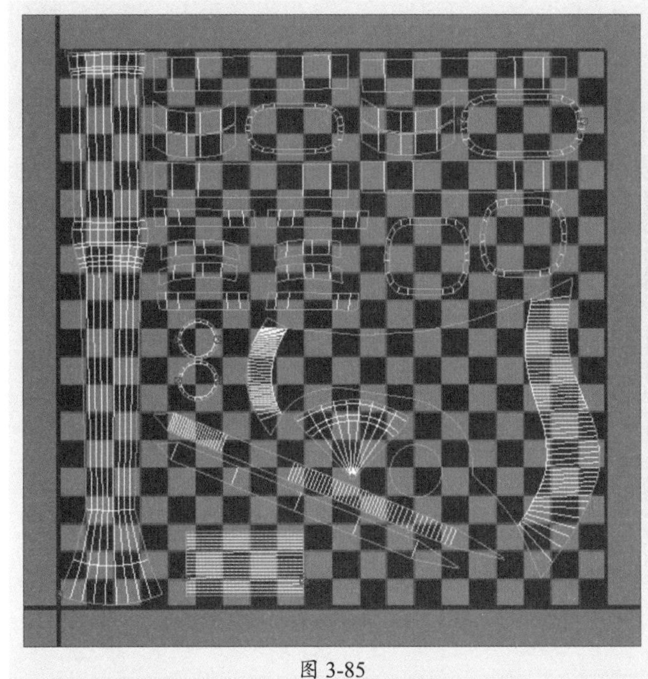

图 3-85

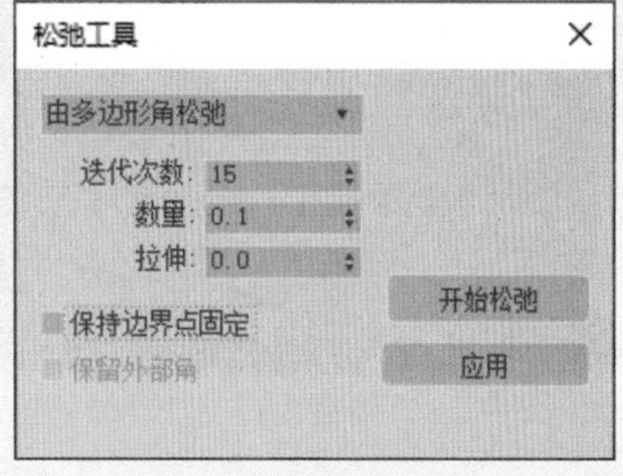

图 3-86

步骤35 依次对所有的UV进行松弛操作，如图3-87所示。

步骤36 操作完毕后执行“工具>渲染UVW模板”命令，打开“渲染UVs”对话框，将宽度和高度都设置为512，如图3-88所示。

图 3-87

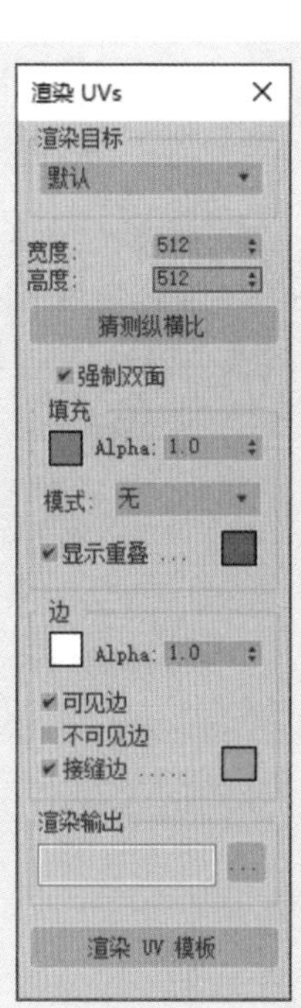

图 3-88

步骤 37 单击“渲染UV模板”按钮，会打开“渲染贴图”面板，如图3-89所示。

步骤 38 在“渲染贴图”面板中单击“保存图像”按钮，打开“保存图像”对话框，在其中设置存储路径、存储名称以及保存类型，如图3-90所示。

步骤 39 单击“保存”按钮，会弹出“PNG设置”对话框，这里直接单击“确定”按钮即可保存UV图像。

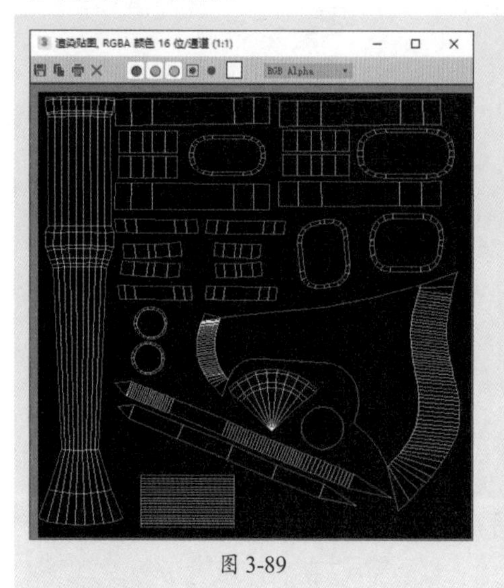
图 3-89

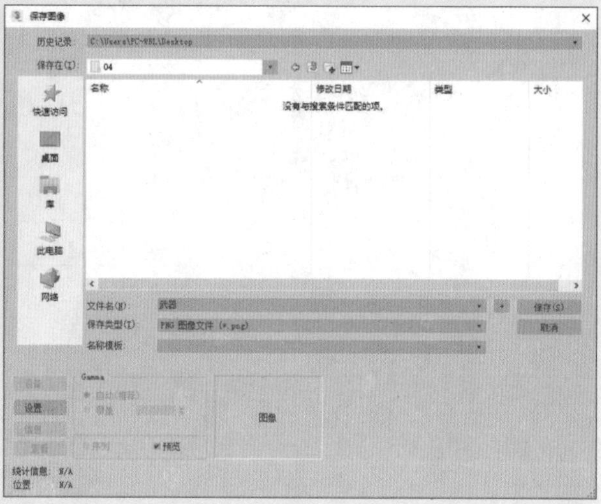

图 3-90

步骤 40 接下来孤立防滑结对象，如图3-91所示。

步骤 41 为其添加“UVW展开”修改器，并打开“编辑UVW”面板，如图3-92所示。

图 3-91

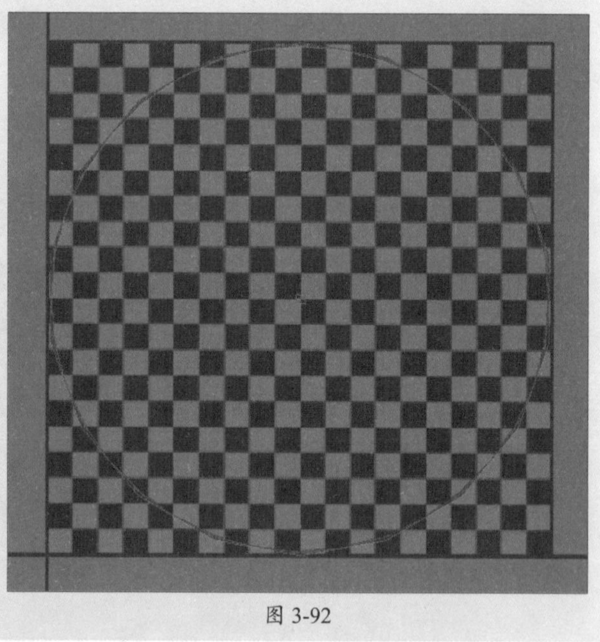
图 3-92

步骤 42 单击“多边形”按钮，在视口中选择上方圆环位置的多边形，如图3-93所示。

步骤 43 单击“快速剥”按钮，将所选部分剥离，如图3-94所示。

图 3-93

图 3-94

步骤 44 在“炸开”卷展栏中单击“通过平滑组展平”按钮，将对象分为四个部分，如图3-95所示。

步骤 45 激活“按元素UV切换选择”按钮，依次选择这四个部分，并单击“快速剥”按钮，再单击“紧缩:自定义”按钮重新排列UV，如图3-96所示。

图 3-95

图 3-96

步骤 46 这里可以看到内外两圈多边形的UV并未正常展开。分别选择这两个UV，单击“按多边形角度展开”按钮，重新展开UV，再调整对象比例及位置，如图3-97所示。

步骤 47 按照同样的操作方法展开下方环形的UV，如图3-98所示。

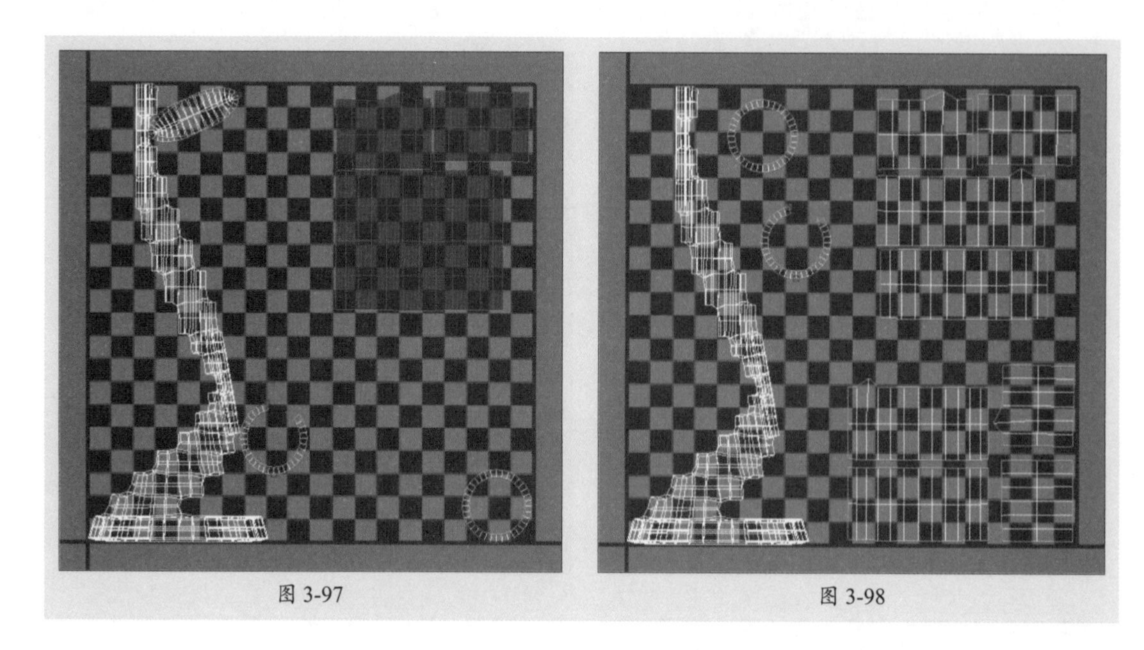

图 3-97　　图 3-98

步骤 48 取消选中“按元素UV切换选择”按钮，在视口中选择如图3-99所示的侧面多边形。

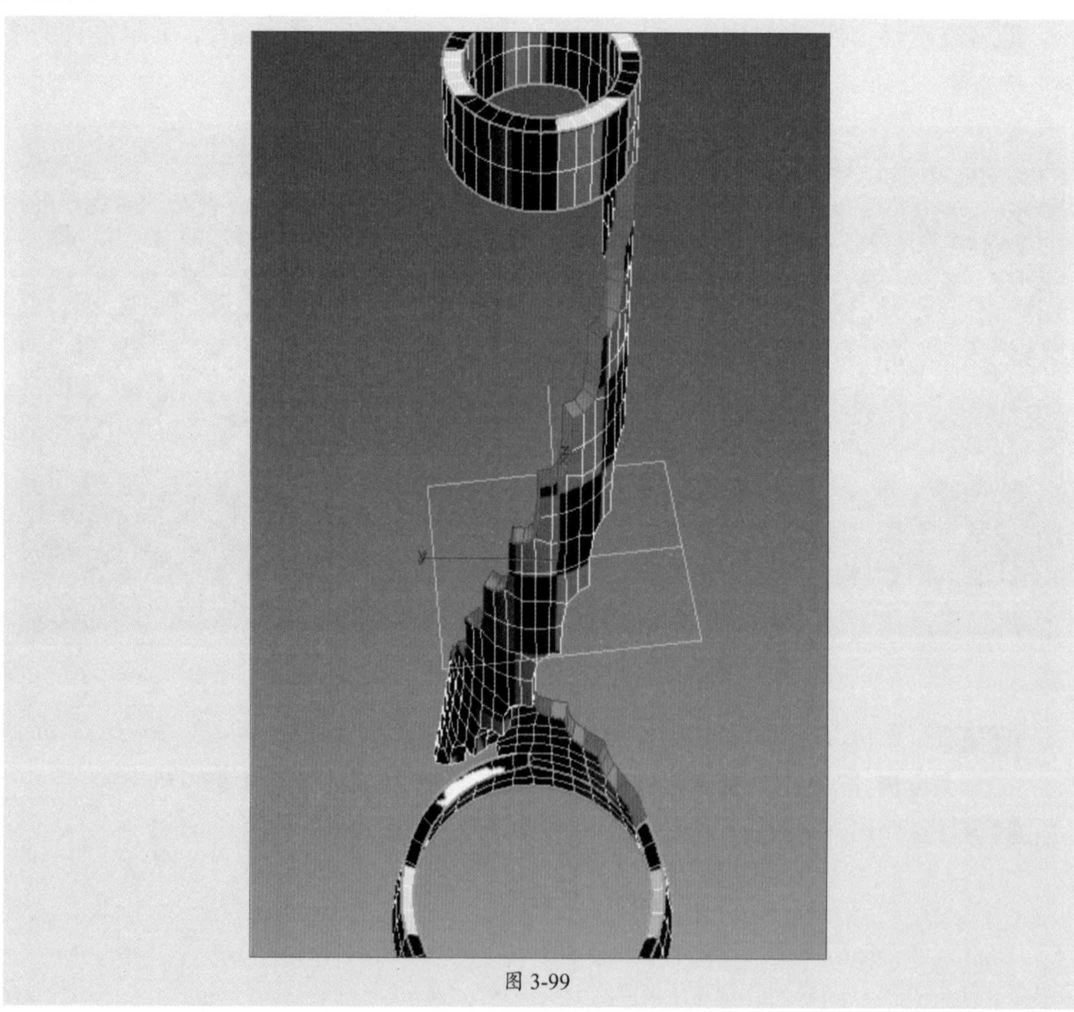

图 3-99

步骤49 单击“快速剥”按钮，剥离对象，如图3-100所示。

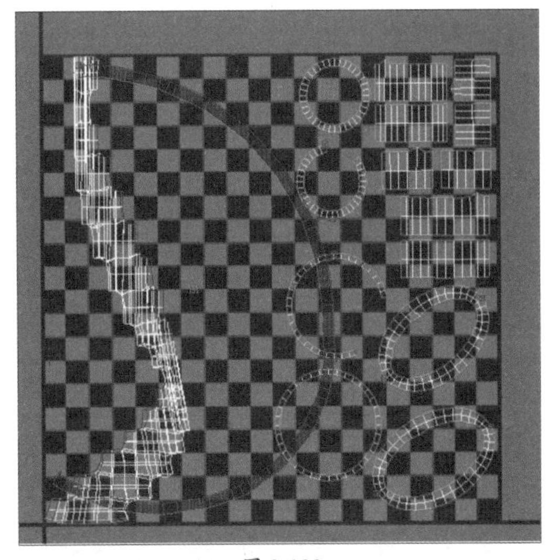

图 3-100

步骤50 按照此方法再剥离另外一侧的多边形，如图3-101所示。

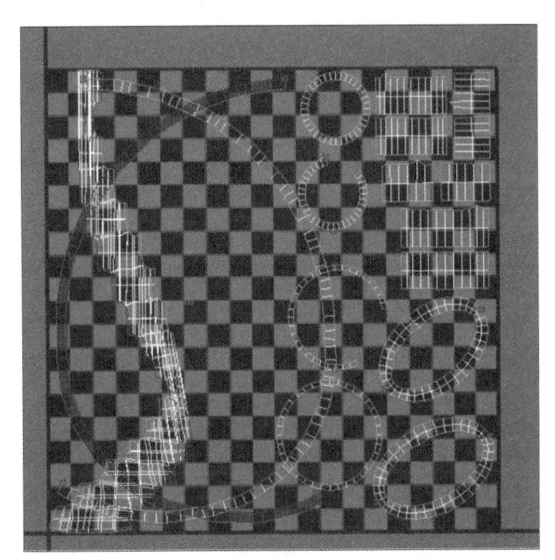

图 3-101

步骤51 激活“按元素UV切换选择”按钮，分别选择剩下的两个侧面，单击“快速剥”按钮，即可将其剥离，如图3-102所示。

图 3-102

步骤52 利用移动、旋转以及镜像工具，对UV进行调整和排列，如图3-103所示。

步骤53 依次选择UV，执行“工具>松弛”命令，通过松弛工具对UV进行松弛操作，如图3-104所示。

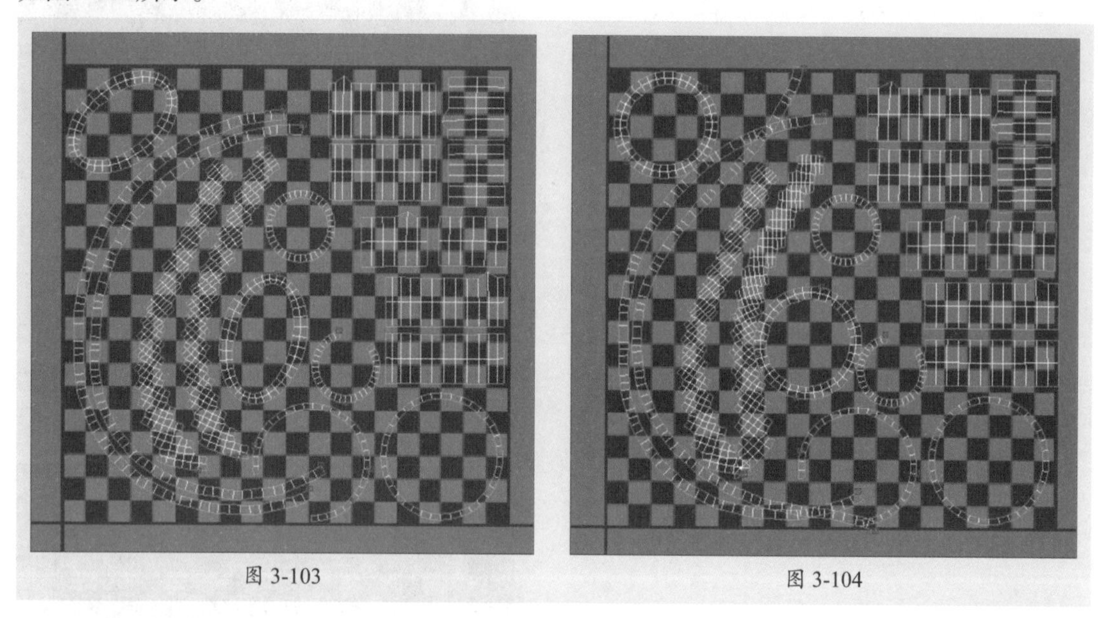

图 3-103　　图 3-104

步骤54 再次对UV进行调整排列，如图3-105所示。

步骤55 操作完毕后执行“工具>渲染UVW模板”命令，打开“渲染UVs”对话框，宽度和高度都设置为512，单击“渲染UV模板”按钮，会打开“渲染贴图”面板，如图3-106所示。

步骤56 在“渲染贴图”面板中单击“保存图像”按钮，以PNG格式保存图像。

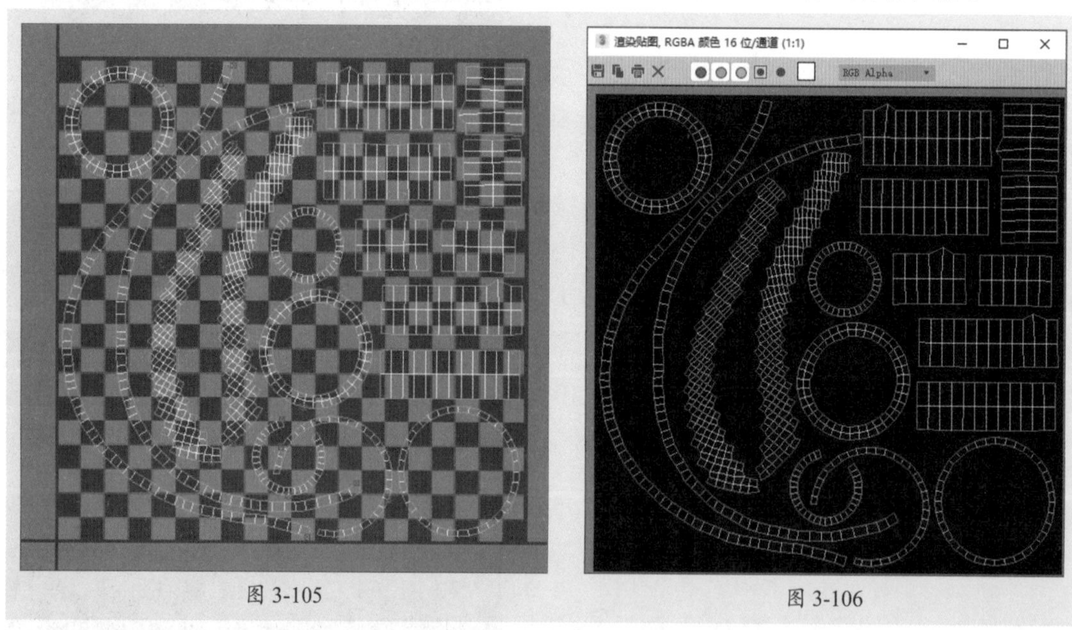

图 3-105　　图 3-106

步骤57 使用Photoshop软件打开UV图像，为其添加背景图层，并填充灰色，如图3-107所示。

步骤58 创建多个图层，利用画笔工具绘制贴图，如图3-108所示。

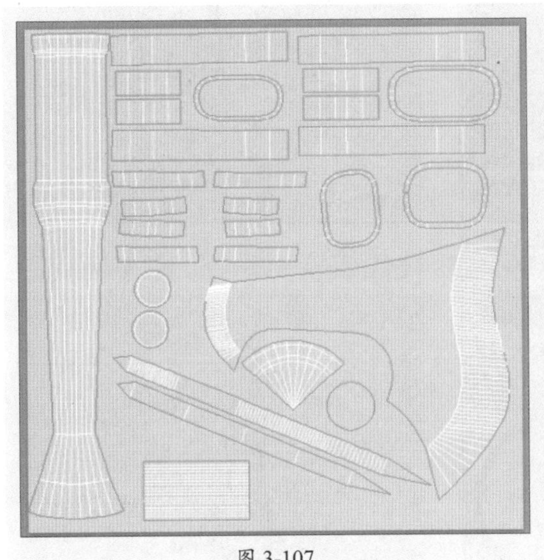

图 3-107

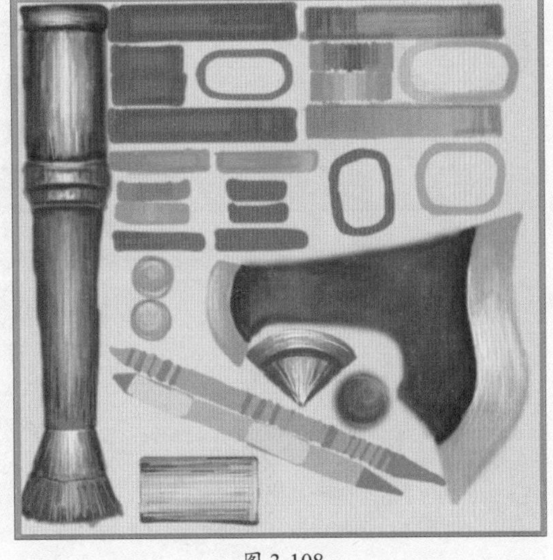

图 3-108

步骤59 保存PSD文件，在3ds Max中选择新的材质球，将PSD文件作为位图贴图添加到漫反射通道，在弹出的“PSD输入选项”对话框中选中“塌陷层”单选按钮，如图3-109所示。

步骤60 将材质指定给模型，如图3-110所示。

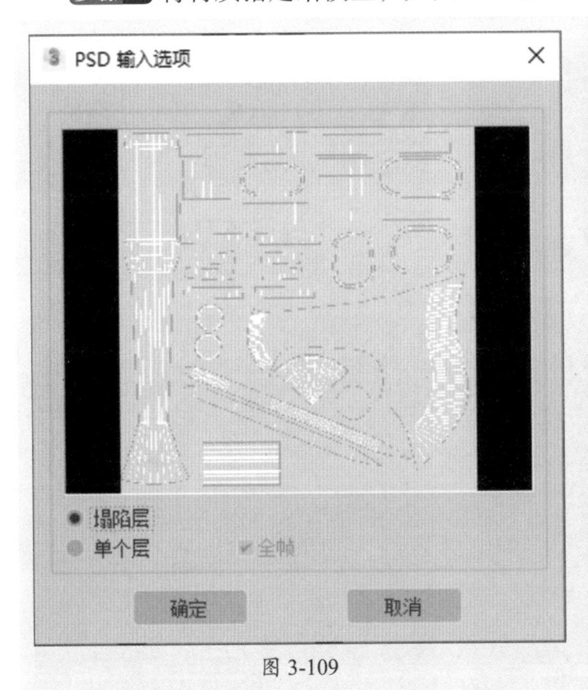

图 3-109

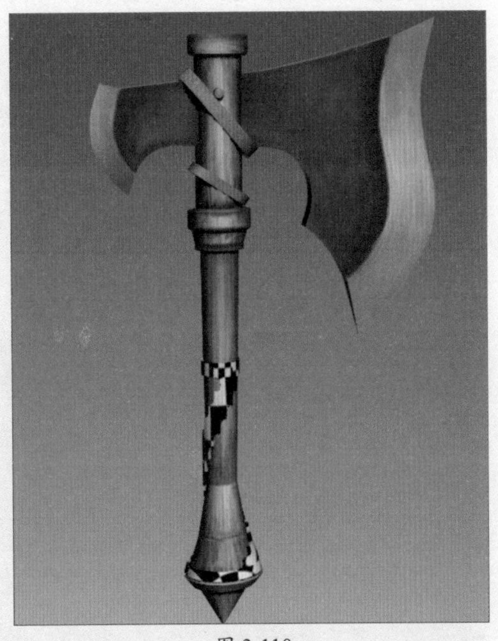

图 3-110

步骤61 再制作防滑结的贴图，如图3-111所示。

步骤62 在视口中可以看到当前模型的材质效果，如图3-112所示。

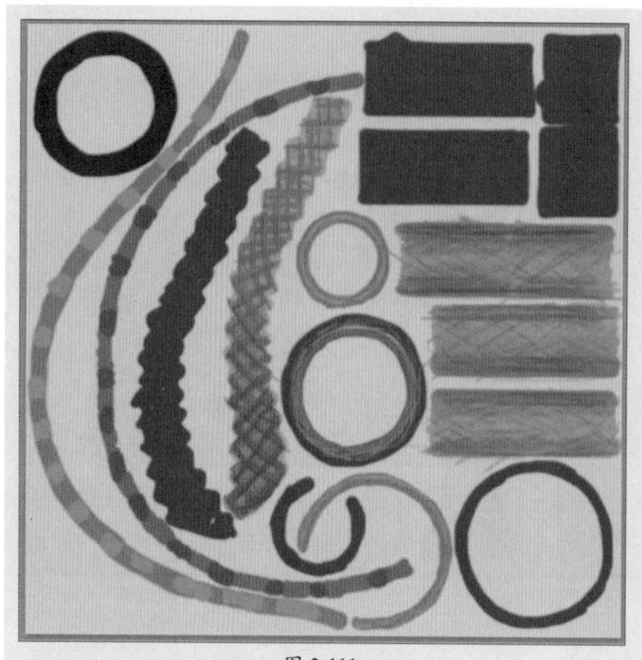
图 3-111

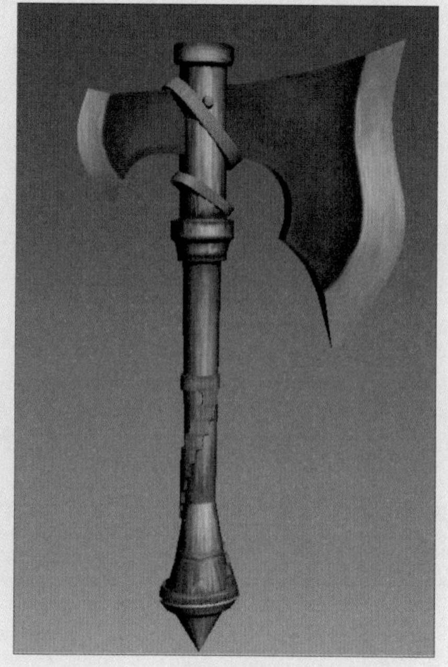
图 3-112

步骤 63 激活前视图，选择防滑结模型，单击“镜像”按钮，选择沿X轴镜像复制对象，如图3-113所示。

步骤 64 再切换到左视图，选择两个防滑结，再次镜像复制对象，如图3-114所示。

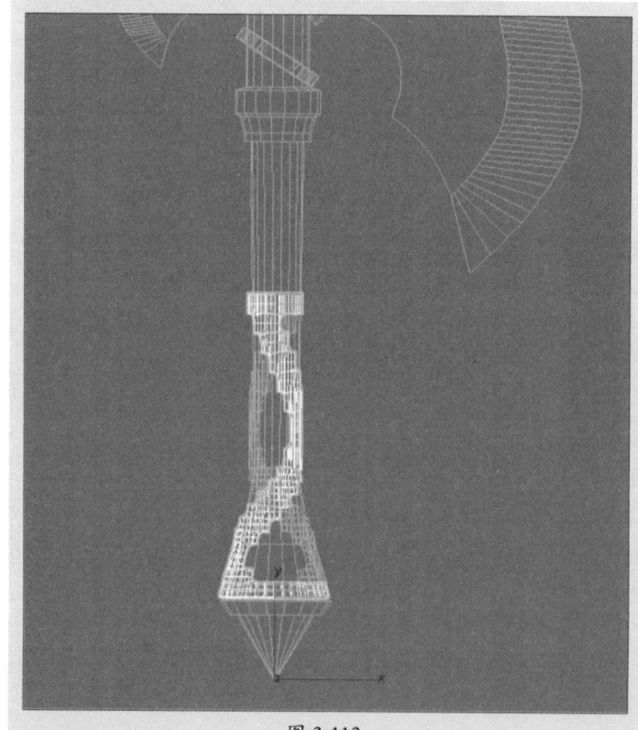
图 3-113

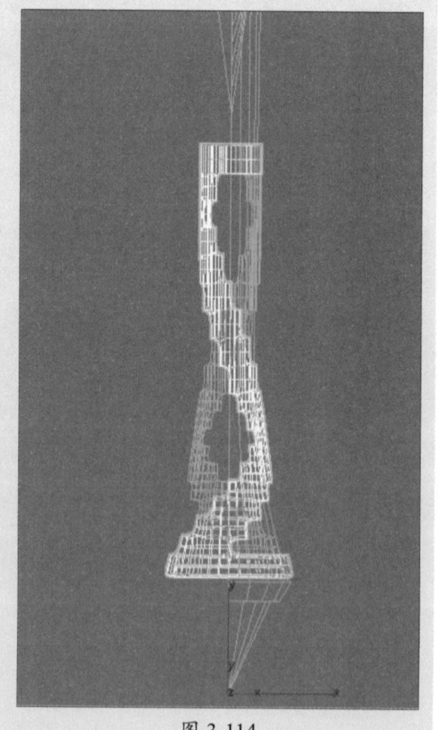
图 3-114

步骤 65 选择模型，激活“元素”子层级，分别选择斧头、固定带和铆钉模型，单击

“分离”按钮，将各个部分分离出来。

步骤66 选择其中一个固定带模型，单击“镜像”按钮，进行镜像复制操作，如图3-115所示。

步骤67 在“层次”面板中激活“仅影响轴”按钮，再单击“居中到对象”按钮，使坐标轴位于模型中心，如图3-116所示。

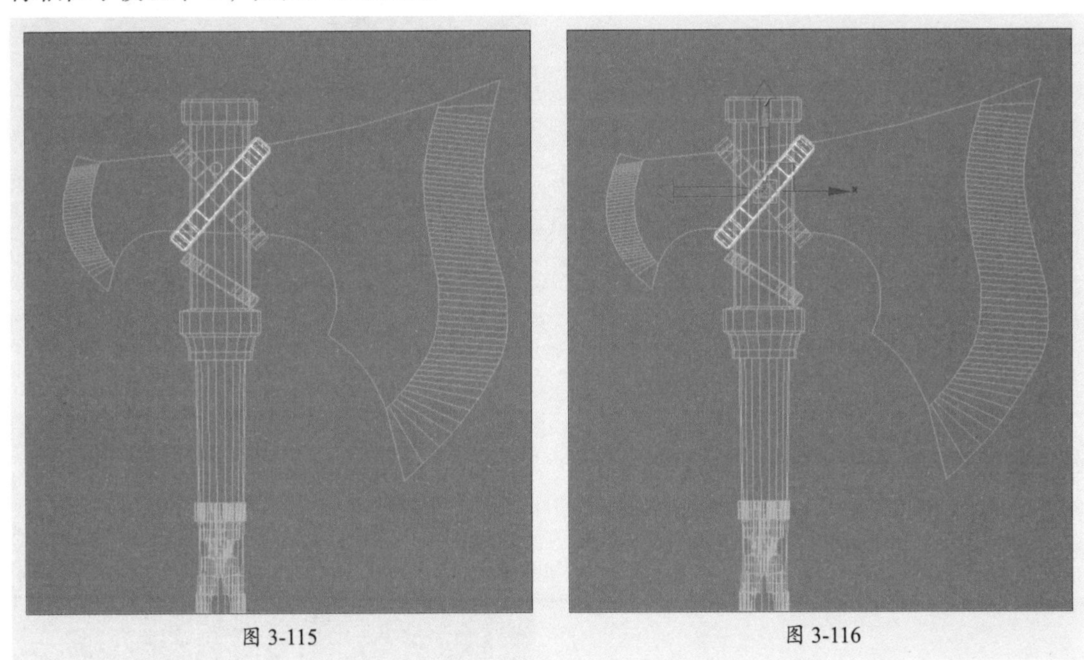
图 3-115　　图 3-116

步骤68 取消选中“仅影响轴”按钮，利用旋转工具和移动工具调整模型的角度和位置，如图3-117所示。

步骤69 镜像复制另一个固定带模型，如图3-118所示。

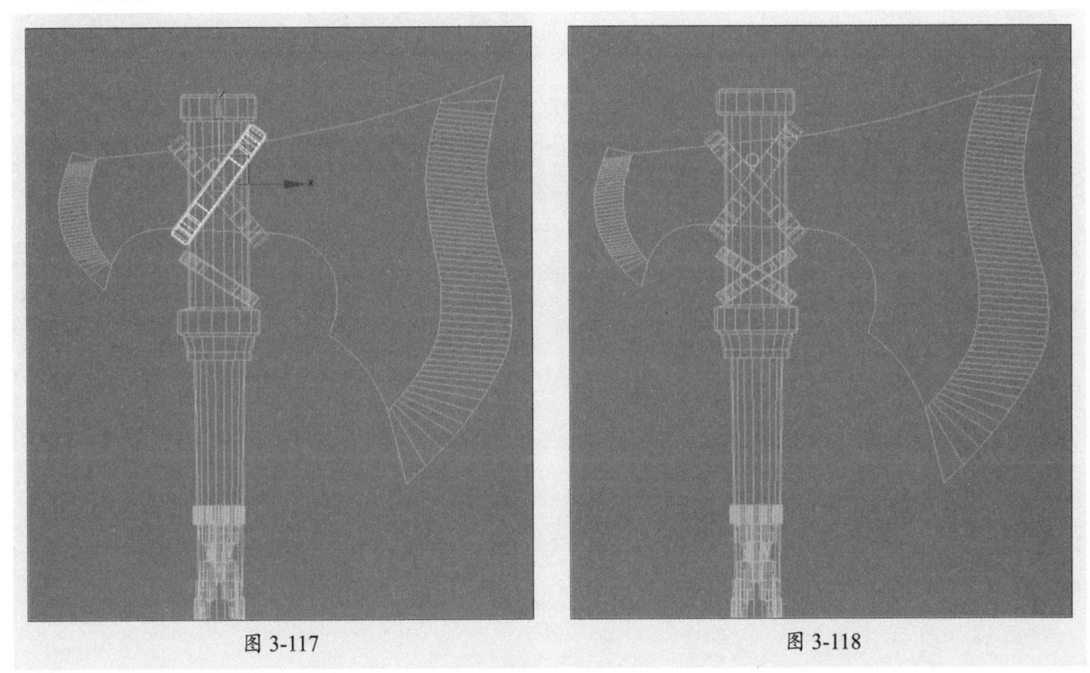
图 3-117　　图 3-118

步骤 70 再按住Shift键向下复制铆钉模型，调整位置，如图3-119所示。

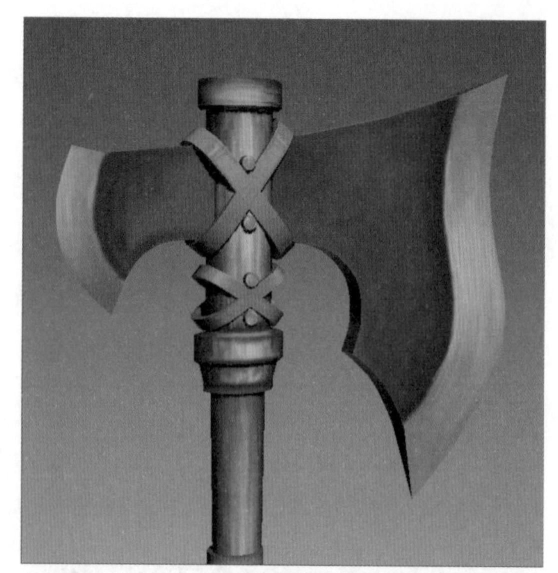

图 3-119

步骤 71 在左视图中以“复制”方式镜像复制斧头和把手模型，再删除模型中侧面重合的多边形。至此，盘古斧模型的材质创建完毕，如图3-120所示。

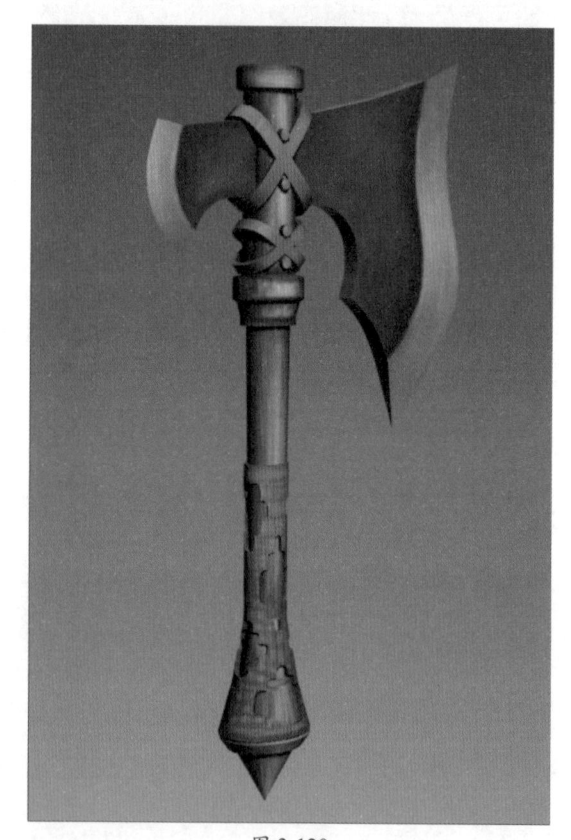

图 3-120

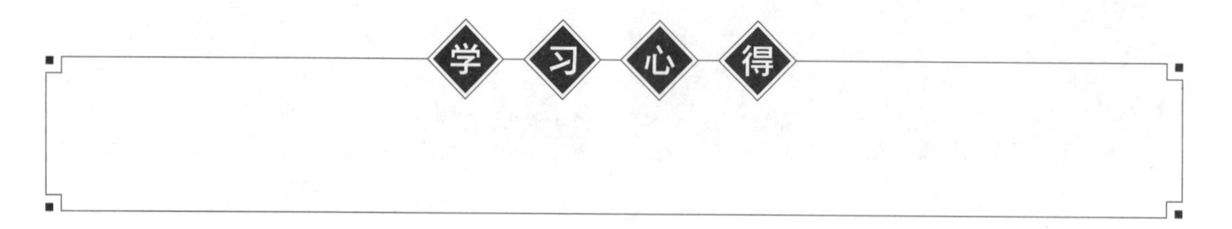

课后练习 创建游戏金币材质

本练习将利用位图中的凹凸贴图创建金币材质，效果如图3-121所示。

图 3-121

1. 技术要点

步骤 01 创建游戏币模型。

步骤 02 添加VRayMtl材质类型，设置漫反射与反射颜色和参数。

步骤 03 添加凹凸贴图，并设置凹凸值。

2. 分步演示

分步演示效果如图3-122所示。

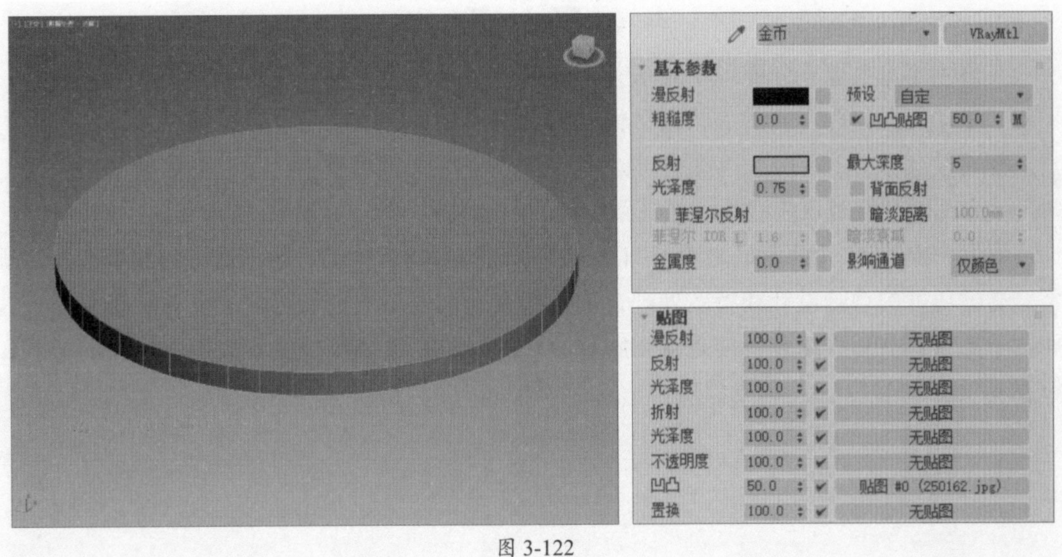

图 3-122

拓展赏析

国产3D动漫巨作——大圣归来

“你要是够坚强，够勇敢，就能驾驭它”、“别忘了，我是齐天大圣孙悟空”、“这一世我无法护你周全，下一世定倾我所有不离不弃”……这些耳熟能详的台词均出自2015年上映的国产动漫电影《西游记之大圣归来》。

这是一部备受瞩目的国产3D动漫电影，其出色的动画技术为观众带来了震撼的视觉体验。从3D技术的角度来看，这部电影无疑展现了中国动画电影在技术创新和艺术表达上的高水平，影片插图如图3-123所示。

图 3-123

在场景构建上该影片运用了精湛的动画技术，呈现了栩栩如生、立体感十足的画面。无论是城市街巷的繁华喧嚣，还是山林的静谧深邃，都通过细腻的建模和光影处理，使观众仿佛置身于影片的世界中。特别是在一些大场面的呈现上，如孙悟空与妖怪的激战，通过3D技术营造出了震撼人心的视觉效果，让人目不暇接。

在角色塑造上也充分展现了3D技术的优势。每个角色都通过精细的建模和动画设计，呈现了生动的形象和丰富的表情。孙悟空的英勇形象、猪八戒的憨厚可爱、沙僧的沉稳忠诚，都通过3D技术得到了完美的呈现。特别是在一些情感场景中，角色的表情和动作都处理得十分细腻，使观众能够深入感受到角色的内心世界。

值得一提的是，《西游记之大圣归来》在动画技术的运用上，还注重了与故事情感的融合。通过巧妙的动画设计和特效处理，使影片在视觉效果上更加符合故事的情感氛围。这种技术与情感的完美结合，使观众在欣赏影片的同时，也能够感受到故事所传递的情感和价值观。

思政课堂

第4章

动画技术

内容导读

使用3ds Max除了能够创建出精致的三维模型外，还可以通过创建关键帧、动画编辑、动画渲染器等功能来生成具有专业品质的三维动画。本章将围绕动画角色的创建、三维动画的基本操作进行讲解。从而帮助初学者了解三维动画的相关工具，并掌握简单动画技能的操作。

思维导图

- 动画技术
  - 动画控制
    - 关键帧设置
    - 播放控制器
    - 时间配置
  - 骨骼和蒙皮
    - 骨骼的创建与编辑
    - 蒙皮技术
    - Biped对象
  - 动画约束
    - 链接约束
    - 路径约束
    - 注视约束
    - 方向约束

4.1 动画控制

关键帧、播放控制器、时间配置等功能是制作动画的基本功能。了解这些功能的操作，就能创建出简单的三维动画。

案例解析：制作击打动画

本案例将通过设置关键帧来制作铁锤击打动画效果。具体操作步骤如下。

步骤 01 打开铁锤场景素材，如图4-1所示。

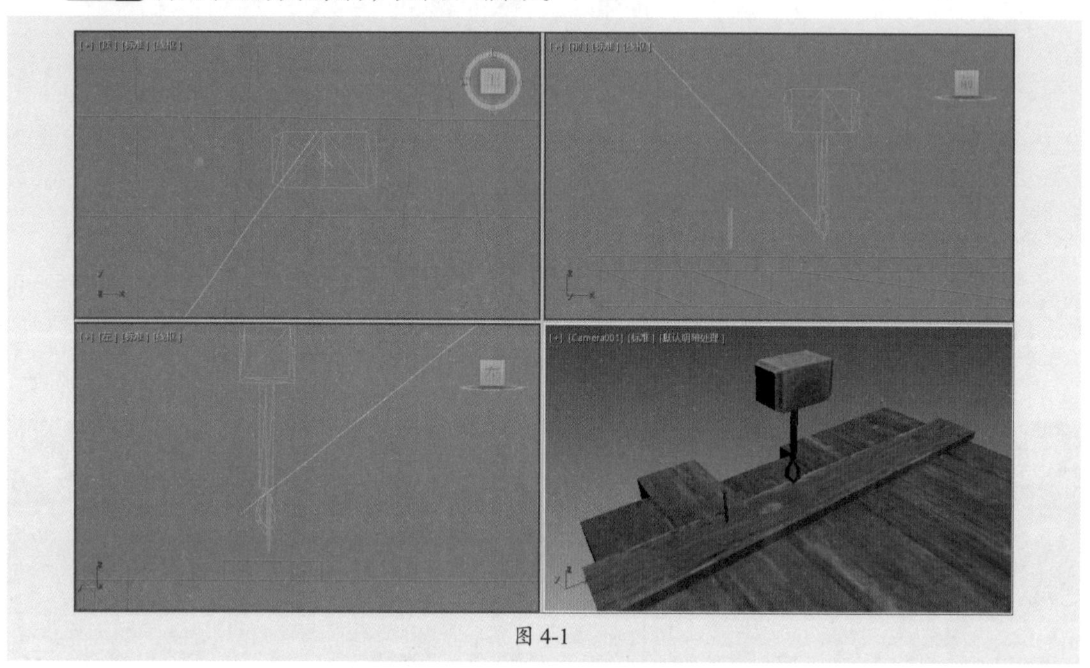

图 4-1

步骤 02 选择铁锤模型，在“层次”面板的“调整轴”卷展栏中选中“仅影响轴”按钮，再单击“对齐到世界”按钮和“居中到对象”按钮，如图4-2所示。

步骤 03 在视口中沿Y轴调整坐标轴位置，如图4-3所示。

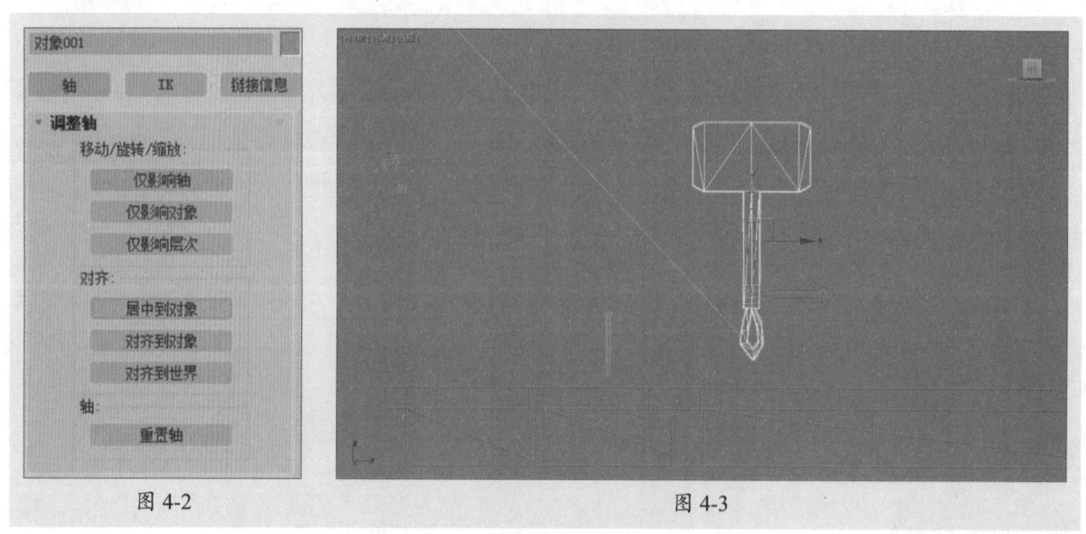

图 4-2　　图 4-3

步骤04 取消选中“仅影响轴”按钮，再调整铁锤和钢钉模型的位置和角度，如图4-4所示。

图 4-4

步骤05 选择铁锤模型，单击开启“自动关键帧”模式，在第0帧位置处按快捷键K设置第一个关键帧，如图4-5所示。

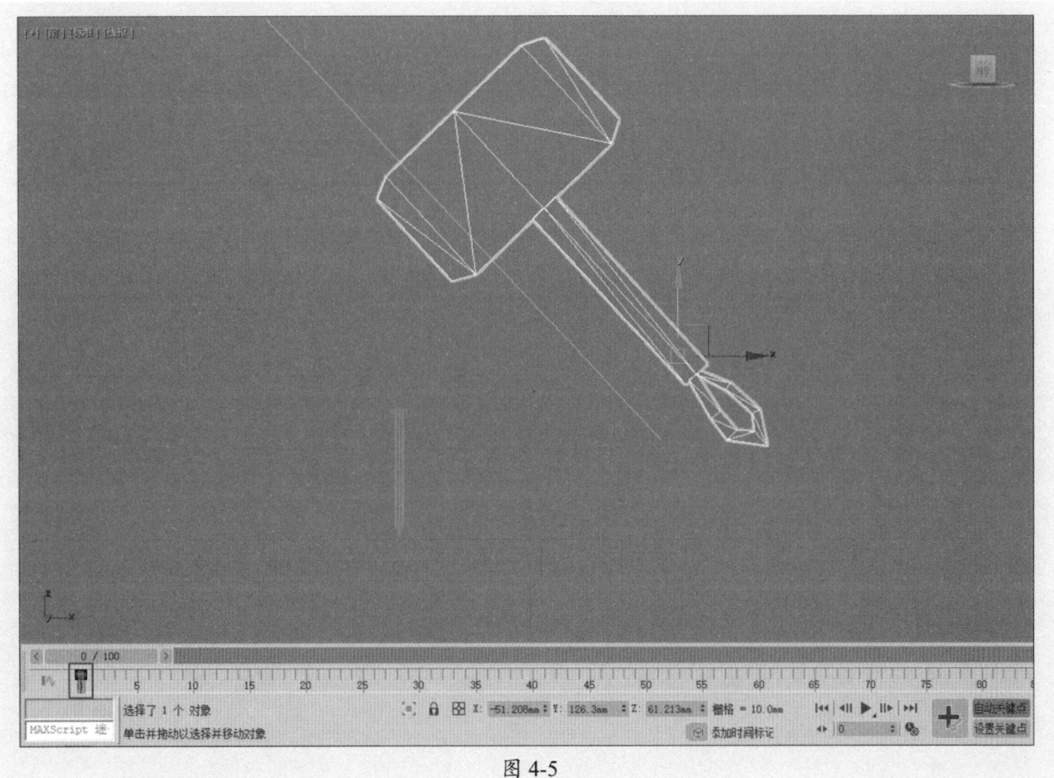

图 4-5

步骤 06 移动时间滑块到第10帧位置处，激活“选择并旋转”工具，旋转铁锤模型，系统会自动创建关键帧，如图4-6所示。

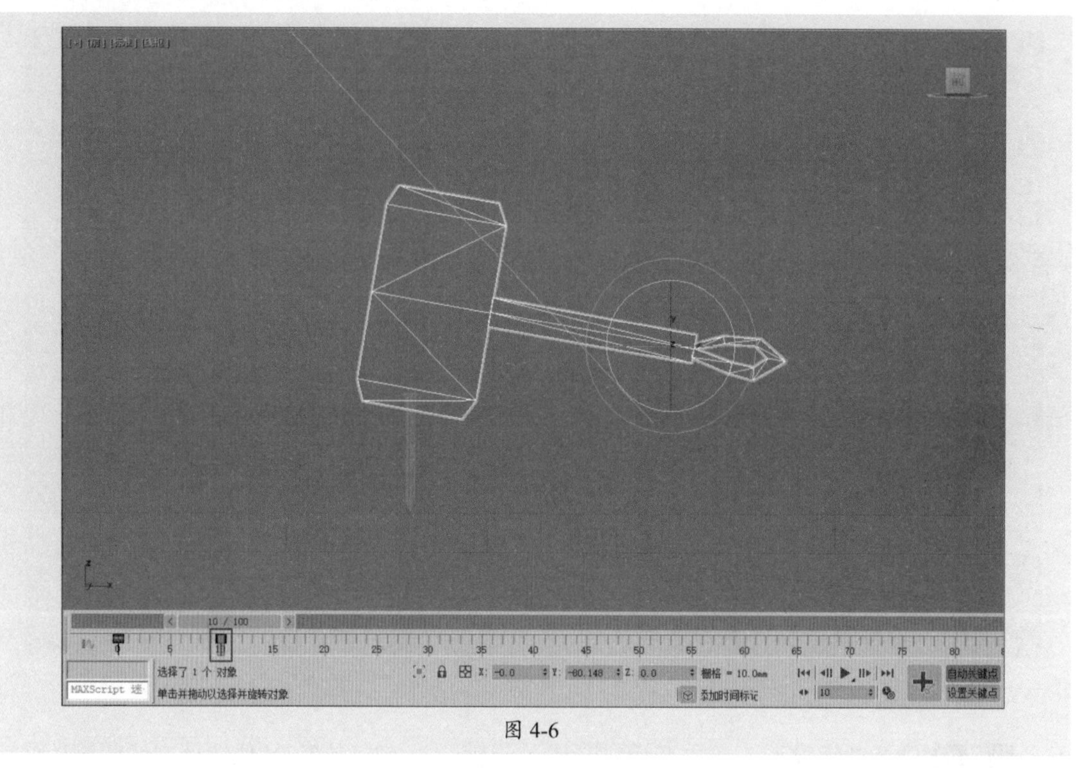

图 4-6

步骤 07 移动时间滑块到第20帧位置处，再次旋转铁锤模型，使其扬起，这里的旋转角度比第0帧位置处的角度稍小一些，如图4-7所示。

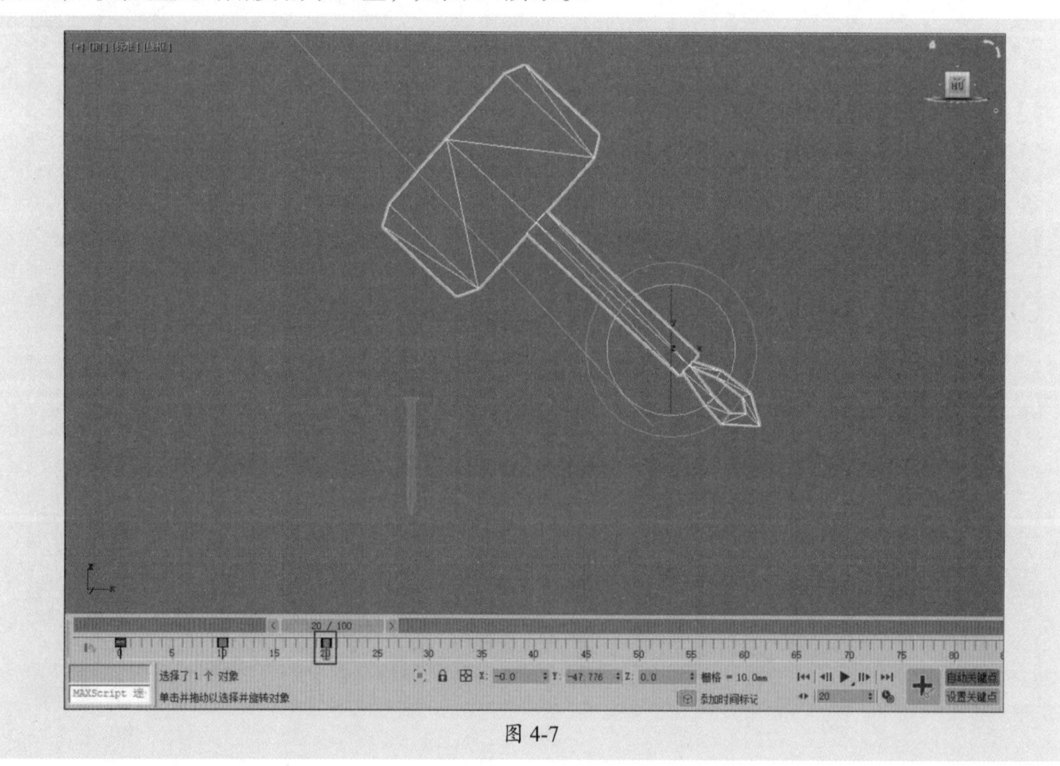

图 4-7

步骤 08 移动时间滑块到第30帧位置处，再旋转铁锤模型，这里的旋转角度比第10帧位置时的角度要小一些，如图4-8所示。

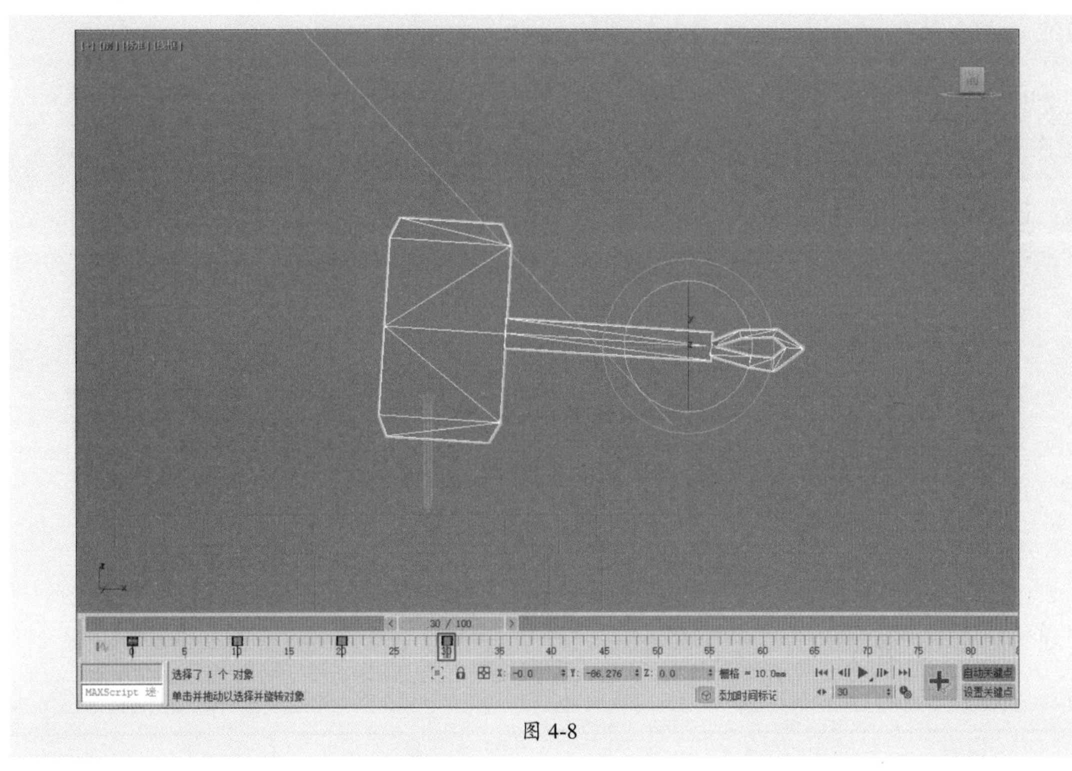

图 4-8

步骤 09 按照此方法每隔10帧位置创建一个动作，直至铁锤接触到木板的板面，如图4-9所示。

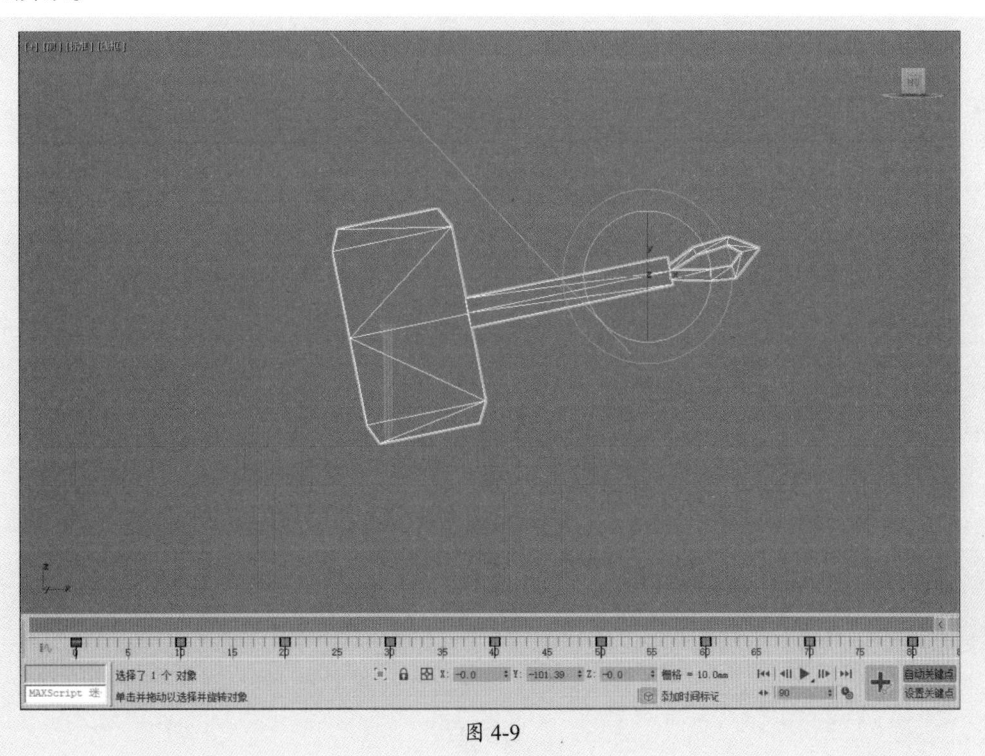

图 4-9

步骤10 为钢钉制作关键帧动画。移动时间滑块到第8帧位置处，当铁锤接触到钢钉时添加第一个关键帧，如图4-10所示。

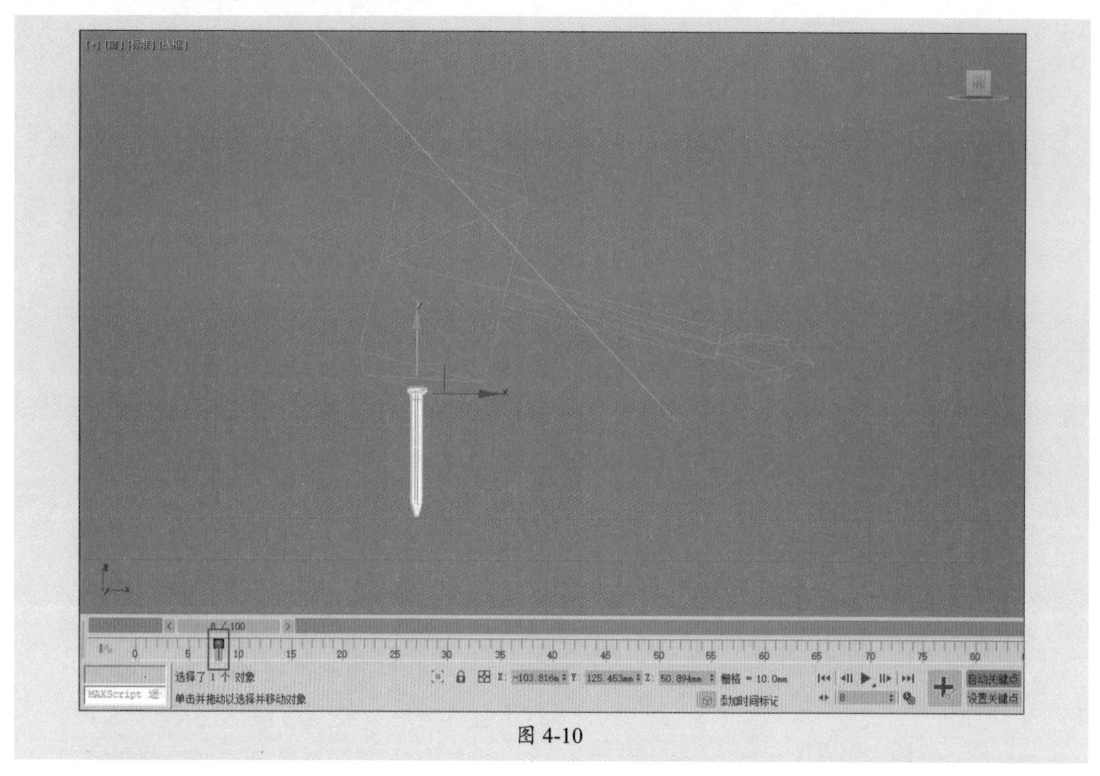

图 4-10

步骤11 移动时间滑块到第10帧位置处，向下移动钢钉位置，表示随着锤子的敲打钢钉向下运动，如图4-11所示。

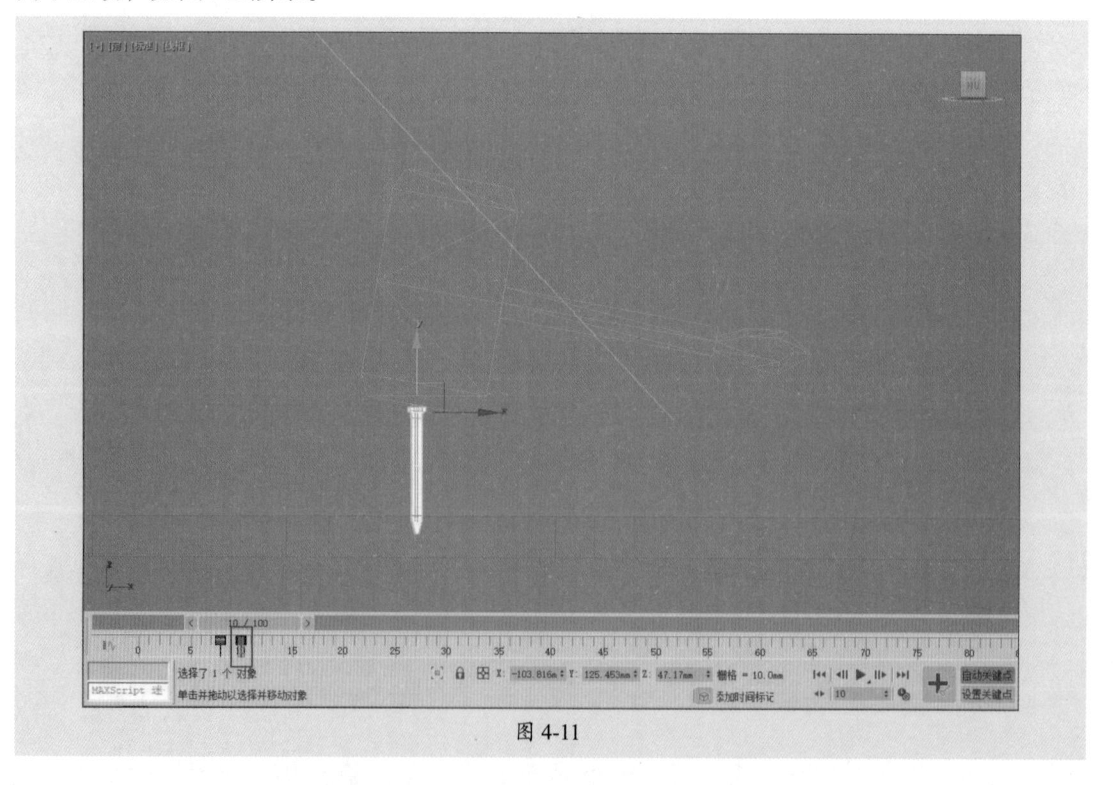

图 4-11

步骤 12 继续移动时间滑块到第28帧位置处，铁锤再次接触到钢钉模型时，添加关键帧，如图4-12所示。

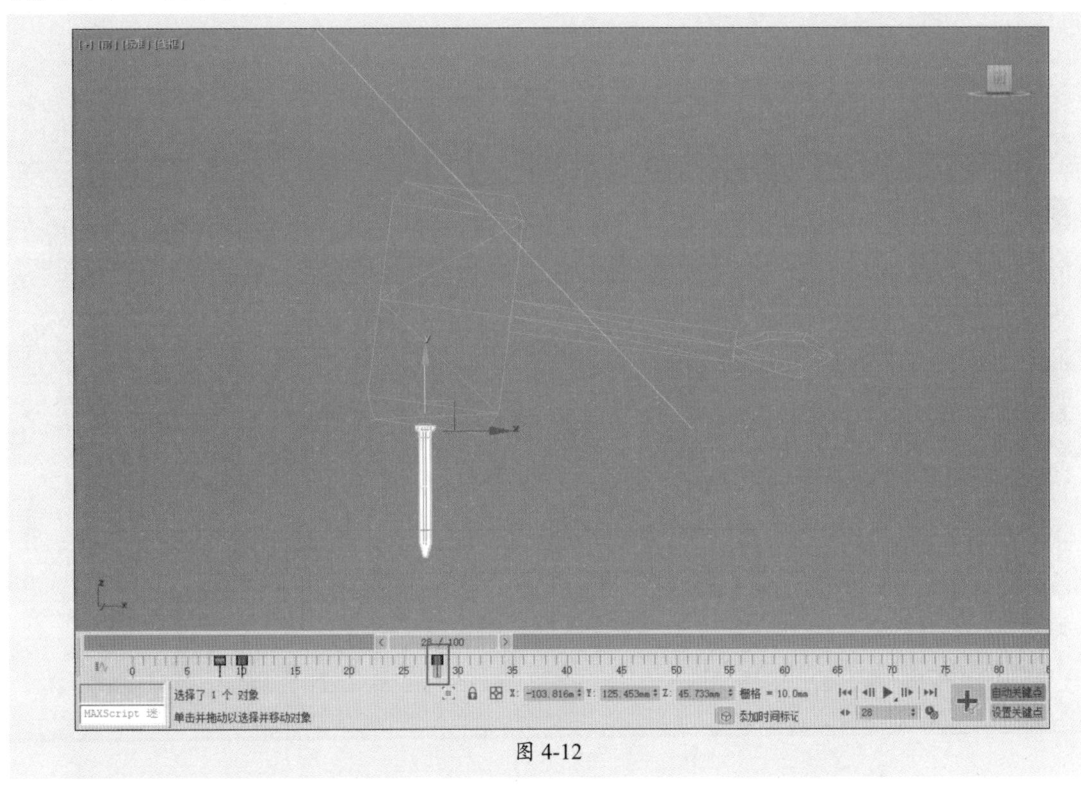

图 4-12

步骤 13 移动时间滑块到第30帧位置处，调整钢钉的位置，如图4-13所示。

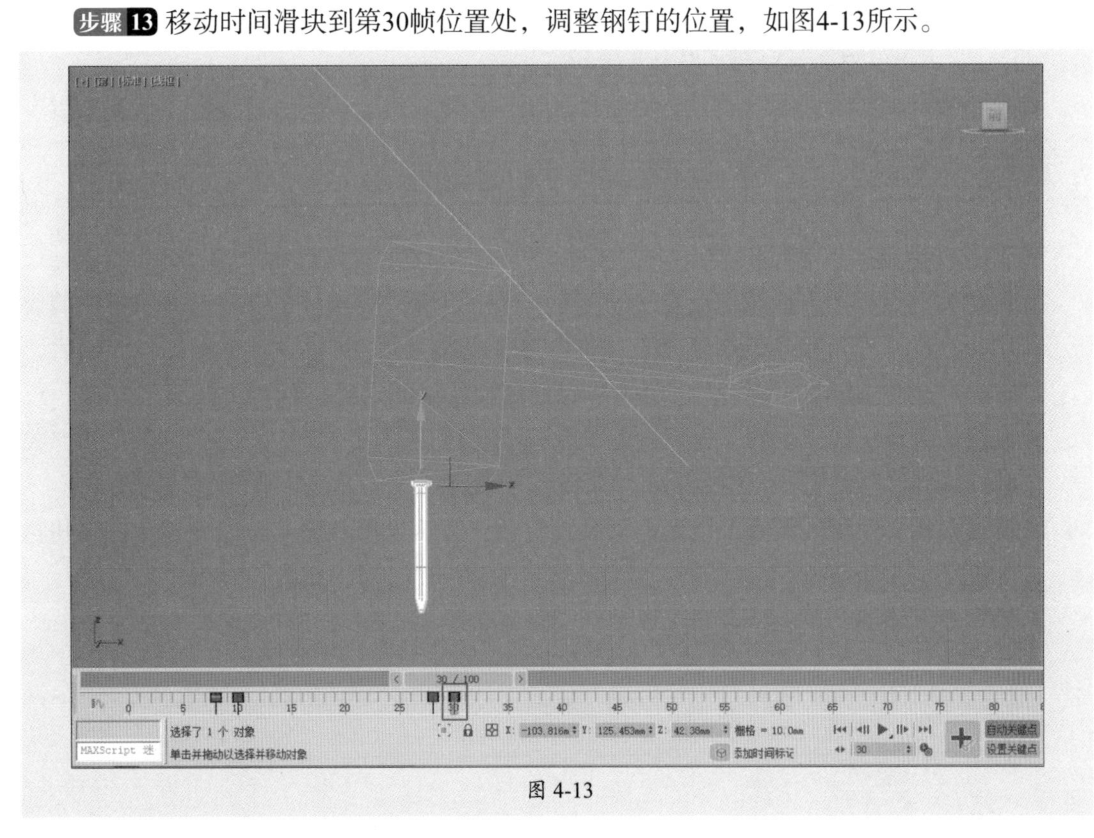

图 4-13

步骤14 按照此操作直到第90帧钢钉完全被敲进木板内，如图4-14所示。

步骤15 退出关键帧模型。单击“播放动画”按钮即可观看到铁锤击打钢钉的动画效果了。

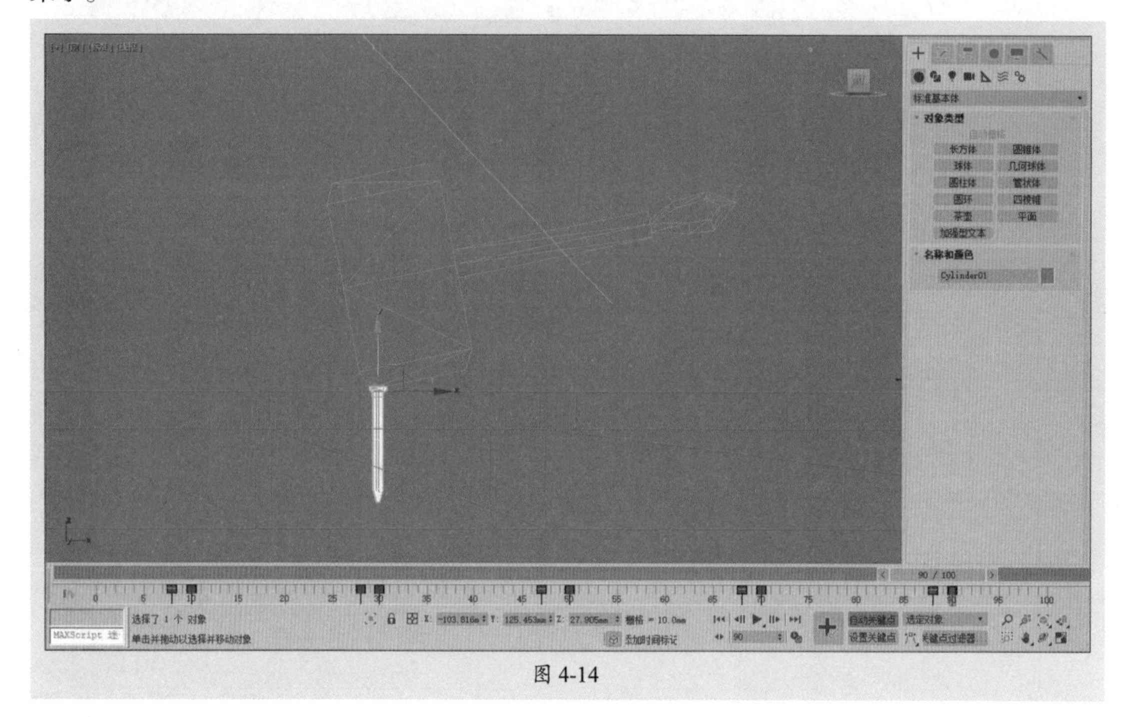

图 4-14

4.1.1 关键帧设置

3ds Max工作界面的右下角是设置关键帧动画的一些相关工具，如图4-15所示。

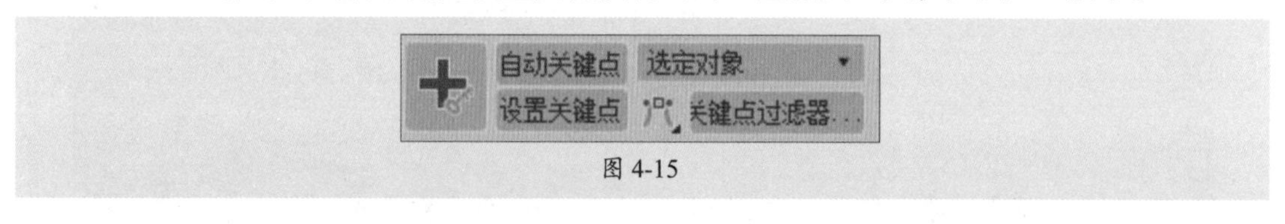

图 4-15

- **自动关键点：** 单击该按钮或者按N键可以自动记录关键帧。在该状态下，物体的模型、材质、灯光和渲染都将被记录为不同属性的动画。启动“自动关键点”以后，时间尺会变成红色，拖曳时间滑块可以控制动画的播放范围和关键帧等。
- **设置关键点：** 在“设置关键点”动画模式中，可以使用“设置关键点”工具和“关键点过滤器”的组合应用为选定对象的各个轨迹创建关键点的对象以及时间。
- **选定对象：** 使用“设置关键点”动画模式时，在这里可以快速访问命名选择集和轨迹集。
- **关键点过滤器：** 单击该按钮可以打开“设置关键点过滤器”对话框，在该对话框中可以选择要设置关键点的轨迹，如图4-16所示。

图 4-16

设置关键点的常用方法主要有以下两种。

（1）自动设置关键点。当开启“自动关键点”功能后，就可以通过定位当前帧的位置来记录下动画。

（2）手动设置关键点。单击“设置关键点”按钮，开启“设置关键点”功能，然后手动设置一个关键点。单击“播放动画”按钮或拖曳时间线滑块，两种方法都可以观察动画效果。

4.1.2 播放控制器

3ds Max还提供了一些控制动画播放的相关工具，如图4-17所示。

图 4-17

- **“选取对象”按钮：**使用“设置关键点”动画模式时，可快速访问命名选择集和轨迹集。使用此按钮可在不同的选择集和轨迹集之间快速切换。
- **“转至开头”按钮：**如果当前时间线滑块没有处于第0帧位置处，那么单击该按钮可以跳转到第0帧。
- **“上一帧”按钮：**将当前时间线滑块向前移动一帧。
- **“播放动画”按钮 / “播放选定对象”按钮：**单击“播放动画”按钮可以播放整个场景中的所有动画；单击“播放选定对象”按钮可以播放选定对象的动画，而未选定的对象将静止不动。
- **“下一帧”按钮：**将当前时间线滑块向后移动一帧。
- **“转至结尾”按钮：**如果当前时间线滑块没有处于结束帧位置，那么单击该按钮可以跳转到最后一帧。
- **“时间跳转输入框”：**在这里可以输入数字来跳转时间线滑块，比如输入60，按Enter键就可以将时间线滑块跳转到第60帧。
- **时间配置：**单击此按钮会打开“时间配置”对话框。在“时间配置”对话框中设置动画时间的长短及时间显示格式等。

4.1.3 时间配置

使用“时间配置”对话框可以设置动画时间的长短及时间显示格式等。单击“时间配置”按钮，打开“时间配置”对话框，如图4-18所示。

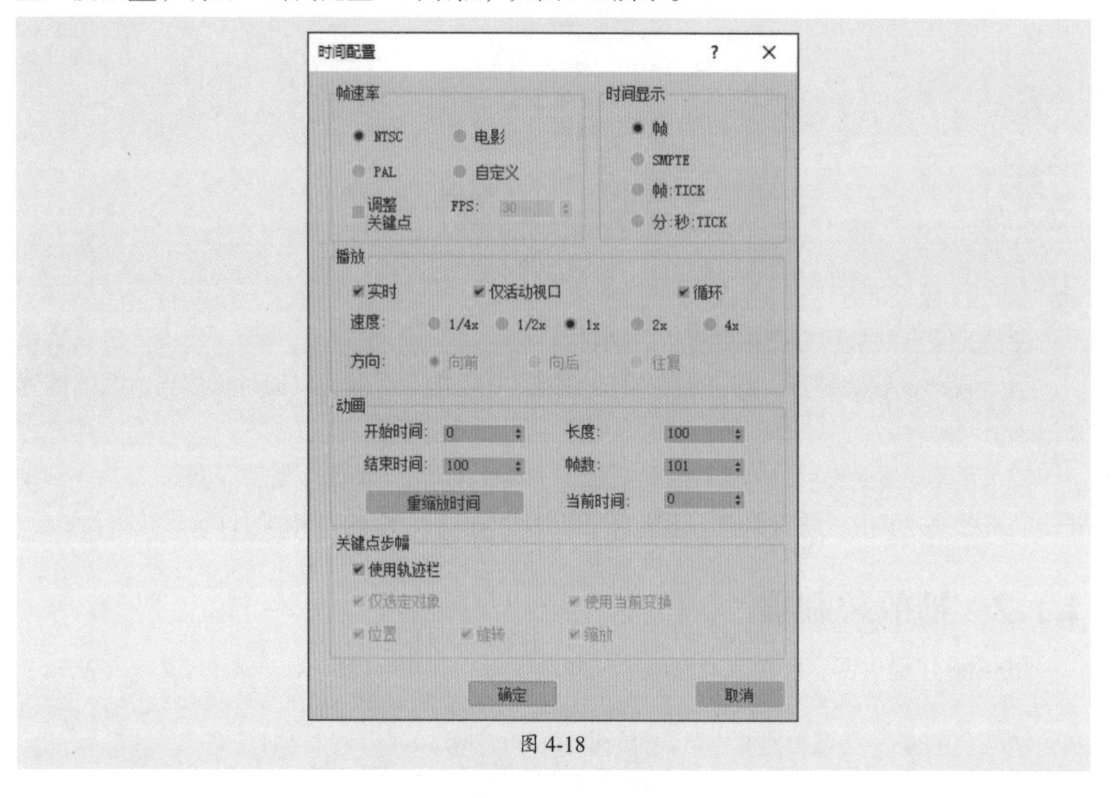

图 4-18

- **帧速率：**共有NTSC（30帧/秒）、PAL（25帧/秒）、电影（24帧/秒）和自定义4种方式可供选择，但一般情况都采用PAL（25帧/秒）方式。
- **时间显示：**共有帧、SMPTE、帧:TICK和分:秒:TICK4种方式可供选择。
- **实时：**使视图中播放的动画与当前帧速率的设置保持一致。
- **仅活动视口：**使播放操作只在活动视口中进行。
- **循环：**控制动画只播放一次或者循环播放。
- **方向：**指定动画的播放方向。
- **开始时间/结束时间：**设置在时间线滑块中显示的活动时间段。
- **长度：**设置显示活动时间段的帧数。
- **帧数：**设置要渲染的帧数。
- **当前时间：**指定时间线滑块的当前帧。
- **重缩放时间按钮：**拉伸或收缩活动时间段内的动画，以匹配指定的新时间段。
- **使用轨迹栏：**启用该选项后，可使关键点模式遵循轨迹栏中的所有关键点。
- **仅选定对象：**在使用关键点步幅模式时，该选项仅考虑选定对象的变换。
- **使用当前变换：**禁用位置、旋转、缩放选项时，该选项可以在关键点模式中使用当前变换。
- **位置/旋转/缩放：**指定关键点模式所使用的变换模式。

4.2 骨骼与蒙皮

在创建角色动画时，骨骼与蒙皮功能是不可或缺的。骨骼是动画角色的“骨架”，通过创建骨骼来定义角色在运动时的关节动作。蒙皮则是通过“蒙皮”修改器来实现的。当骨骼移动时，它会带动其他封套内的所有顶点，实现表面的变形。本节将对骨骼的创建及“蒙皮”修改器功能进行介绍。

4.2.1 骨骼的创建与编辑

骨骼系统是骨骼对象的一个有关节的层次链接，可用于设置其他对象或层次的动画。在3ds Max中常使用骨骼系统为角色创建骨骼动画。在“创建”面板的“系统”命令面板中单击“骨骼”按钮，在前视图或左视图中单击并拖动鼠标可创建骨骼模型，完成后单击鼠标右键即可，如图4-19所示。

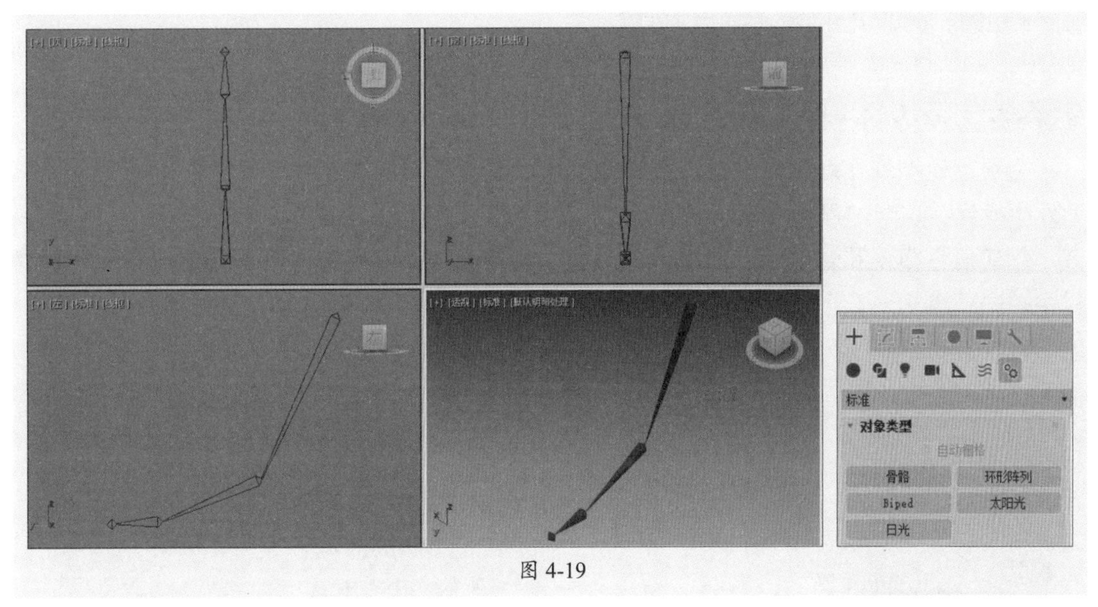

图 4-19

单击“骨骼”按钮，可以看到“IK链指定”卷展栏，如图4-20所示。选择骨骼，进入“修改”命令面板，即可看到“骨骼参数”卷展栏，如图4-21所示。

下面将对一些常用选项进行说明。

- **“IK 解算器”下拉列表框：**如果选中“指定给子对象”复选框，则指定要自动应用的IK解算器的类型。
- **指定给子对象：**选中该复选框，则将在IK解算器列表中命

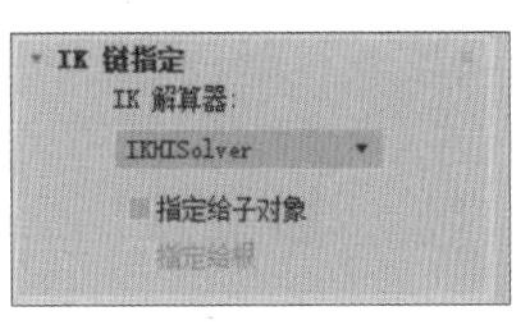

图 4-20

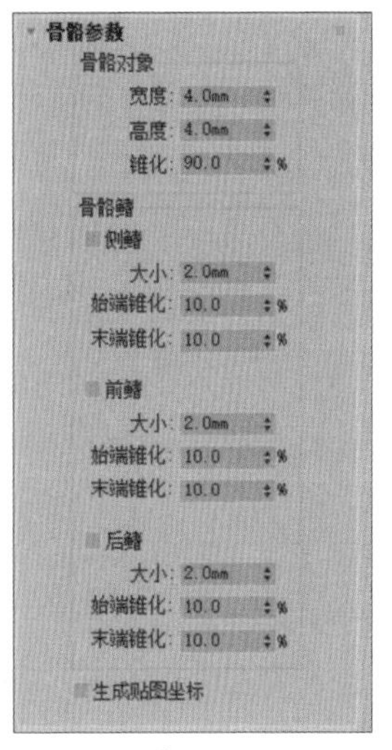

图 4-21

名的IK解算器指定给最新创建的所有骨骼（除第一个骨骼之外）。如果禁用，则为骨骼指定标准的“PRS变换”控制器。默认设置为禁用状态。

- **指定给根：** 如果选中该复选框，则为最新创建的所有骨骼，包括第一个（根）骨骼，指定IK解算器。
- **宽度：** 设置骨骼的宽度。
- **高度：** 设置骨骼的高度。
- **锥化：** 调整骨骼形状的锥化。值为0的锥化可以生成长方体形状的骨骼。
- **侧鳍：** 向选定骨骼添加侧鳍。
- **大小：** 控制鳍的大小。
- **始端锥化：** 控制鳍的始端锥化。
- **末端锥化：** 控制鳍的末端锥化。
- **前鳍：** 向选定骨骼的前面添加鳍。
- **后鳍：** 向选定骨骼的后面添加鳍。

4.2.2 蒙皮技术

为角色模型创建好骨骼后，需要将角色模型和骨骼绑定在一起，使骨骼能带动角色模型发生变化，这个过程就称为蒙皮。

创建角色模型和骨骼后，选择角色模型，为其添加“蒙皮”修改器，在“参数”卷展栏中单击“编辑封套”按钮，即可激活其他参数，各参数卷展栏如图4-22所示。卷展栏中各参数含义介绍如下。

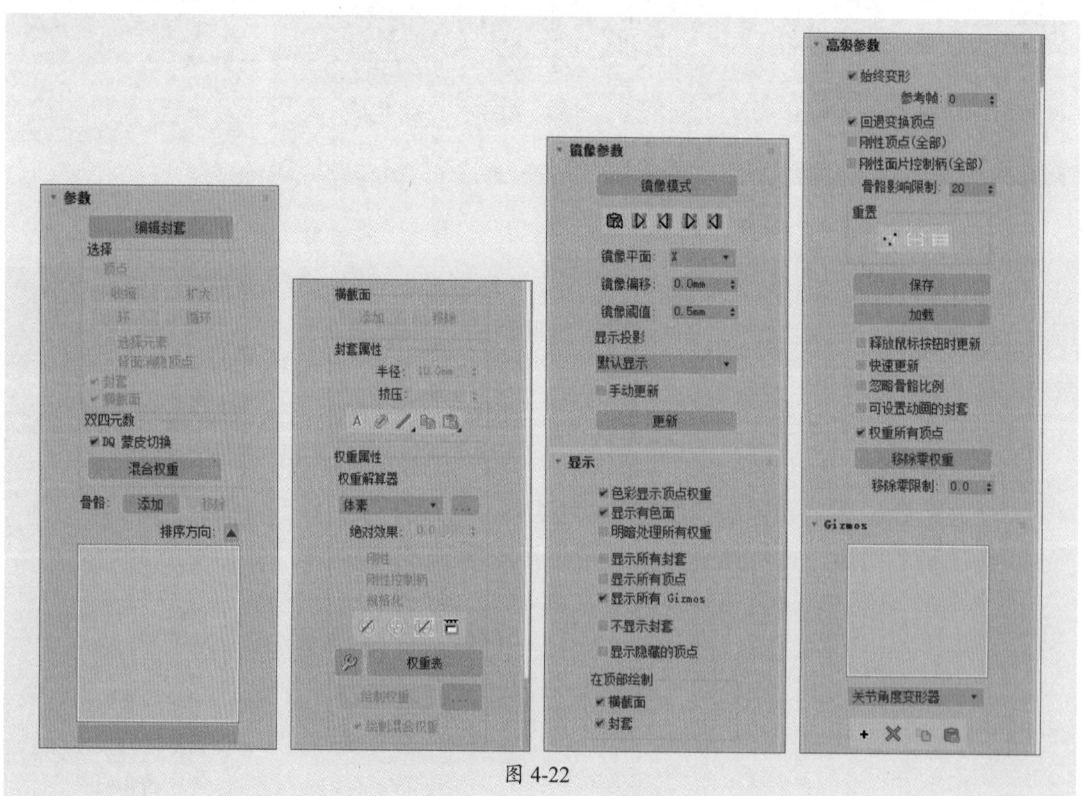

图 4-22

- **编辑封套：** 激活该按钮可以进入子对象层级，进入子对象层级后可以编辑封套和顶点的权重。
- **顶点：** 启用该选项后可以选择顶点，并且可以使用收缩工具、扩大工具、环工具和循环工具来选择顶点。
- **添加/移除：** 使用添加工具可以添加一个或多个骨骼；使用移除工具可以移除选中的骨骼。
- **半径：** 设置封套横截面的半径大小。
- **挤压：** 设置所拉伸骨骼的挤压倍增量。
- **绝对/相对：** 用来切换计算内、外封套之间的顶点权重的方式。
- **封套可见性：** 用来控制未选定的封套是否可见。
- **缓慢衰减：** 为选定的封套选择衰减曲线。
- **复制/粘贴：** 使用复制工具可以复制选定封套的大小和图形；使用粘贴工具可以将复制的对象粘贴到所选定的封套上。
- **绝对效果：** 设置选定骨骼相对于选定顶点的绝对权重。
- **刚性：** 启用该选项后，可以使选定顶点仅受一个最具影响力的骨骼的影响。
- **刚性控制柄：** 启用该选项后，可以使选定面片顶点的控制柄仅受一个最具影响力的骨骼的影响。
- **规格化：** 启用该选项后，可以强制每个选定顶点的总权重合计为1。
- **排除/包含选定的顶点：** 将当前选定的顶点排除/添加到当前骨骼的排除列表中。
- **选定排除的顶点：** 选择所有从当前骨骼排除的顶点。
- **烘焙选定顶点：** 单击该按钮可以烘焙当前的顶点权重。
- **权重工具：** 单击该按钮可以打开“权重工具”对话框。
- **权重表：** 单击该按钮可以打开“蒙皮权重表”对话框，在该对话框中可以查看和更改骨架结构中所有骨骼的权重。
- **绘制权重：** 使用该工具可以绘制选定骨骼的权重。
- **绘制选项：** 单击该按钮可以打开“绘制选项”对话框，在该对话框中可以设置绘制权重的参数。
- **绘制混合权重：** 启用该选项后，通过均分相邻顶点的权重，可以基于笔刷强度来应用平均权重，这样可以缓和绘制的值。
- **镜像模式：** 将封套和顶点从网格的一个侧面镜像到另一个侧面。
- **镜像粘贴：** 将选定封套和顶点粘贴到物体的另一侧。
- **将绿色粘贴到蓝色骨骼：** 将封套设置从绿色骨骼粘贴到蓝色骨骼上。
- **将蓝色粘贴到绿色骨骼：** 将封套设置从蓝色骨骼粘贴到绿色骨骼上。
- **将绿色粘贴到蓝色顶点：** 将各个顶点从所有绿色顶点粘贴到对应的蓝色顶点上。
- **将蓝色粘贴到绿色顶点：** 将各个顶点从所有蓝色顶点粘贴到对应的绿色顶点上。
- **镜像平面：** 用来选择镜像的平面是左侧平面还是右侧平面。
- **镜像偏移：** 设置沿【镜像平面】轴移动镜像平面的偏移量。
- **镜像阈值：** 在将顶点设置为左侧或右侧顶点时，使用该选项可设置镜像工具能观察到的相对距离。

4.2.3 Biped对象

3ds Max为用户提供了一套非常方便且重要的人体骨骼系统——Biped骨骼。通过Biped工具创建出的骨骼和真实的人体骨骼基本一致，因此使用该工具可以快速地制作出人物动画。

1. 创建 Biped 对象

在“创建”面板中选择“标准”选项，然后单击Biped按钮，在视口中单击并按住鼠标向上拖动，即可创建出Biped对象，如图4-23所示。

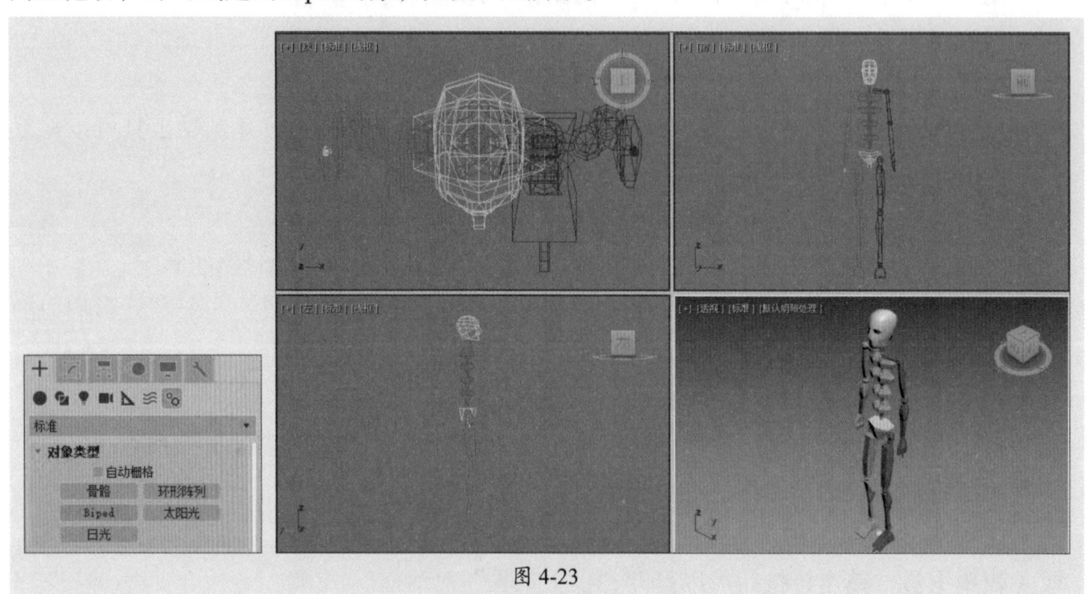

图 4-23

2. 编辑 Biped 对象

当体形模式处于活动状态时，“创建Biped”卷展栏将变为可用状态。在该卷展栏中包含用于更改Biped的骨骼结构以匹配角色网格（人类、恐龙、机器人等）的参数，也可以添加小道具来作为工具或武器，如图4-24所示。“创建Biped”卷展栏中各个参数的含义如下。

- **躯干类型：** 在该下拉列表框中，包括骨骼、男性、女性、标准各类型。
- **手臂：** 选中该复选框可以确定手臂和肩部是否包含在Biped中。
- **颈部链接：** Biped颈部链接数值。默认设置为1，范围为1~25。
- **脊椎链接：** Biped脊椎链接数值。默认设置为4，范围为1~10。
- **腿链接：** Biped腿链接数值。默认设置为3，范围从3~4。
- **尾部链接：** Biped尾部链接数值。数值为0表示没有尾部，默认设置为0，范围为0~25。
- **马尾辫1/马尾辫2链接：** 马尾辫链接数值。默认设置为0，范围为0~25。
- **手指：** Biped手指数值。默认设置为1，范围为0~5。
- **手指链接：** Biped手指链接数值。默认设置为1，范围为1~4。

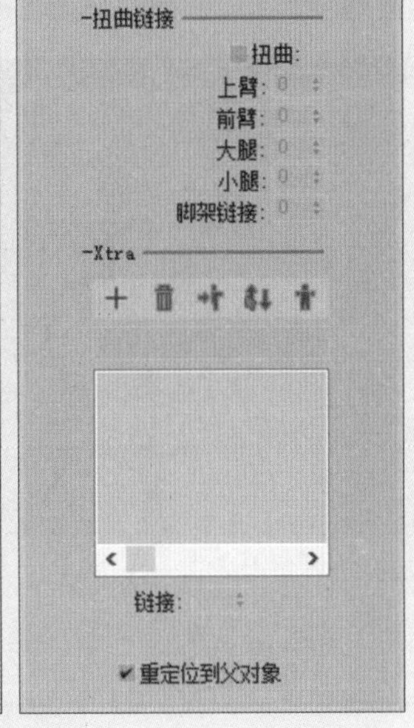

图 4-24

- **脚趾：** Biped脚趾数值。默认设置为1，范围为1~5。
- **脚趾链接：** Biped脚趾链接数值。默认设置为1，范围为1~5。
- **小道具1/2/3：** 最多可以打开三个小道具，小道具可以用于附加到Biped的工具或武器。
- **踝部附着：** 沿着相应足部块确定踝部附着点。可以沿着足部块的中线在脚后跟到脚趾间的任何位置放置脚踝。
- **高度：** 当前Biped的高度。
- **三角形骨盆：** 附加形体绑定后，选中该复选框可以创建大腿和Biped脊椎（最下面一节）的链接。
- **三角形颈部：** 选中该复选框后，将锁骨链接到脊椎顶部。但这里不将其链接到颈部。
- **前端：** 选中该复选框后，可以将Biped的手和手指作为脚和脚趾。
- **指节：** 选中该复选框后，使用符合解剖学特征的手部结构，每个手指均有指骨。
- **缩短拇指：** 选中该复选框后，拇指将比其他手指少一个指骨。默认为启用，如果创建的角色不是人类，则可能需要禁用该选项。
- **“扭曲链接”属性组：** 单击“+”按钮会展开属性组，骨骼扭曲选项包括所有肢体。这些设置允许动画肢体发生扭曲时，在设置蒙皮的模型上优化网格变形。
- **Xtra属性组：** 该选项组允许用户将附加尾巴添加到Biped。附加尾巴，如附加马尾辫，但这里不必将其附加到头部。

3. 足迹模式

足迹模式是两足动物动画的核心组成工具。在视图中足迹看上去就像交际舞教学图解，如图4-26所示。在场景中，每一个足迹的位置和方向控制着Biped步幅的位置。

选择Biped对象，打开“运动”面板，在Biped卷展栏中单击“足迹模式”按钮，即可切换到足迹模式，在Biped卷展栏中可以选择创建足迹或运动方式，如图4-26所示。Biped卷展栏中各个参数的含义如下。

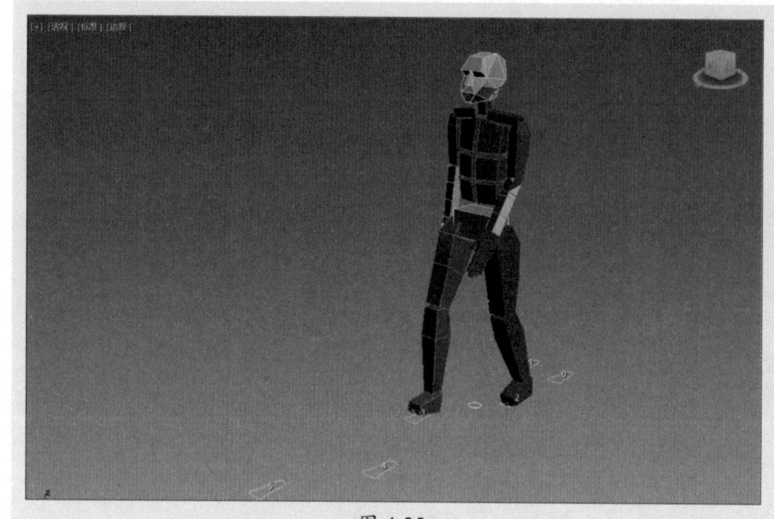

图 4-25

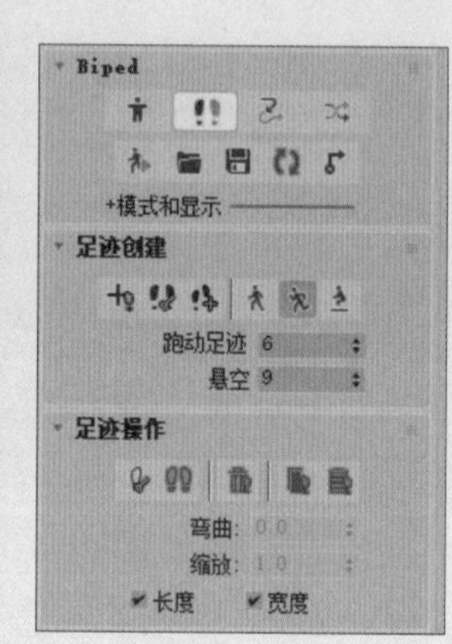

图 4-26

- **创建足迹（附加）：**启用“创建足迹”模式。通过在任意视口上单击手动创建足迹，释放鼠标键放置足迹。
- **创建足迹（在当前帧上）：**在当前帧创建足迹。可以创建多个足迹，如创建行走、跑动或跳跃的足迹图案。
- **行走：**将Biped的步态设置为行走。添加的任何足迹都含有行走特征，直到更改为其他模式。
- **跑动：**将Biped的步态设置为跑动。添加的任何足迹都含有跑动特征，直到更改为其他模式。
- **跳跃：**将Biped的步态设置为跳跃。添加的任何足迹都含有跳跃特征，直到更改为其他模式。
- **行走足迹：**指定在行走期间新足迹着地的帧数。
- **双脚支撑：**指定在行走期间双脚都着地的帧数。
- **跑动足迹：**指定在跑动期间新足迹着地的帧数。
- **悬空：**指定在跑动或跳跃期间躯干在空中时的帧数。
- **两脚着地：**指定在跳跃期间两个脚同时着地的帧数。
- **为非活动足迹创建关键点：**激活所有非活动足迹。
- **取消激活足迹：**删除指定给选定足迹的躯干关键点。
- **删除足迹：**删除选定的足迹。
- **复制足迹：**将选定的足迹和Biped关键点复制到足迹缓冲区。

- **粘贴足迹：**将足迹从足迹缓冲区粘贴到场景中。
- **弯曲：**弯曲所选足迹的路径。
- **缩放：**更改所选择足迹的宽度或长度。
- **长度：**当选择长度时，缩放微调器更改所选中足迹的步幅长度。
- **宽度：**当选择宽度时，缩放微调器更改所选中足迹的步幅宽度。

4.3 动画约束

动画约束可以约束对象的运动状态，比如使对象沿指定的路径运动或使对象始终注视着另一个对象的效果。3ds Max提供了多种约束动画控制器，本节将对几种常用的约束控制器进行介绍。

4.3.1 链接约束

链接约束可以用来创建对象与目标对象之间彼此链接的动画，可以使对象继承目标对象的位置、旋转度以及比例。

选择对象，执行“动画>约束>链接约束”命令，移动鼠标到目标对象，单击即可链接目标对象。“链接参数”卷展栏如图4-27所示。

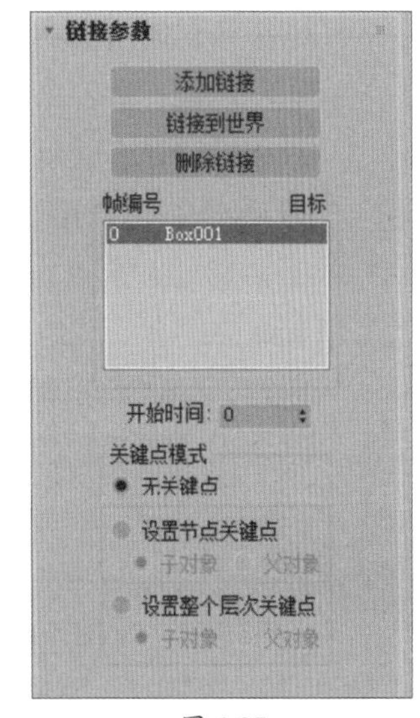

图 4-27

- **添加链接：**添加一个新的链接目标。单击“添加链接”按钮，将时间滑块调整到激活链接的帧位置处，然后选择要链接到的对象。
- **链接到世界：**将对象链接到世界（整个场景）。建议将此项置于目标列表的第一个目标。
- **删除链接：**移除高亮显示的链接目标。一旦链接目标被移除将不再对约束对象产生影响。
- **目标列表：**显示链接目标对象。
- **开始时间：**指定或编辑目标的帧。高亮显示在列表中的目标条目，“开始时间”便是显示对象成为父对象时所在的帧。
- **无关键点：**选中该单选按钮后，约束对象或目标中不会写入关键点。此链接控制器在不插入关键点的情况下使用。
- **设置节点关键点：**选中该单选按钮后，会将关键帧写入指定的选项。
- **设置整个层次关键点：**用指定的选项在层次上部设置关键帧。具有两个选项：子对象和父对象。子对象仅在约束对象和它的父对象上设置一个关键帧。

操作提示

为获得最佳效果，在动画播放过程中更改目标时，在转换点处为两个链接对象设置关键点。例如，如果一个球体从帧0~50链接到长方体，从帧50之后链接到圆柱体，则在50帧处为长方体和圆柱体设置关键点。

4.3.2 路径约束

使用“路径约束”控制器可以使对象沿指定的路径运动，并且可以产生绕路径旋转的效果。用户可以为一个对象设置多条运动轨迹，通过调节重力的权重值来控制对象的位置，“路径参数”卷展栏如图4-28所示。其中各个参数的含义如下。

- **添加路径：** 添加一个新的样条线路径使之对约束对象产生影响。
- **删除路径：** 从目标列表中移除一个路径。路径一旦被移除，它将不再对约束对象产生影响。
- **路径列表：** 显示路径及其权重。
- **权重：** 为每个目标制定并设置动画。
- **%沿路径：** 设置对象沿路径的位置百分比。
- **跟随：** 在对象跟随轮廓运动的同时将对象指定给轨迹。
- **倾斜：** 当对象通过样条线的曲线时允许对象倾斜（滚动）。
- **倾斜量：** 调整这个量使倾斜从一边或另一边开始，这依赖于这个量是正数或负数。
- **平滑度：** 控制对象在经过路径中的转弯点时翻转角度改变的快慢程度。
- **允许翻转：** 选中该复选框可避免对象在沿着垂直方向的路径行进时有翻转的情况。
- **恒定速度：** 沿着路径提供一个恒定的速度。禁用此项后，对象沿路径的速度变化依赖于路径上顶点之间的距离。
- **循环：** 在默认情况下，当约束对象到达路径末端时，它不会越过末端点。循环选项会改变这一行为，当约束对象到达路径末端时会循环回起始点。
- **相对：** 启用此项保持约束对象的原始位置。对象会沿着路径同时有一个偏移距离，这个距离基于它的原始世界空间位置。

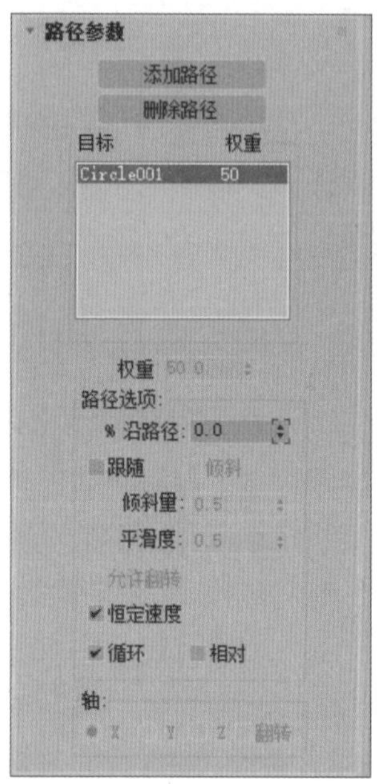

图 4-28

操作提示

“%沿路径”的值基于样条线路径的U值参数。一个NURBS曲线可能没有均匀的空间U值，因此如果“%沿路径”的值为50，可能不会直观地转换为NURBS曲线长度的50%。

4.3.3 注视约束

“注视约束”控制器会控制对象的方向，使其一直注视另外一个或多个对象。它还会锁定对象的旋转，使对象的一个轴指向目标对象或目标位置的加权平均值。这与指定一个目标摄影机直接向上相似。“注视约束”卷展栏如图4-29所示。其中各个参数的含义如下。

- **添加注视目标：** 用于添加影响约束对象的新目标。
- **删除注视目标：** 用于移除影响约束对象的目标对象。
- **保持初始偏移：** 将约束对象的原始方向保持为相对于约束方向上的一个偏移。

- **视线长度：** 从约束对象轴到目标对象轴所绘制的视线长度（在多个目标时为平均值）。
- **视线绝对长度：** 启用此选项后，3ds Max仅使用“视线长度”设置主视线的长度；受约束对象和目标之间的距离对此没有影响。
- **设置方向：** 允许对约束对象的偏移方向进行手动定义。启用此选项后，可以使用旋转工具来设置约束对象的方向。
- **重置方向：** 将约束对象的方向设置回默认值。如在手动设置方向时，重置约束对象的方向，启用该选项非常有用。
- **“选择注视轴”组：** 用于定义注视目标的轴。X、Y、Z复选框反映受约束对象的局部坐标系。“翻转”复选框会反转局部轴的方向。
- **“选择上方向节点”组：** 默认上方向节点是世界。禁用世界，可手动选中定义上方向节点平面的对象。
- **“上方向节点控制”组：** 允许在注视上方向节点控制和轴对齐之间快速翻转。
- **源轴：** 选择与上方向节点轴对齐的约束对象的轴。源轴反映了约束对象的局部轴。
- **对齐到上方向节点轴：** 选择与选中的原轴对齐的上方向节点轴。注意所选中的源轴可能不会与上方向节点轴完全对齐。

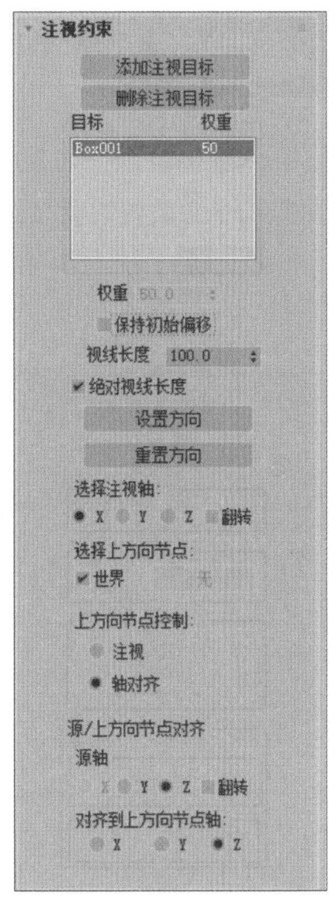

图 4-29

4.3.4 方向约束

“方向约束”控制器会使某个对象的方向沿着目标对象的方向或若干目标对象的平均方向。该控制器可应用于任何可旋转对象，受约束的对象将从目标对象集成其旋转。“方向约束”卷展栏如图4-30所示。其中各个参数的含义如下。

- **添加方向目标：** 添加影响受约束对象的新目标对象。
- **将世界作为目标添加：** 将受约束对象与世界坐标轴对齐。可以设置世界对象相对于任何其他目标对象对受约束对象的影响程度。
- **删除方向目标：** 移除目标。移除目标后，将不再影响受约束对象。
- **保持初始偏移：** 保留受约束对象的初始方向。
- **“变换规则”组：** 将方向约束应用于层次中的某个对象后，即确定了局部节点变换还是将父变换用于方向约束。
- **局部->局部：** 选中此单选按钮后，局部节点变换将用于方向约束。
- **世界->世界：** 选中此单选按钮后，将应用父变换或世界变换，而不应用局部节点变换。

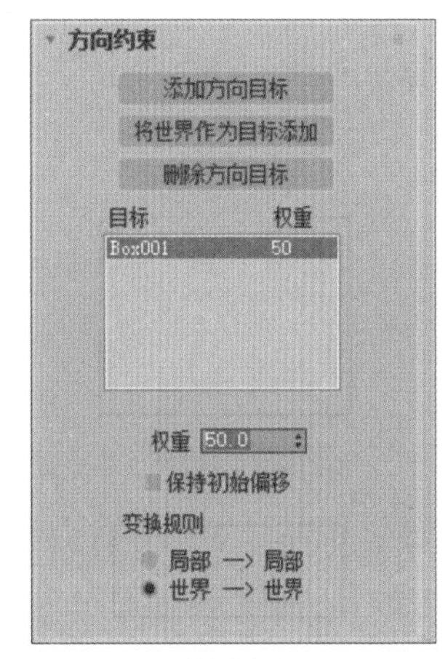

图 4-30

课堂实战 制作玩具货车运动场景

本案例将结合本章所学的知识来制作玩具货车沿轨道运动的动画场景，其中所涉及的主要命令为动画约束。具体操作步骤如下。

步骤 01 打开玩具模型素材。单击“矩形”按钮，在顶视图绘制一个圆角矩形，并设置参数，在左视图中调整矩形到轨道表面位置，如图4-31所示。

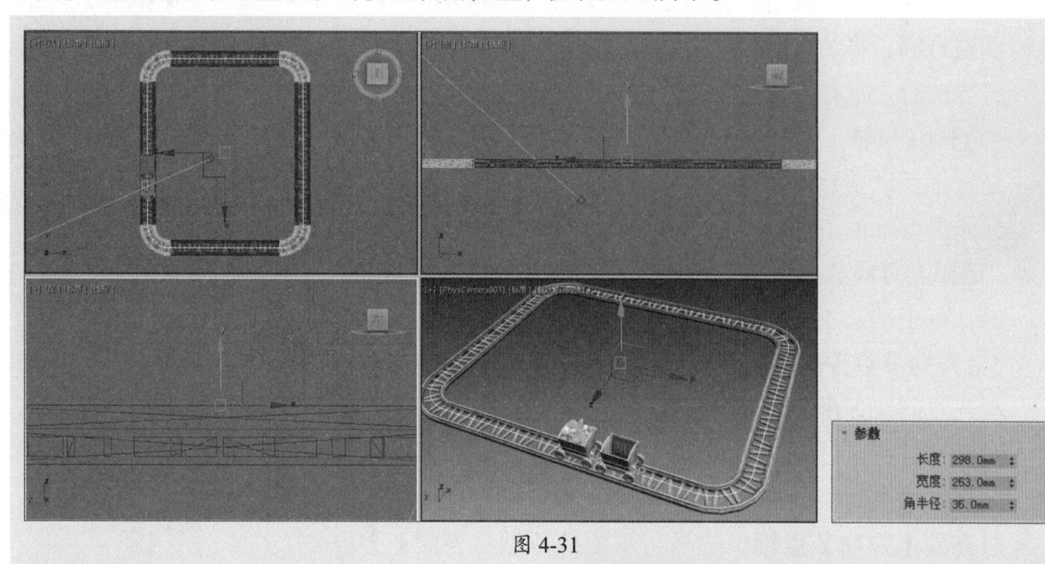

图 4-31

步骤 02 选择载货小车模型，在“层次”面板中激活“仅影响轴”按钮，先单击“居中到对象”按钮，然后在左视图中调整轴位置，如图4-32所示。

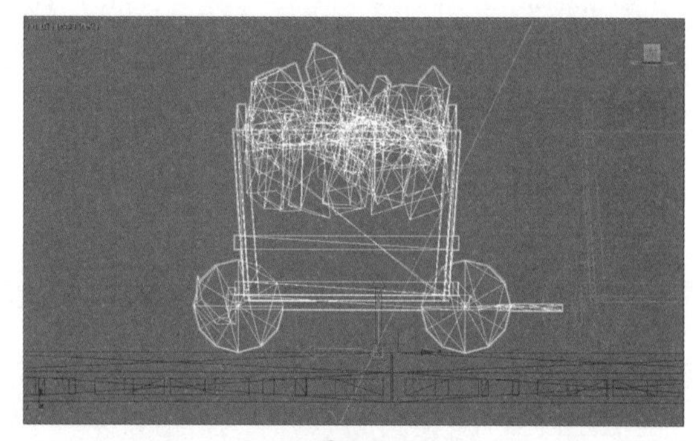

图 4-32

步骤 03 同样调整另一辆空载小车的坐标轴位置，如图4-33所示。

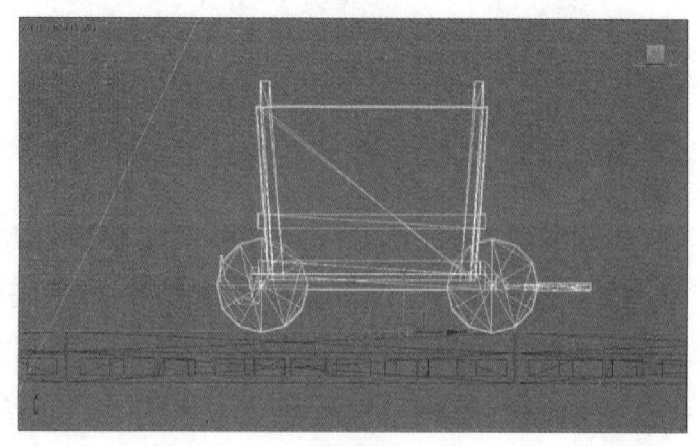

图 4-33

步骤 04 选择载货小车，执行“动画>约束>路径约束”命令，在视图中单击拾取样条线作为路径，如图4-34所示。

步骤 05 添加路径约束后，载货小车模型的位置发生了改变，如图4-35所示。

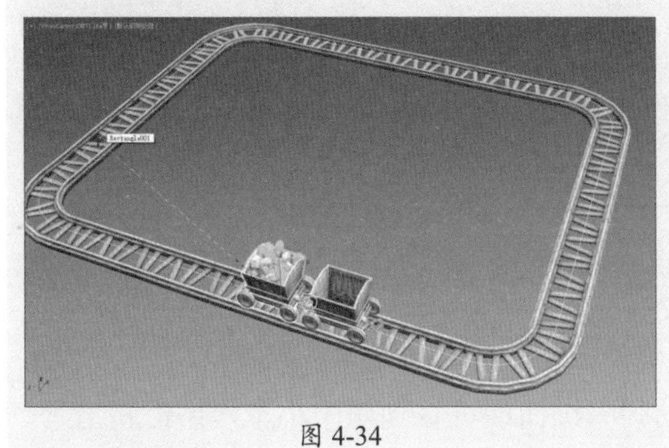

图 4-34

图 4-35

步骤 06 拖动时间滑块，可以看到载货小车会沿着路径运动，但角度不对，如图4-36所示。

图 4-36

步骤 07 在图4-37右侧的“路径参数”卷展栏中选中“跟随”复选框，再选择Y轴，会使载货小车的方向跟随路径方向，如图4-37所示。

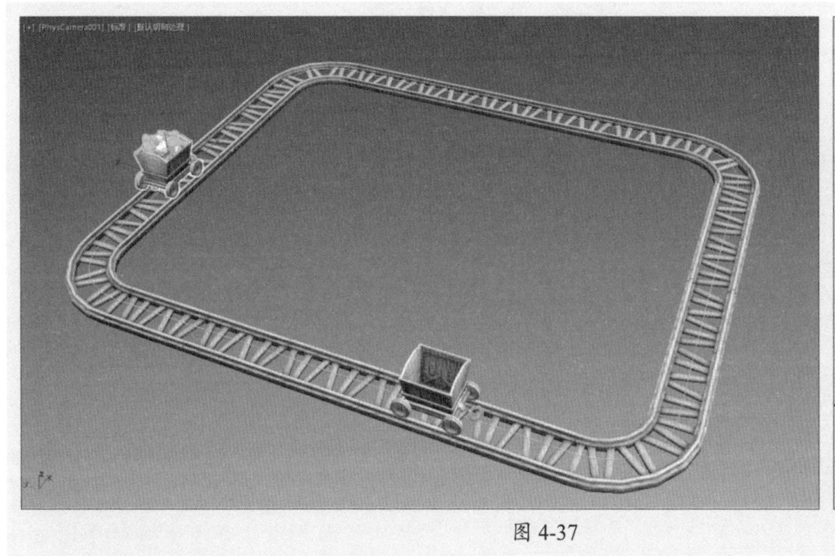

图 4-37

步骤 08 为载货小车添加路径约束，并设置路径跟随，会看到两个小车模型发生了重叠，如图4-38所示。

步骤 09 在顶视图中沿X轴调整载货小车的位置，如图4-39所示。

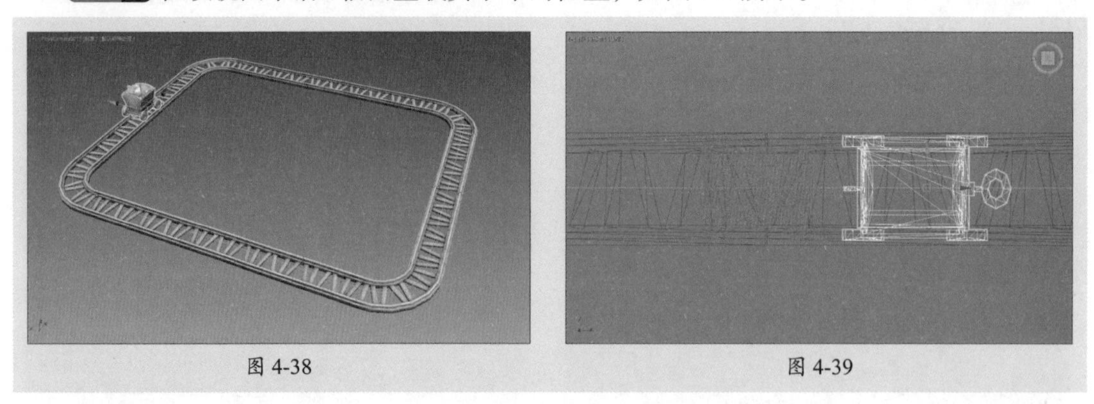

图 4-38　　图 4-39

步骤 10 切换到摄影机视口，单击“播放动画”按钮即可看到两个小车模型沿轨道运动动画，如图4-40所示。

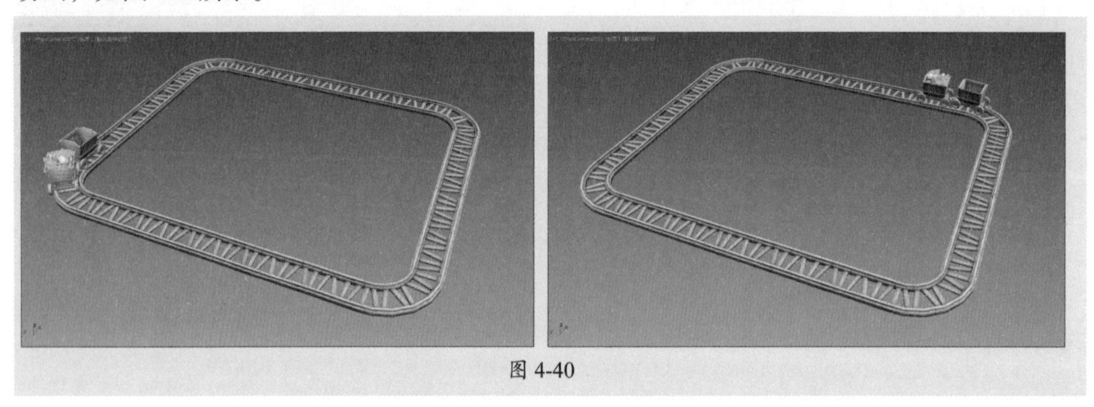

图 4-40

课后练习 制作卡通角色移步动画

本练习将利用骨骼和蒙皮功能制作卡通角色移步的动画效果，如图4-41所示。

图 4-41

1. 技术要点

步骤 01 创建骨骼并将骨骼链接到卡通角色各躯干上，使骨骼与角色模型重合。

步骤 02 对骨骼进行缩放，并调整骨骼角度及位置，使之匹配到卡通角色模型。

步骤 03 利用“蒙皮”修改器对骨骼进行“封套”，并设置每个骨骼的“权重”参数，以控制骨骼动作的变换。

步骤 04 利用自动关键帧，设置卡通角色的移步动画。

2. 分步演示

分步演示效果如图4-42所示。

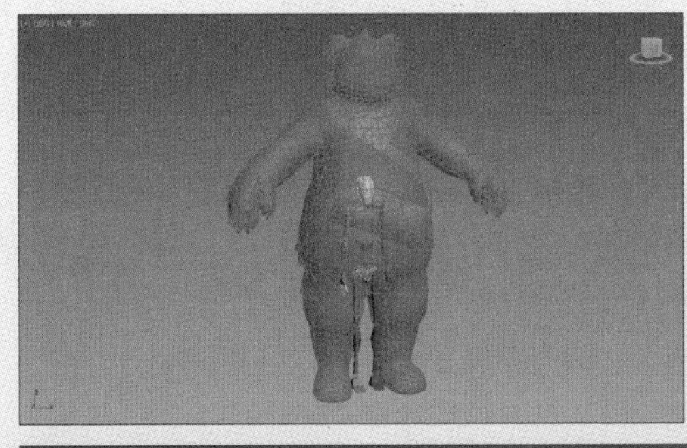
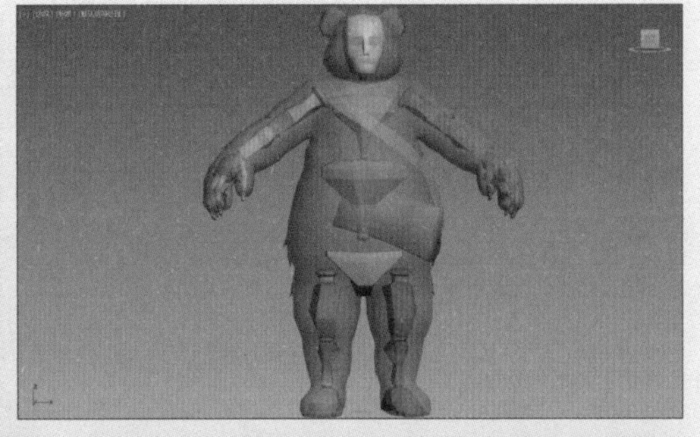

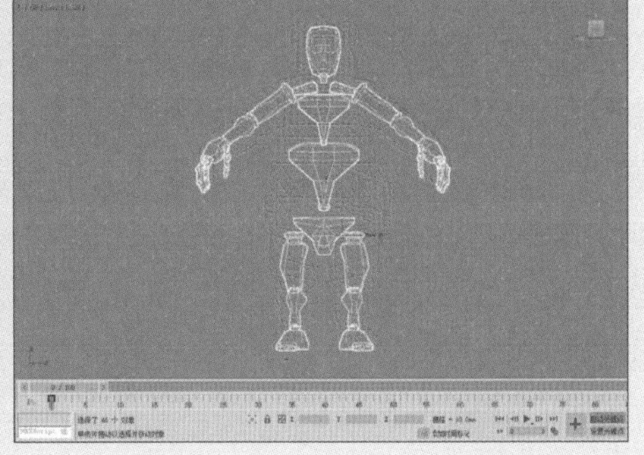

图 4-42

拓展赏析

优秀的三维动画制作软件

说起三维动画的制作，首先会想到3ds Max软件。该软件具有强大的三维建模功能，主要用于游戏制作、建筑可视化、广告等领域。它提供了丰富的建模、材质、纹理和动画功能，特别适用于创建游戏场景、道具和产品外观等。此外，它还在建筑可视化、广告设计和虚拟现实等领域有着广泛的应用。当然除了热门的3ds Max软件外，还有其他一些比较优秀的3D动画软件。如Maya、Blender、Cinema4D等。

1. Maya

Maya是3D动画师非常喜爱的软件之一，与3ds Max相比，Maya偏向于电影制作、动画制作、角色建模等领域。该软件具有强大的动画功能，比较擅长制作复杂的角色动画和场景动画，是电影级别的高端制作软件。

2. Blender

Blender是一款免费的专业开源3D动画和建模软件，这意味着用户可以自由地使用、修改和分享它，无须支付任何费用。这为许多预算有限的创作者提供了极大的便利。它提供了从建模、动画、材质、渲染到音频处理、视频剪辑等一系列动画短片制作解决方案。用户可以在一个软件中完成从创意构思到最终效果的全部过程，提高了工作效率。在动画设计方法，Blender可用于制作获奖的短片和故事片。其强大的动画系统支持关键帧动画和动作捕捉，使角色和场景的动画效果栩栩如生，图4-43所示为Blender官方电影作品截图。

图 4-43

3. Cinema4D

Cinema 4D（C4D）是一款功能全面、易学易用的三维设计软件，涵盖了建模、动画、渲染等多个方面的功能，并且支持丰富的插件和定制化功能。该软件被广泛应用于广告、动画、建筑和工业设计领域，主要用于制作高质量的三维渲染和动画。无论是从事影视特效、游戏开发，还是工业设计，C4D都能为用户提供强大的设计工具，助力他们创作出高质量的作品。

第5章

动力学系统

内容导读

3ds Max的动力学系统是通过为对象分配物理属性（如质量、摩擦力和弹力）来模拟真实的物理行为，是制作动画必不可少的一部分。动画设计师可以通过设置关键帧来控制动画的基本路径，然后利用动力学系统来自动计算对象之间的相互作用和最终的运动状态。本章将对3ds Max的动力学概念进行介绍，并对一些常用动力工具的使用方法进行说明。

思维导图

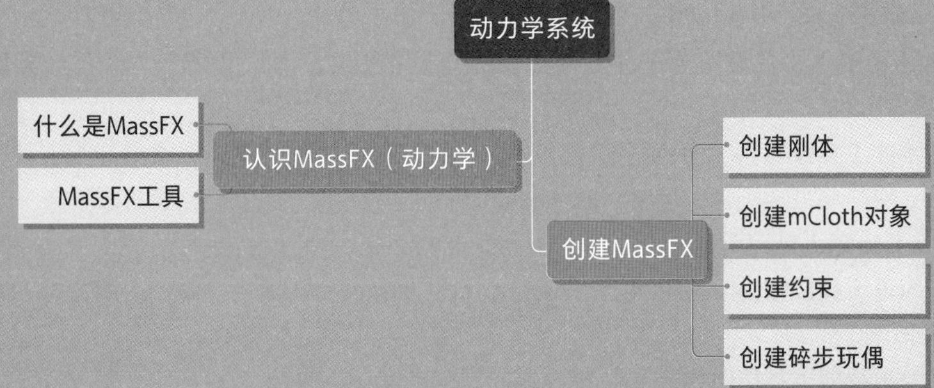

5.1 认识MassFX

MassFX（动力学）是3ds Max中的动力学工具，它提供了一套强大的物理模拟功能，用于模拟刚体的碰撞和物理效果、柔体的运动和变形、流体的流动和相互作用等。此外，MassFX还支持碎片模拟，如炸裂、摧毁等效果。

5.1.1 什么是MassFX

在早期的3ds Max版本中并没有MassFX，而是叫作reactor。相比较而言，MassFX的动力学运算更为真实、速度更快。

在3ds Max的默认工作界面中找不到MassFX面板，需要用户手动将其调出。在主工具栏的空白处右击，在弹出的快捷菜单中选择“MassFX工具栏”选项，即可打开MassFX工具栏，如图5-1所示。

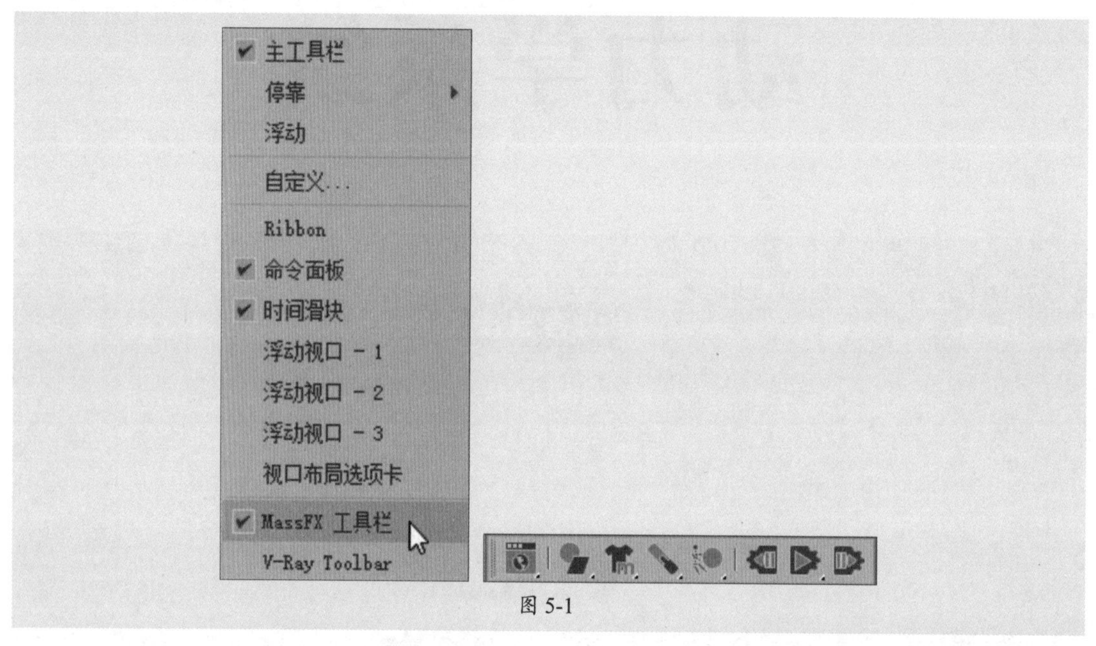

图 5-1

MassFX工具栏中各按钮含义介绍如下。

- **MassFX工具按钮**：该选项下面包含很多参数，如“世界”“工具”“编辑”和“显示”。
- **刚体工具按钮**：在创建完成物体后，可以无物体添加刚体，本书分为三种类型，分别是动力学刚体、运动学刚体和静态刚体。
- **mCloth工具按钮**：可以模拟真实的布料效果。
- **约束工具按钮**：可以创建约束对象。包括滑块、转轴、扭曲、通用、球和套管约束6种。
- **碎布玩偶工具按钮**：可以模拟碎布玩偶的动画效果。
- **重置模拟工具按钮**：单击该按钮可以将之前的模拟重置，回到最初状态。
- **模拟工具按钮**：单击该按钮可以开始进行模拟。

- **步阶模拟工具按钮** ：单击或多次单击该按钮可以按照步阶进行模拟，方便查看每一时刻的状态。

5.1.2 MassFX工具

3ds Max动力学的主要参数设置都需要在“MassFX工具”面板中进行，用户可以通过“MassFX工具”面板创建物理模拟的大多数常规设置和控件。

在MassFX工具栏中单击“MassFX工具”按钮 即可打开“MassFX工具”面板，该面板中包括“世界参数”“模拟工具”“多对象编辑器”及“显示选项”4个选项卡，如图5-2所示。

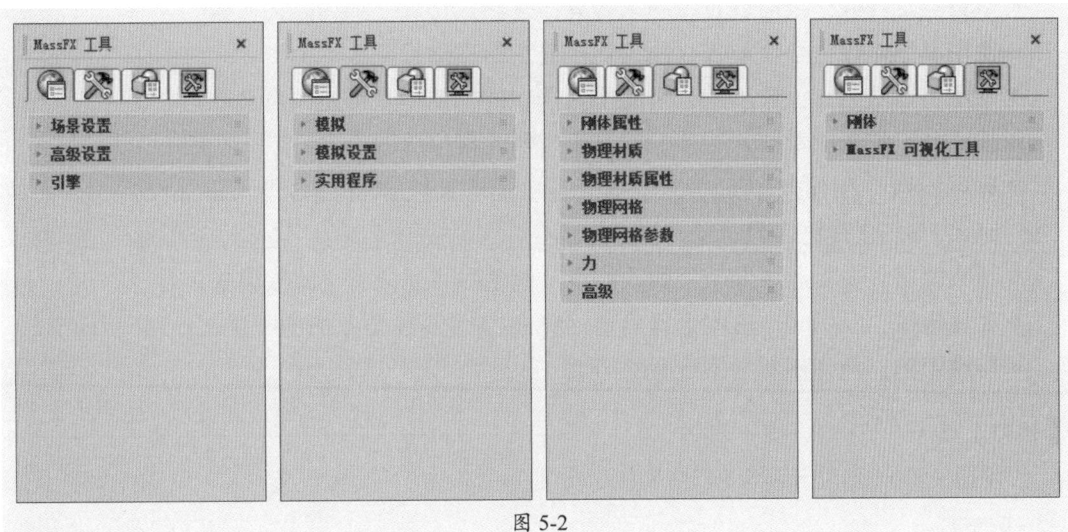

图 5-2

1. 世界参数

“世界参数”选项卡包含3个卷展栏，分别是“场景设置”“高级设置”和“引擎”，如图5-3所示。

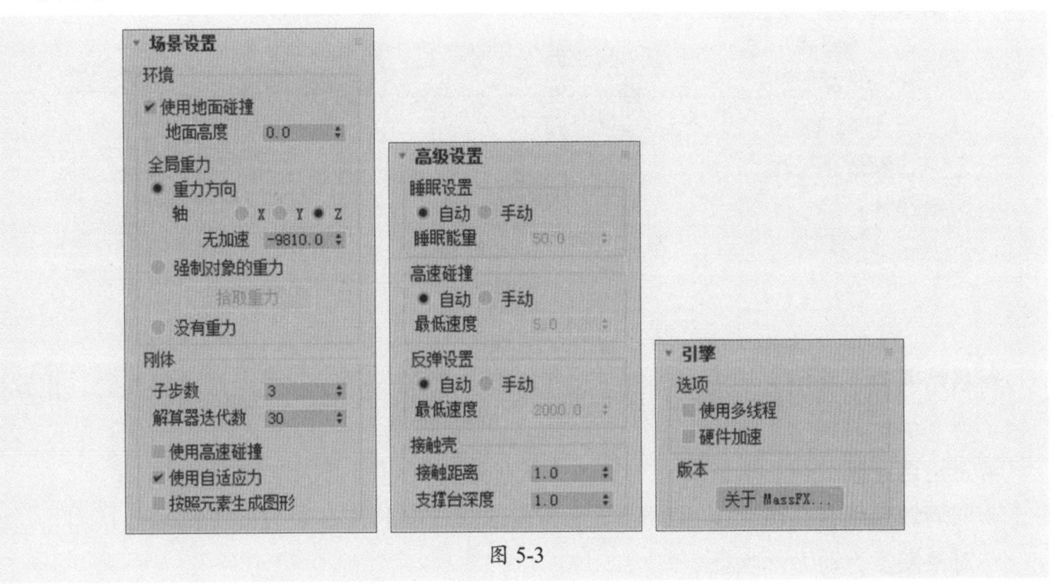

图 5-3

各卷展栏常用设置参数含义介绍如下。

- **使用地面碰撞：**选中该复选框时，MassFX使用地面高度级别的（不可见）无限、平面、静态刚体，即与主栅格平行或共面。
- **地面高度：**选中“使用地面碰撞”复选框时地面刚体的高度，以活动的单位指定。
- **重力方向：**应用MassFX中的内置重力。
- **强制对象的重力：**可以使用重力空间扭曲将重力应用于刚体。
- **拾取重力：**使用“拾取重力”按钮将其指定在模拟中使用。
- **没有重力：**选中该复选框时，重力不会影响模拟。
- **子步数：**每个图形更新之间执行的模拟步数。
- **解算器迭代数：**全局设置，约束解算器强制执行碰撞和约束的次数。
- **使用高速碰撞：**全局设置，用于切换连续的碰撞检测。
- **使用自适应力：**该选项默认情况下是选中的，控制是否使用自适应力。
- **按照元素生成图形：**该选项控制是否按照元素生成图形。
- **睡眠设置：**在模拟中移动速度低于某个速率的刚体将自动进入睡眠模式，从而使MassFX关注其他活动对象，提高性能。
- **睡眠能量：**在其运动低于“睡眠能量”阀值时将对象置于睡眠模式。
- **高速碰撞：**启用时，这些设置确定了MassFX计算此类碰撞的方法。
- **接触距离：**允许移动刚体重叠的距离。

2. 模拟工具

“模拟工具”选项卡包含3个卷展栏，分别是“模拟”“模拟设置”和“实用程序”，如图5-4所示。

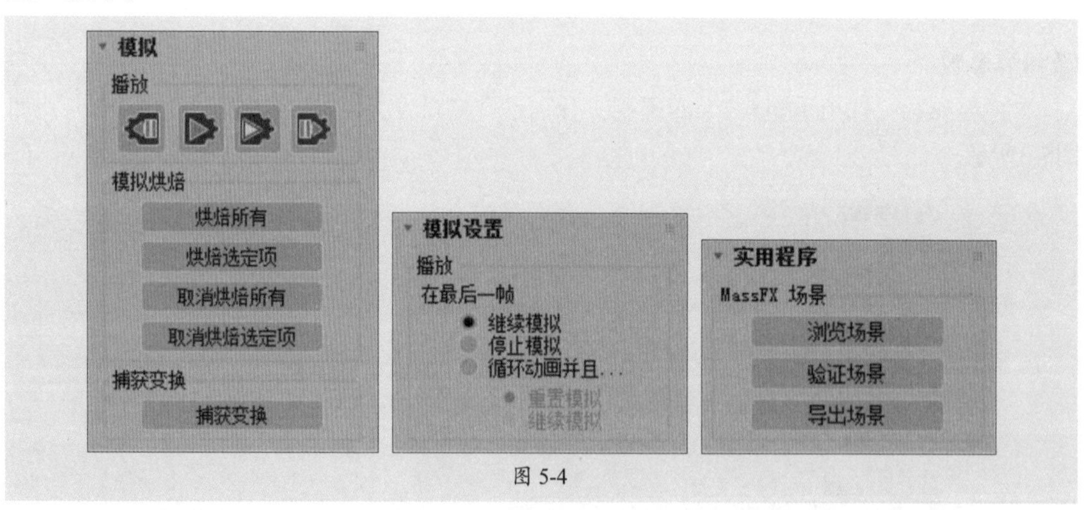

图 5-4

- **烘焙所有：**将所有动力学对象（包括mCloth）的变换存储为动画关键帧时，重置模拟并运行。
- **烘焙选定项：**与“烘焙所有”类似，只是烘焙仅应用于选定的动力学对象。
- **取消烘焙所有：**删除通过烘焙设置为运动学状态的所有对象的关键帧，从而将这些对象恢复为动力学状态。

- **取消烘焙选定项：** 与“取消烘焙所有”类似，只是取消烘焙仅应用于选定的适用对象。
- **捕获变换：** 将每个选定动力学对象（包括mCloth）的初始变换设置为其当前变换。
- **继续模拟：** 即使时间滑块达到最后一帧，也继续运行模拟。
- **停止模拟：** 当时间滑块达到最后一帧时，停止模拟。
- **循环动画并且…：** 选中该复选框，将在时间滑块达到最后一帧时重复播放动画。
- **浏览场景：** 单击该按钮，可打开“MassFX资源管理器”对话框。
- **验证场景：** 确保各种场景元素不违反模拟要求。
- **导出场景：** 使模拟可用于其他程序。

3. 多对象编辑器

“多对象编辑器”选项卡中包含7个卷展栏，分别是“刚体属性”“物理材质”“物理材质属性”“物理网格”“物理网格参数”“力”和“高级”，如图5-5所示。

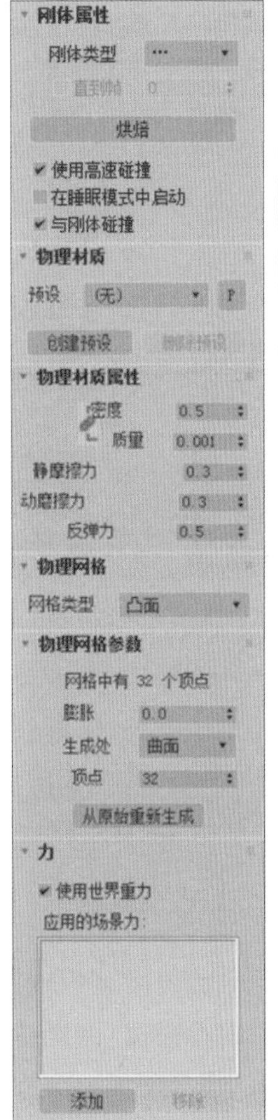

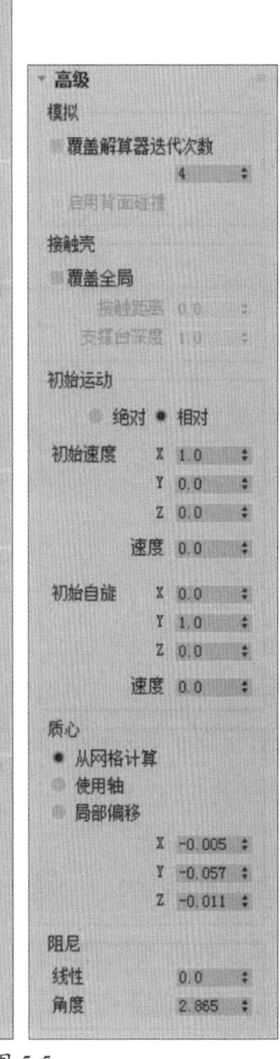

图 5-5

- **刚体类型：** 所有选定刚体的模拟类型。
- **直到帧：** 启用后，MassFX会在指定帧处将选定的运动学刚体转换为动力学刚体。仅在刚体类型为“运动学”时可用。
- **烘焙：** 将取消烘焙的选定刚体的模拟运动转换为标准动画关键帧。
- **使用高速碰撞：** 如果选中该复选框，“高速碰撞”设置将应用于选定刚体。
- **在睡眠模式中启用：** 如果启用此选项，选定刚体在使用全局睡眠模式时开启模拟。
- **与刚体碰撞：** 如选中该复选框，选定的刚体将与场景中的其他刚体发生碰撞。
- **预设：** 可以在该下拉列表框中选择预设材质，以将“物理材质属性”卷展栏中的所有值更改为预设中保存的值，并将这些值应用到选择内容。
- **创建预设：** 基于当前值创建新的物理材质预设。
- **密度：** 此刚体的密度，度量单位为g/cm^3。
- **质量：** 此刚体的重量，度量单位为kg。
- **静摩擦力：** 两个刚体开始相互滑动的难度系数。
- **动摩擦力：** 两个刚体保持相互滑动的难度系数。

- **反弹力：** 对象撞击到其他刚体时反弹的轻松程度和高度。
- **网格类型：** 选定刚体物理图形的类型，可用类型为“球体”“长方体”“胶囊”“凸面”“原始”和“自定义”。
- **使用世界重力：** 取消选中该复选框后，选定的刚体将仅使用在此处应用的力。
- **应用的场景力：** 列出场景中影响模拟中选定刚体的力空间扭曲。

4. 显示选项

“显示选项”选项卡汇总包含两个卷展栏，分别是“刚体”“MassFX可视化工具”，如图5-6所示。

- **显示物理网格：** 选中该复选框时，物理网格显示在视口中，且可以使用“仅选定对象”开关。
- **仅选定对象：** 选中该复选框时，仅选定对象的物理网格显示在视口中。
- **启用可视化工具：** 选中该复选框时，此卷展栏上的其余设置生效。
- **缩放：** 基于视口的指示器（如轴）的相对大小。

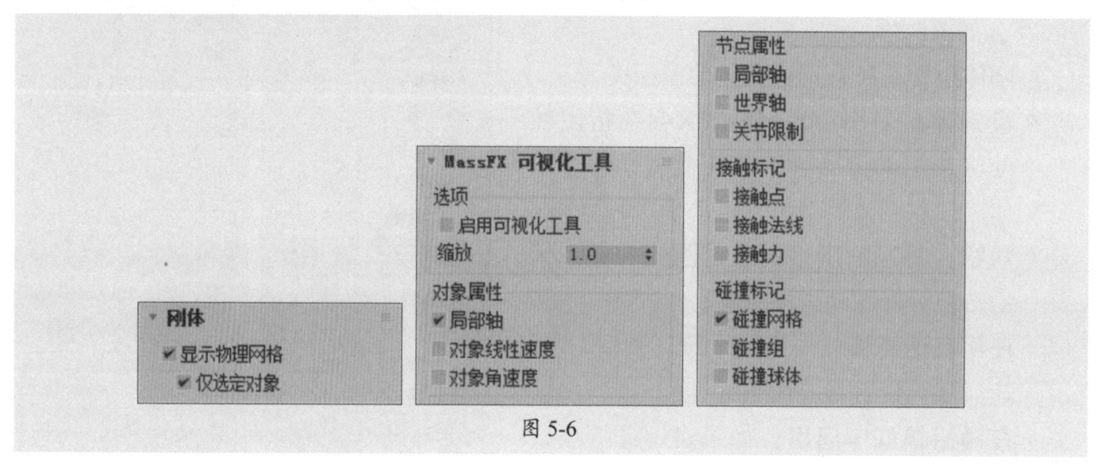

图 5-6

5.2 创建MassFX

在了解MassFX相关的工具面板后，接下来就可利用这些工具来模拟真实物理世界中常见的动力学效果了。

案例解析：模拟人物摔倒动画

利用“创建动力学碎步玩偶”命令来模拟人物摔倒的动画效果。具体操作步骤如下。

步骤 01 在“创建”命令面板中，选择“标准”选项，然后单击Biped按钮，在视口中创建Biped对象，如图5-7所示。

步骤 02 全选Biped对象，在MassFX工具栏中单击“创建动力学碎布玩偶”按钮，将其创建为碎布玩偶，此时对象顶部会产生一个图标，如图5-8所示。

图 5-7　　图 5-8

步骤 03 在MassFX工具栏中单击“开始模拟”按钮，即可观看骨骼摔倒动画。单击“逐帧模拟”按钮，则可看到摔倒的慢过程，如图5-9所示。

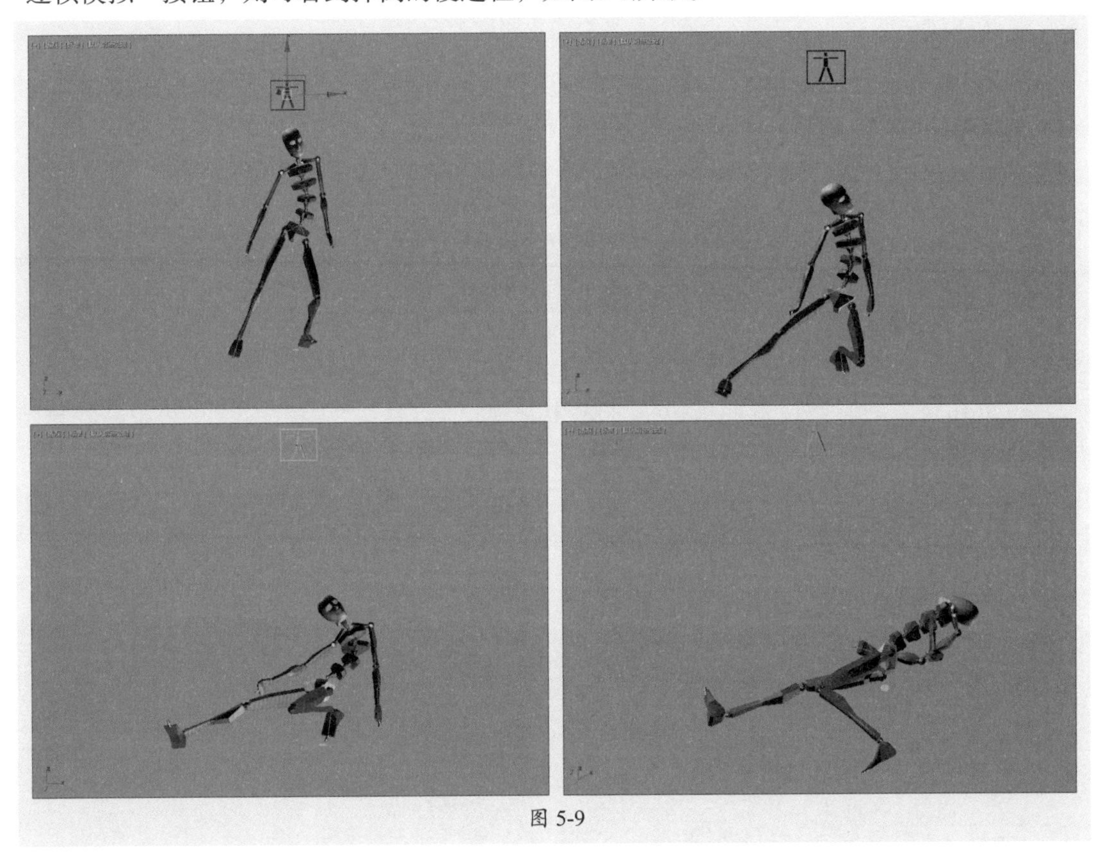

图 5-9

5.2.1 创建刚体

刚体类对象属于MassFX工具组中常用的运动对象，通过给物体赋予刚体属性或性质后，产生基本的运动碰撞效果，还原现实世界物体受力产生运动变化的计算行为。3ds Max中可以将对象设置为动力学刚体、运动学刚体、静态刚体3种类型，如图5-10所示。

图 5-10

- **动力学刚体：** 物体被指定为动力学刚体后，就受重力及模拟中因其他对象撞击而导致的运动变形行为。
- **运动学刚体：** 物体被指定为运动学刚体后，可以对物体做动画设置，使物体动起来。运动学刚体可以碰撞影响动力学刚体，但动力学刚体不可以碰撞到运动学刚体。用户可以设定运动学刚体在一定时间改变为动力学刚体，从而影响场景中其他的动力学刚体，自身也会受到碰撞影响。
- **静态刚体：** 被指定为静态刚体的物体，一般都是不需要动的物体，可以用作容器、墙、障碍物等。

5.2.2 创建mCloth对象

mCloth是一种特殊的布料修改器，可以模拟布料的真实动力学效果，并且可以让mCloth对象与刚体对象一起参与运算。mCloth对象常用于模拟布料自由下落来制作床单、布料悬挂等效果。

MassFX工具栏中提供了“将选定对象设置为mCloth对象”和“从选定对象中移除mCloth”两种操作，如图5-11所示。

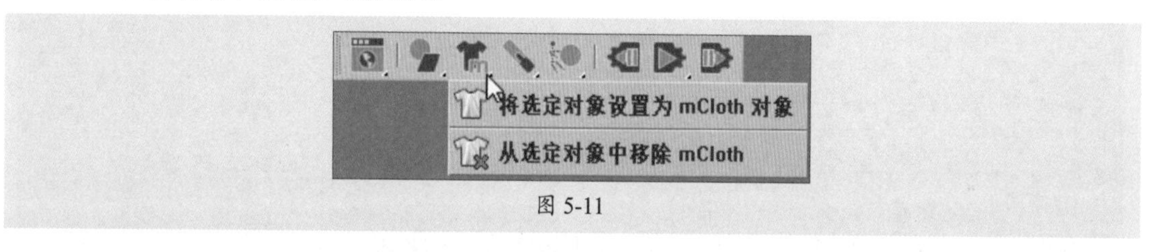

图 5-11

mCloth对象的参数设置面板包括“mCloth模拟”“力”“捕获状态”“纺织品物理特性”“体积特性”“交互”“撕裂”“可视化”和“高级”共9个卷展栏，如图5-12所示。

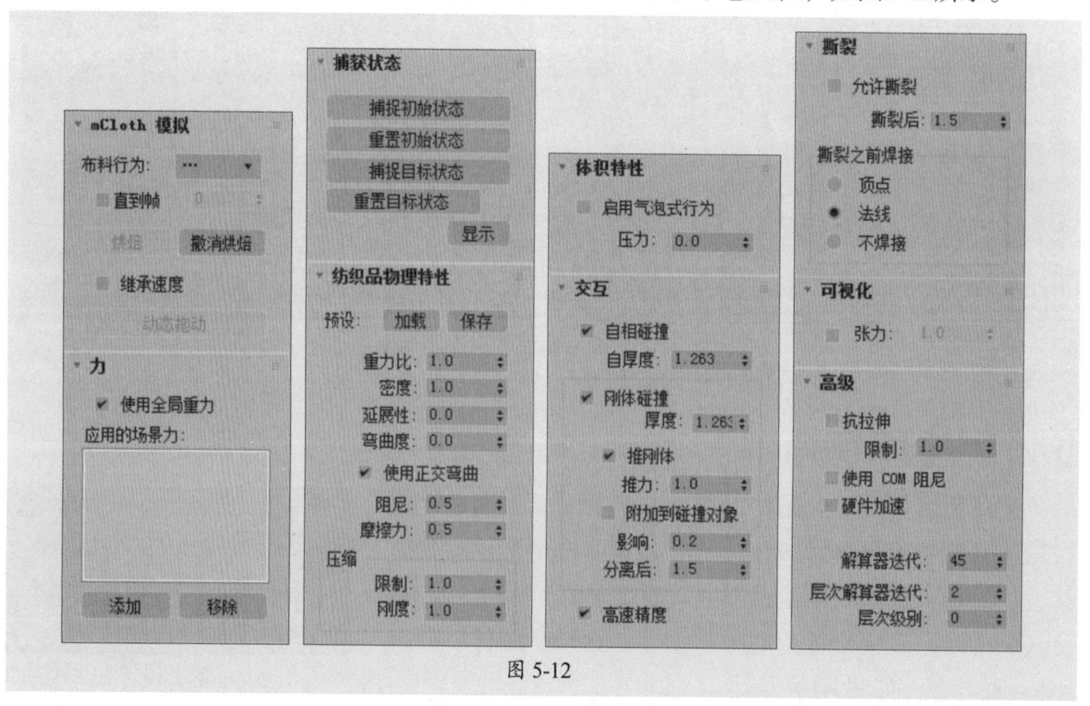

图 5-12

“mCloth模拟”卷展栏中各参数含义如下。

- **布料行为：**确定mCloth对象如何参与模拟。
- **直到帧：**启用后，会在指定帧处将选定的运动学Cloth转换为动力学Cloth。
- **烘焙/撤消烘焙：**烘焙可以将mCloth对象的模拟运动转换为标准动画关键帧以进行渲染。
- **继承速度：**选中该复选框时，mCloth对象可通过使用动画从堆栈中的 mCloth 对象下面开始模拟。
- **动态拖动：**不使用动画即可模拟，且允许拖动布料以设置其状态或测试效果。
- **使用全局重力：**选中该复选框时，mCloth对象将使用MassFX全局重力设置。

“捕获状态”卷展栏中各参数含义如下。

- **捕捉初始状态：**将所选mCloth对象缓存的第一帧更新到当前位置。
- **重置初始状态：**将所选mCloth对象的状态还原为应用修改器堆栈中的mCloth之前的状态。
- **捕捉目标状态：**抓取mCloth对象的当前变形，并使用该网格来定义三角形之间的目标弯曲角度。
- **重置目标状态：**将默认弯曲角度重置为堆栈中mCloth下面的网格。

“纺织品物理特性”卷展栏中主要选项含义如下。

- **重力比：**使用全局重力处于启用状态时重力的倍增。使用此选项可以模拟重力效果，如湿布料或垂布料。
- **密度：**布料的权重，以g/cm^2为单位。
- **延展性：**拉伸布料的难易程度。
- **弯曲度：**折叠布料的难易程度。
- **使用正交弯曲：**计算弯曲角度，而不是弹力。在某些情况下，该方法更准确，但模拟时间更长。
- **阻尼：**布料的弹性，影响在摆动或捕捉后其还原到基准位置所经历的时间。
- **摩擦力：**布料在其与自身或其他对象碰撞时抵制滑动的程度。
- **限制：**布料边可以压缩或折皱的程度。
- **刚度：**布料抵制压缩或折皱的程度。

“体积特性”卷展栏中各选项的含义如下。

- **启用气泡式行为：**模拟封闭体积，如轮胎或垫子。
- **压力：**充气布料对象的空气体积或坚固性。

“交互”卷展栏中各选项含义如下。

- **自相碰撞：**选中该复选框时，mCloth对象将尝试阻止自相交。
- **自厚度：**用于自碰撞的mCloth对象的厚度。如果布料自相交，则尝试增加该值。
- **刚体碰撞：**选中该复选框时，mCloth对象可以与模拟中的刚体碰撞。
- **厚度：**用于与模拟中的刚体碰撞的mCloth对象的厚度。如果其他刚体与布料相交，则尝试增加该值。
- **推刚体：**选中该复选框时，mCloth对象可以影响与其碰撞的刚体的运动。
- **推力：**mCloth对象对与其碰撞的刚体施加的推力的强度。

- **附加到碰撞对象：** 选中该复选框时，mCloth对象会黏附到与其碰撞的对象。
- **影响：** mCloth对象对其附加到的对象的影响。
- **分离后：** 与碰撞对象分离前布料的拉伸量。
- **高速精度：** 选中该复选框时，mCloth对象将使用更准确的碰撞检测方法。这样会降低模拟速度。

“撕裂”卷展栏中主要选项含义如下。

- **允许撕裂：** 选中该复选框时，布料中的预定义分割将在受到充足力的作用时撕裂。
- **撕裂后：** 布料边在撕裂前可以拉伸的量。
- **撕裂之前焊接：** 选择在出现撕裂之前 MassFX如何处理预定义撕裂。

“可视化”卷展栏中选项含义如下。

- **张力：** 启用时，通过顶点着色的方法显示纺织品中的压缩和张力。拉伸的布料以红色表示，压缩的布料以蓝色表示，其他以绿色表示。

“高级”卷展栏中选项含义如下。

- **抗拉伸：** 选中该复选框时，帮助防止低解算器迭代次数值的过度拉伸。
- **限制：** 允许过度拉伸的范围。
- **使用COM阻尼：** 影响阻尼，但使用质心，从而获得更硬的布料。
- **硬件加速：** 选中该复选框时，模拟将使用GPU。
- **解算器迭代：** 每个循环周期内解算器执行的迭代次数。使用较高值可以提高布料稳定性。
- **层次解算器迭代：** 层次解算器的迭代次数。
- **层次级别：** 力从一个顶点传播到相邻顶点的速度。增加该值可增加力在布料上扩散的速度。

5.2.3 创建约束

3ds Max中的MassFX约束可以限制刚体在模拟中的移动。约束辅助对象可以将两个刚体链接在一起，也可以将单个刚体锚定到全局空间的固定位置。约束组成了一个层次关系，子对象必须是动力学刚体，而父对象可以是动力学刚体、运动学刚体或为空（锚定到全局空间）。

MassFX工具栏提供了6种约束方式，分别是创建刚体约束、创建滑块约束、创建转枢约束、创建扭曲约束、创建通用约束、建立球和套管约束，如图5-13所示。

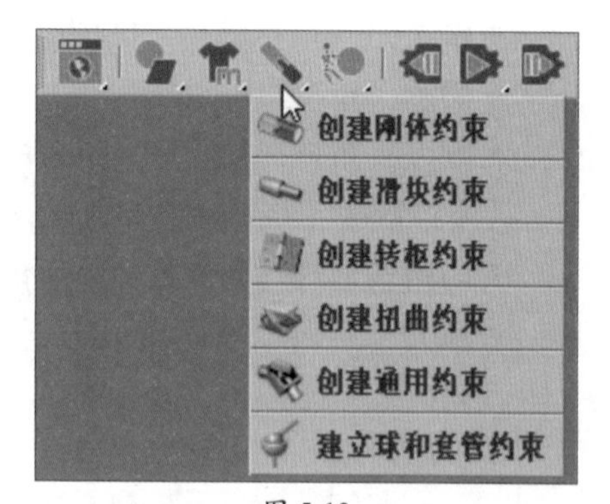

图 5-13

5.2.4 创建碎布玩偶

动画角色可以作为动力学和运动学刚体参与 MassFX 模拟。使用“动力学”选项，角色不仅可以影响模拟中的其他对象，也可以受其影响。使用“运动学”选项，角色可以影响模拟，但不受其影响。

要创建碎布玩偶，请选择一组链接的骨骼（包括Biped和骨骼链）中的任何骨骼，或参考骨骼的网格对象（应用了蒙皮修改器），调用“创建运动学碎布玩偶”或“创建动力学碎布玩偶”命令。其各个卷展栏如图5-14所示。

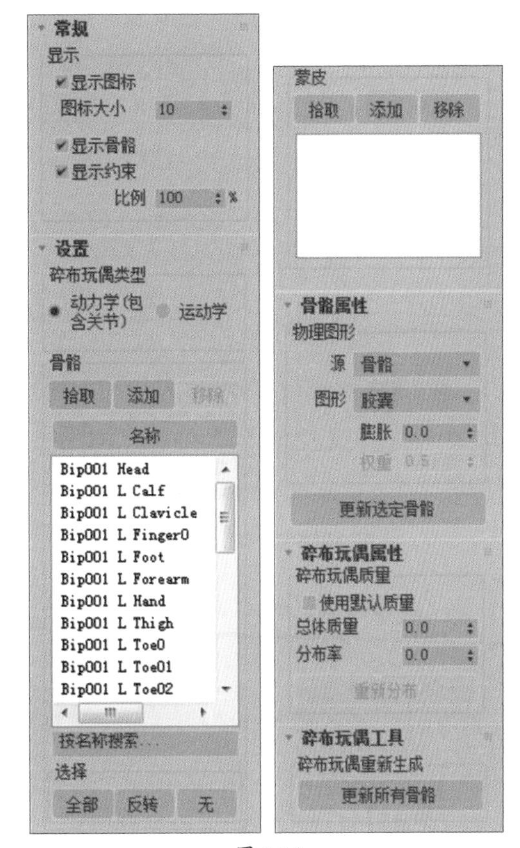

图 5-14

- **显示图标：**切换碎布玩对象的显示图标。
- **图标大小：**碎布玩偶辅助对象图标的显示大小。
- **显示骨骼：**切换骨骼物理图形的显示。
- **显示约束：**切换连接刚体的约束的显示。
- **比例：**约束的显示大小，增加此值可以更容易地在视口中选择约束。
- **碎布玩偶类型：**确定碎布玩偶如何参与模拟的步骤。
- **拾取：**将角色的骨骼与碎布玩偶关联。
- **移除：**取消骨骼列表中高亮显示的骨骼与碎布玩偶的关联。
- **拾取：**若要从视口中添加蒙皮网格，请单击“拾取”，然后选择应用了“蒙皮”修改器的网格。
- **源：**确定图形的大小，包括最大网格数和骨骼两个选择。
- **图形：**指定用于高亮显示的骨骼的物理图形类型、大小取决于“源”和“膨胀”设置。
- **膨胀：**展开物理图形使其超出顶点或骨骼的云的程度。
- **权重：**在蒙皮网格中查找关联顶点时，这是确定每个骨骼要包含的顶点时，与“蒙皮”修改器中的权重值相关的截止权重。
- **更新选定骨骼：**为列表中高亮显示的骨骼应用所有更改后的设置，然后重新生成其物理图形。
- **使用默认质量：**选中该复选框后，碎布玩偶中每个骨骼的质量为刚体中定义的质量。
- **总体质量：**整个碎布玩偶集合的模拟质量。
- **分布率：**使用“重新分布”时，此值将决定相邻刚体之间的最大质量分布率。
- **重新分布：**根据“总体质量”和“分布率”的值，重新计算碎步玩偶刚体组成成分的质量。
- **更新所有骨骼：**更改碎布玩偶设置后，单击更新所有骨骼按钮可将更改后的设置应用到整个碎布玩偶，无论列表中高亮显示哪些骨骼。

课堂实战 模拟球体撞击动画效果

本案例将利用本章所学的MassFX相关工具来模拟球体撞击的动画效果。具体操作步骤如下。

步骤 01 打开桌球场景素材，如图5-15所示。

图 5-15

步骤 02 打开MassFX工具栏，选择桌面模型，将其设置为静态刚体，如图5-16所示。

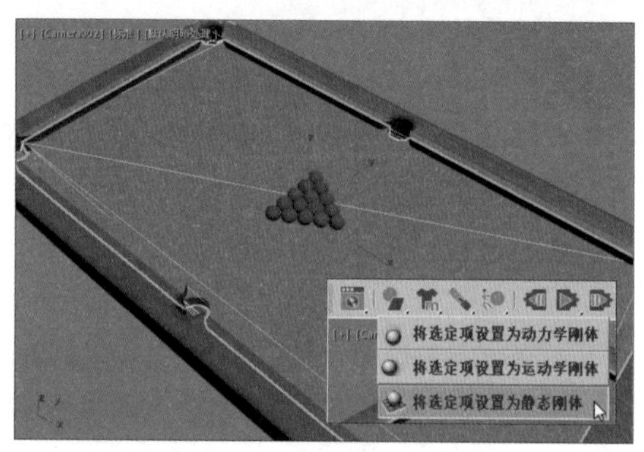

图 5-16

步骤 03 选择全部15个目标球模型，将其设置为动力学刚体，如图5-17所示。在“刚体属性”卷展栏中选中“在睡眠模式下启动”复选框，在“物理材质”卷展栏中设置质量、摩擦力及反弹力，如图5-18所示。

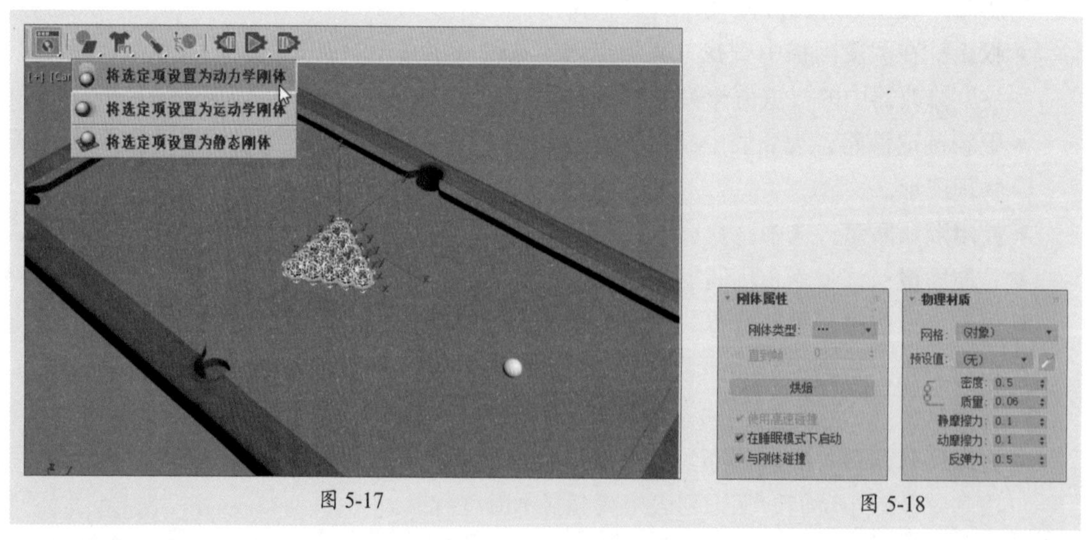

图 5-17

图 5-18

步骤 04 再选择白色的母球，将其设置为运动学刚体，如图5-19所示。在“物理材质”

卷展栏中设置摩擦力及反弹力，如图5-20所示。

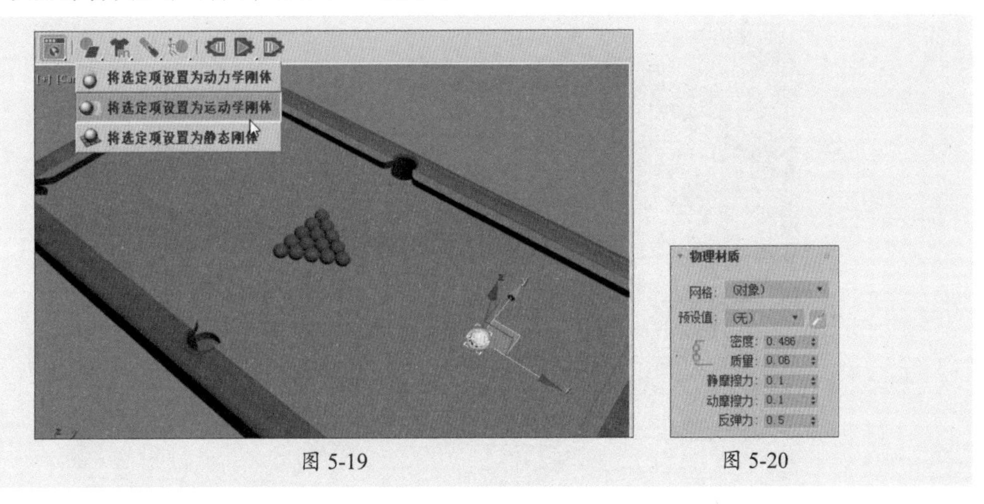

图 5-19　　图 5-20

步骤 05 选择母球模型，在动画控制区单击“自动关键点”按钮，拖动时间滑块到第30帧位置处，再将母球模型移动到合适位置，如图5-21所示。

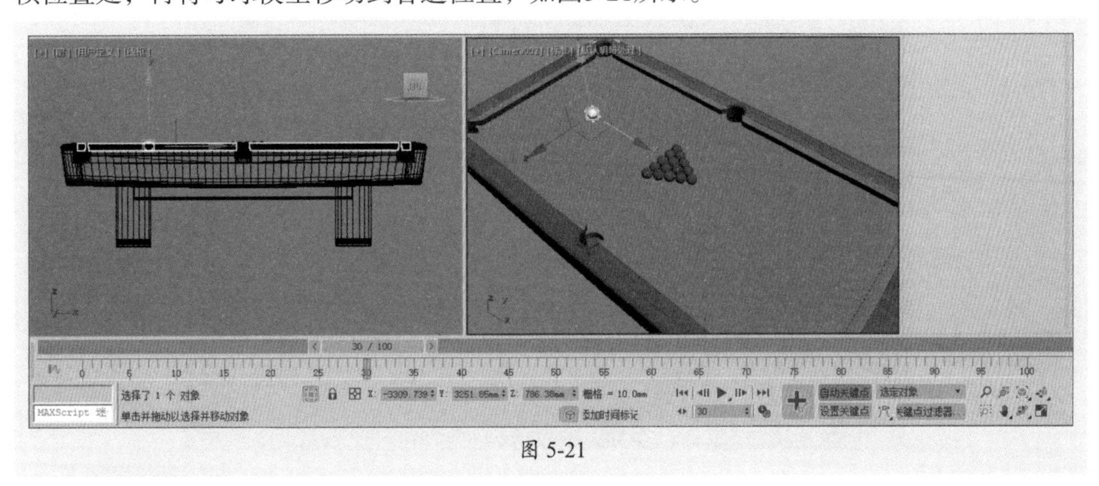

图 5-21

步骤 06 单击MassFX工具栏中的“开始模拟”按钮，观察动画效果，如图5-22所示。

步骤 07 母球到达目标点时的动作太过僵硬，这里选择母球模型，在“刚体属性”卷展栏中选中“直到帧”复选框，并设置参数为30，如图5-23所示。

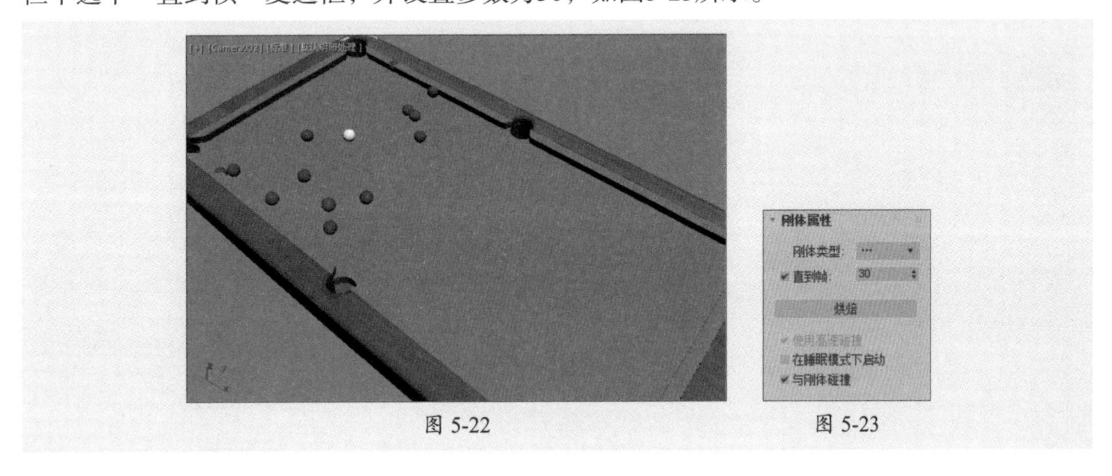

图 5-22　　图 5-23

步骤08 再次模拟动画，截取碰撞效果较好的结果，如图5-24所示。

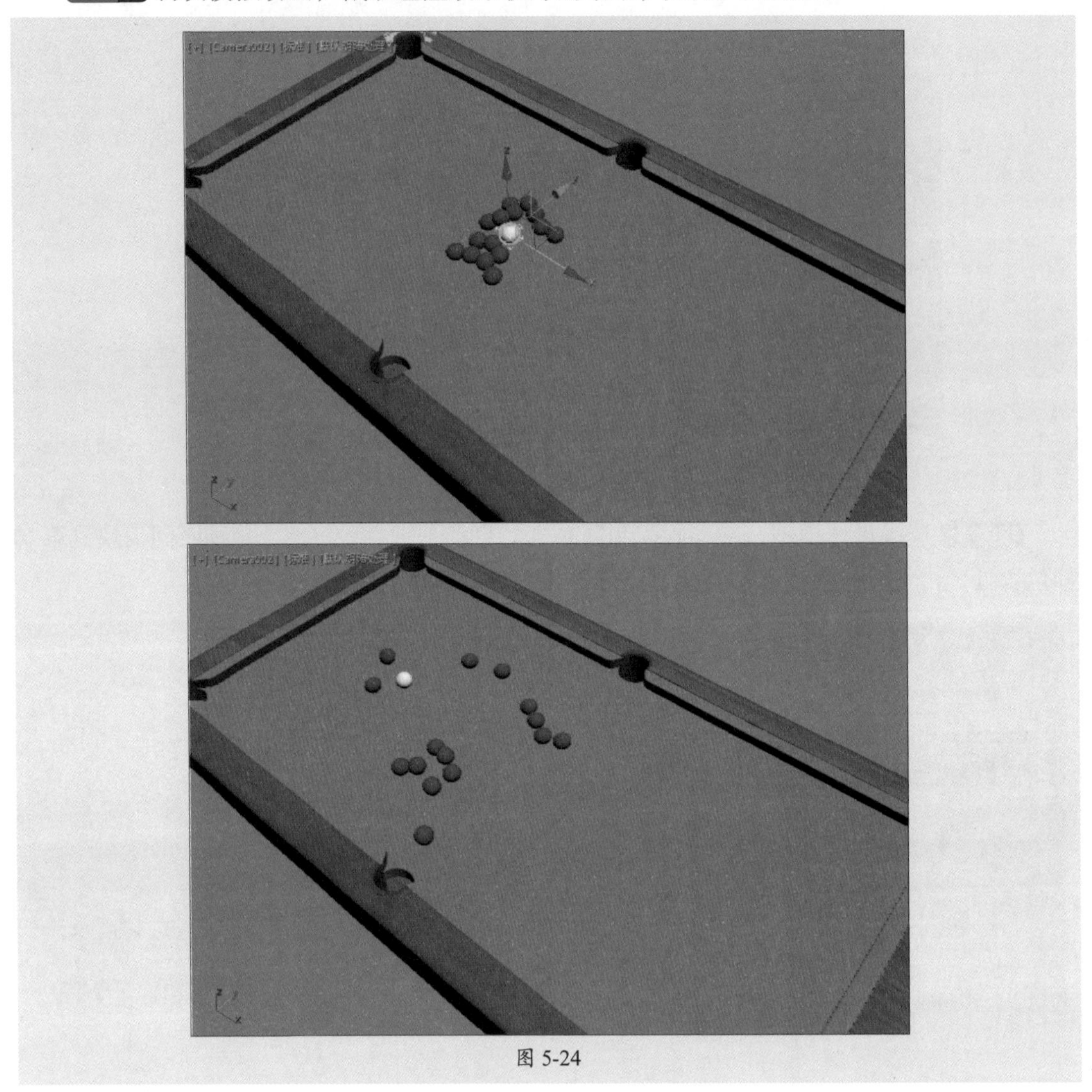

图 5-24

课后练习 模拟布条自然垂落效果

本练习将利用材质编辑器和MassFX工具面板中的命令来模拟布条垂落的动画效果，如图5-25所示。

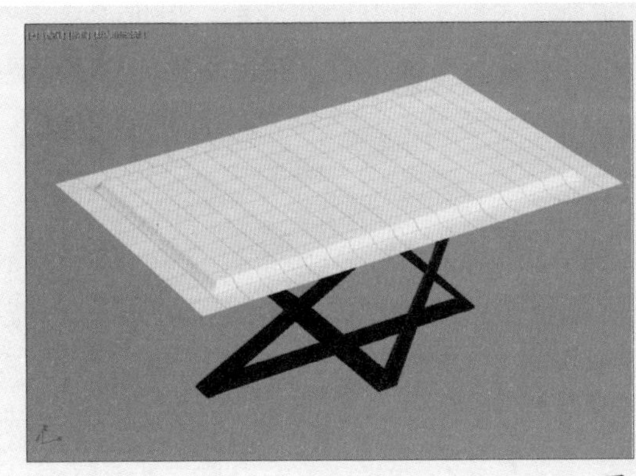

图 5-25

1. 技术要点

步骤 01 创建长方形的布条，利用材质编辑器命令为布条添加布纹材质。

步骤 02 利用MassFX工具中的“纺织品物理特性”命令来设置布条垂落动画参数。

2. 分步演示

分步演示效果如图5-26所示。

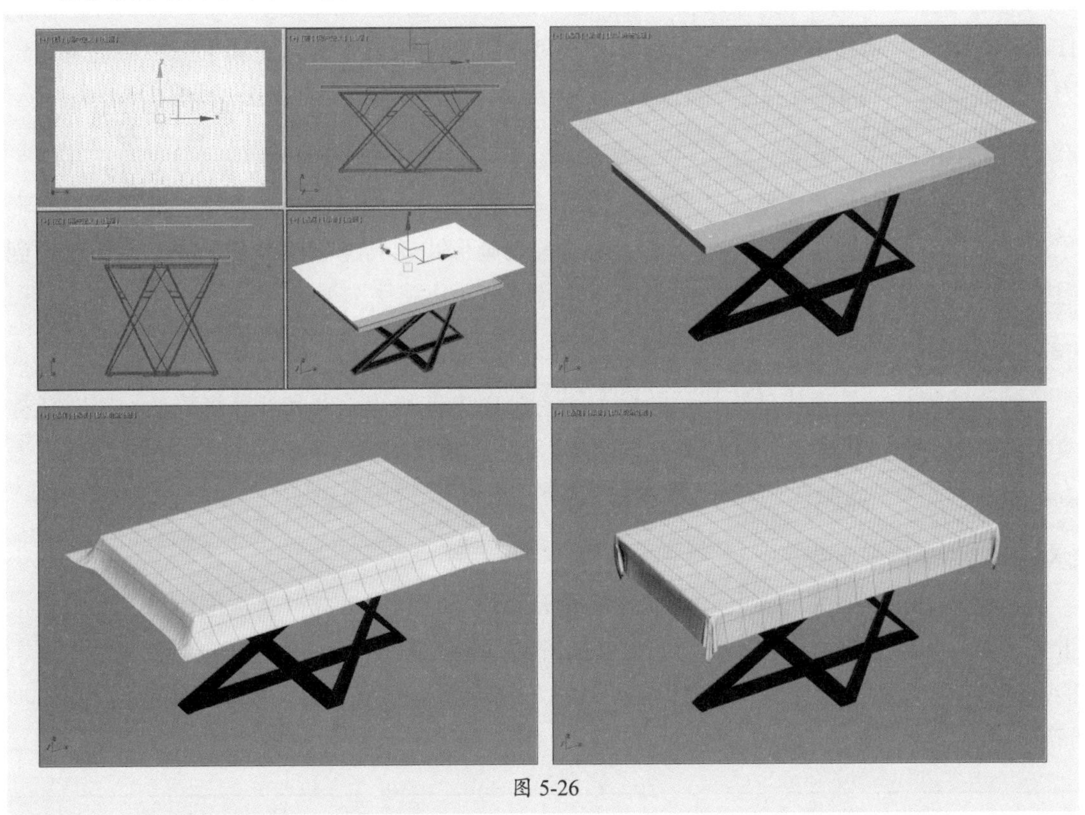

图 5-26

拓展赏析

丰富多样的动画表现技术

动画技术，作为视觉艺术的一种表现形式，通过连续的图像变化来创造动态的效果，从而讲述故事、表达情感。随着科技的进步，动画技术也不断发展和创新，出现了众多的动画表现形式。如定格动画、手绘动画、剪纸动画、粘土动画、动作捕捉动画、3D建模和渲染动画等。

1. 定格动画

定格动画是一种古老的动画技术，它通过逐帧拍摄静止的物体或场景，再将这些静态图像连续播放，形成动态的视觉效果。定格动画的物体可以是纸偶、木偶、玩具等，其独特的制作方式和视觉效果，使它在动画领域独树一帜。代表作品有《超级无敌掌门狗》《鬼妈妈》《了不起的狐狸爸爸》等。

2. 手绘动画

手绘动画又称传统动画，是动画艺术的基础。它通过手绘的方式，在纸张上逐帧绘制出动画的每一个画面。手绘动画风格多样，既可以是简洁明了的线条画，也可以是细致入微的写实画。每一帧画面都是艺术家用心绘制的作品，使手绘动画具有独特的艺术魅力。代表作品有《大闹天宫》《小蝌蚪找妈妈》《千与千寻》《你的名字》等。

3. 剪纸动画

剪纸动画是中国传统动画的一种形式。它以纸张为材料，通过剪纸、折纸等手法制作出各种形象的动画角色和场景。剪纸动画色彩鲜艳、形象生动，充满了民族特色和想象力。代表作品有《葫芦兄弟》《渔童》《猴子捞月》等。

4. 粘土动画

粘土动画，则是利用粘土或其他软性材料制作出动画角色和场景。粘土动画的角色形象通常较为夸张，动作也更为灵活多变。这种动画形式既具趣味性，又展现了制作者的创意技巧。代表作品有《阿凡提的故事》《小羊肖恩》《小鸡快跑》等。

5. 动作捕捉技术

动作捕捉技术是现代动画特效的代表。它利用先进的传感器和计算机算法，实时捕捉真实演员的动作，并将其转化为数字模型的运动。这种技术使动画角色的动作更加自然、逼真，为观众带来了更加真实的视觉体验。代表作品有《指环王》《阿凡达》《金刚》等。

6. 3D 建模和渲染动画

3D建模和渲染技术是现代动画制作的重要手段。它利用计算机技术创建出三维的虚拟世界和角色，再通过渲染技术赋予它们真实的材质和光影效果。3D动画的画面效果逼真，能呈现更加丰富的视觉体验。代表作品有《疯狂原始人》《卑鄙的我》《冰河世纪》。

第6章

粒子系统和空间扭曲

内容导读

3ds Max的粒子系统和空间扭曲工具主要用来模拟和创建各种自然现象和特殊效果。利用粒子系统可模拟出各种自然界现象，如火花、烟雾、水流、爆炸等。空间扭曲工具则用于修改或增强粒子系统所模拟的对象效果。例如，添加风力空间扭曲，可使粒子产生偏移，从而模拟出风吹动的效果。本章将对粒子系统和空间扭曲这两个工具的使用方法进行说明。

思维导图

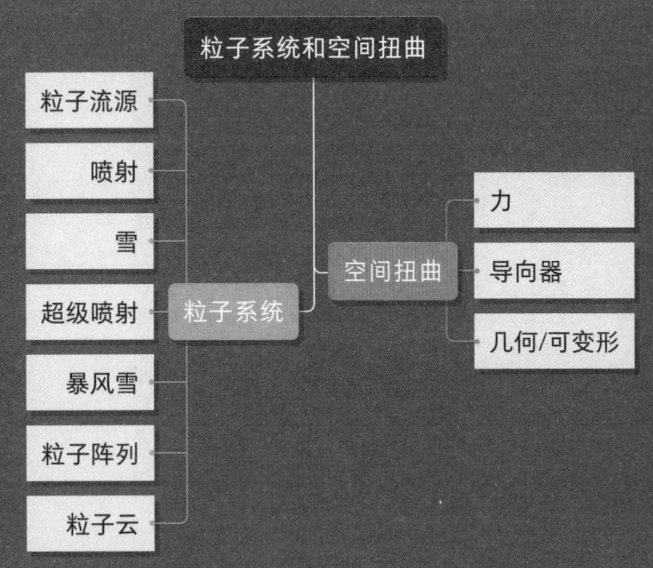

6.1 粒子系统

在创建面板中可以看到，粒子系统共包含7种类型，分别是粒子流源、喷射、雪、超级喷射、暴风雪、粒子阵列和粒子云，如图6-1所示。通常又把粒子系统分为基本粒子系统和高级粒子系统，其中粒子流源、喷射和雪是基本粒子系统，其他4种类型属于高级粒子系统。

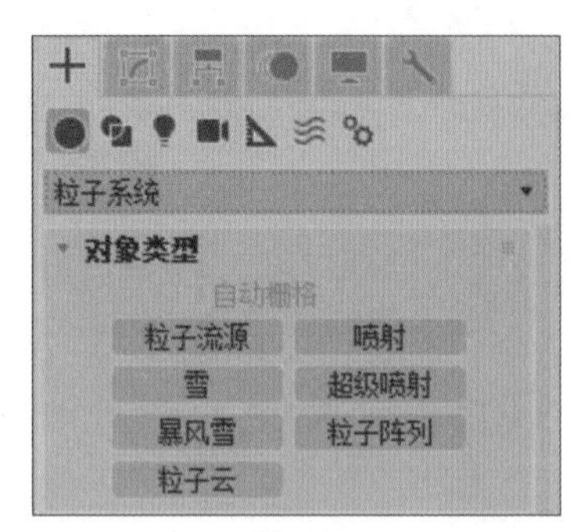

图 6-1

案例解析：创建粒子文字特效

本案例将利用“粒子流源”工具来创建一个粒子文字动画特效。具体操作步骤如下。

步骤 01 在“样条线”创建面板单击“文本”按钮，创建文本，并在“参数”卷展栏中设置文本内容、字体、高度等参数，如图6-2所示。

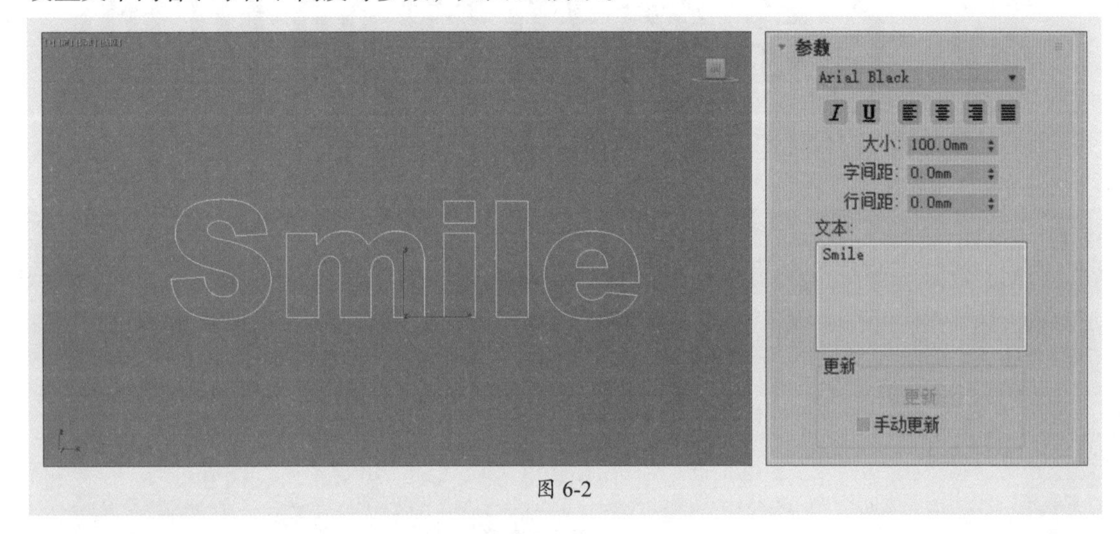

图 6-2

步骤 02 为文本对象添加“倒角”修改器，在“倒角值”卷展栏中设置参数，如图6-3所示。

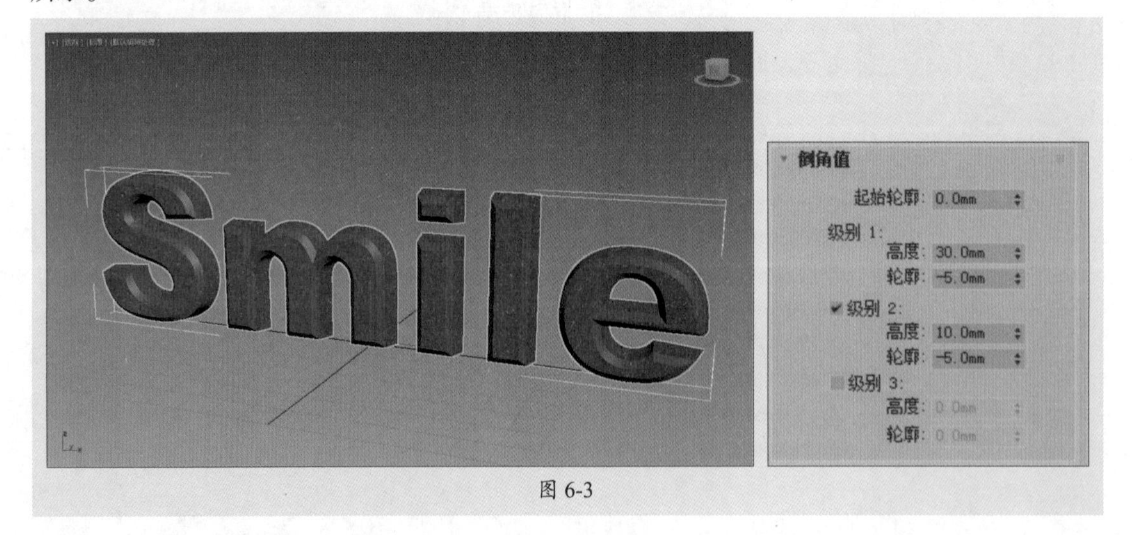

图 6-3

步骤03 在“粒子系统”面板中单击“粒子流源”按钮，然后在“设置”卷展栏单击“粒子视图”按钮，打开“粒子视图”面板，如图6-4所示。

步骤04 从下方仓库列表选择“标准流”选项并将其拖入上方视口，如图6-5所示。

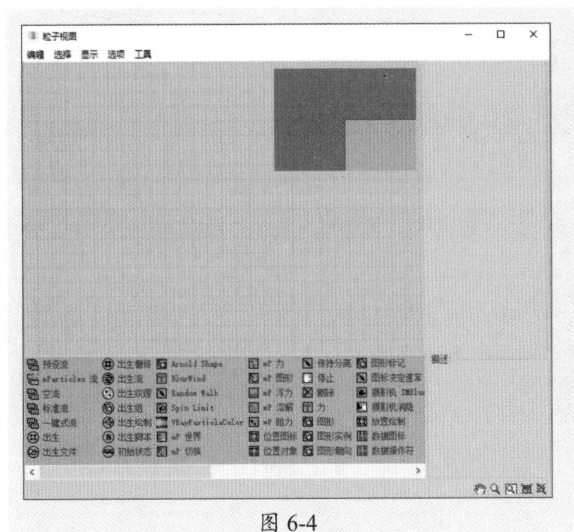

图 6-4

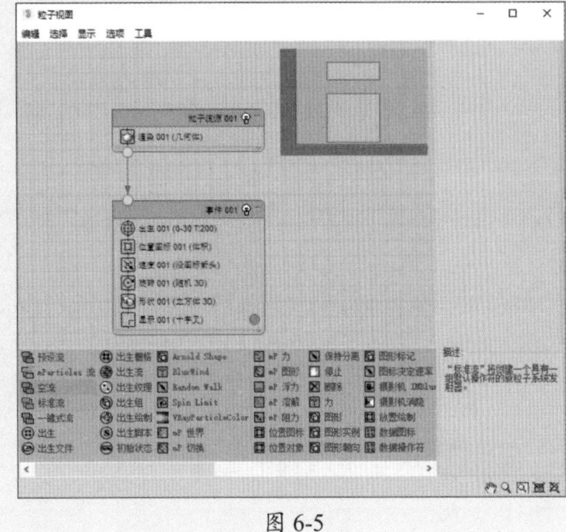

图 6-5

步骤05 在视图区选择粒子流源发射器图标，调整位置，如图6-6所示。

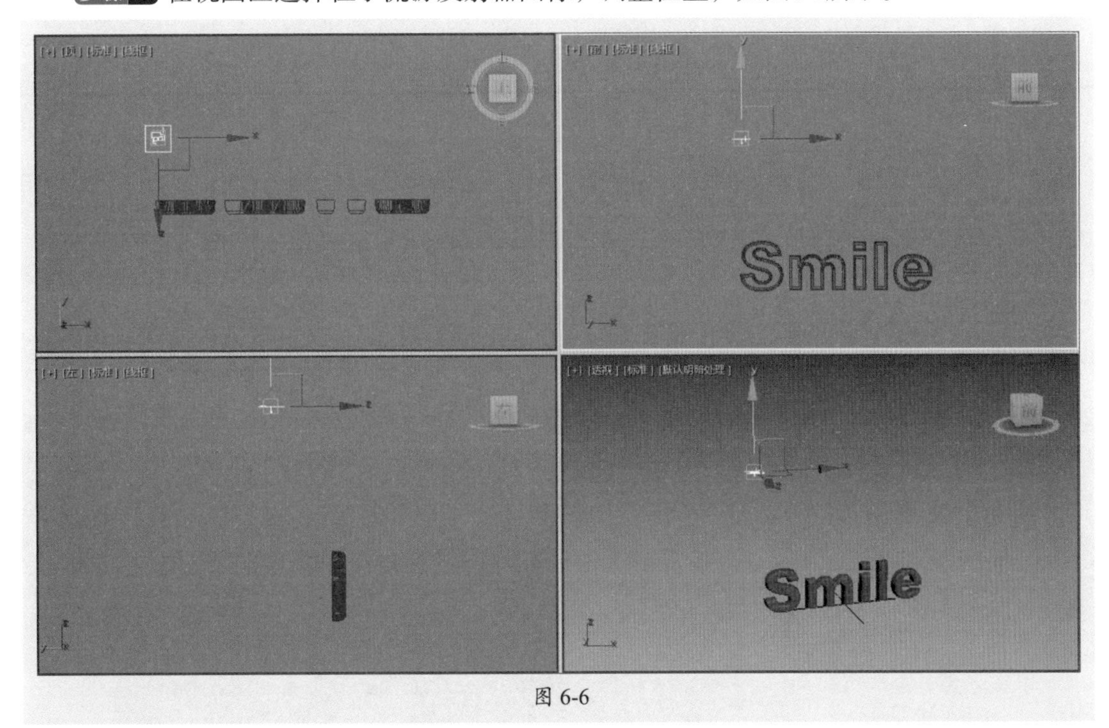

图 6-6

步骤06 在“粒子视图”面板的视口中单击“出生”事件图标，在右侧的参数面板设置“发射停止”和“数量”参数，如图6-7所示。

步骤07 拖动时间滑块，可以看到粒子的发射效果，如图6-8所示。

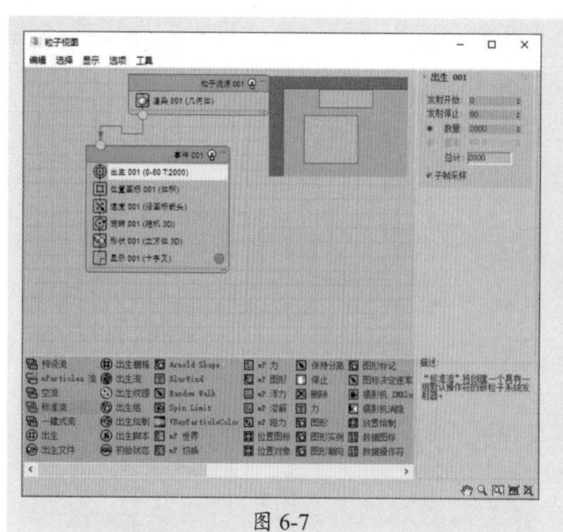

图 6-7

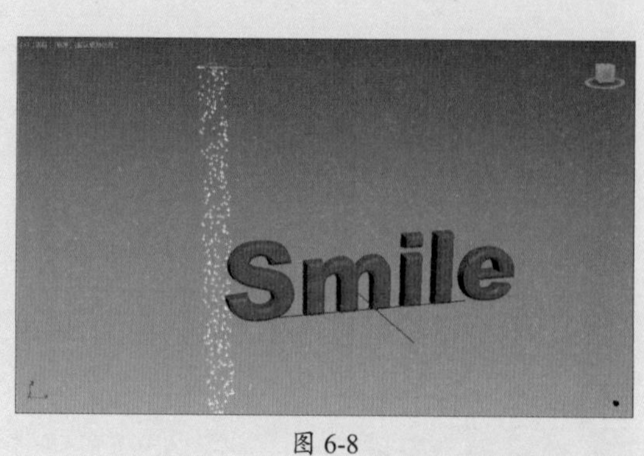

图 6-8

步骤 08 从仓库列表中选择“查找目标”时间并将其拖入“事件001”面板，如图6-9、图6-10所示。

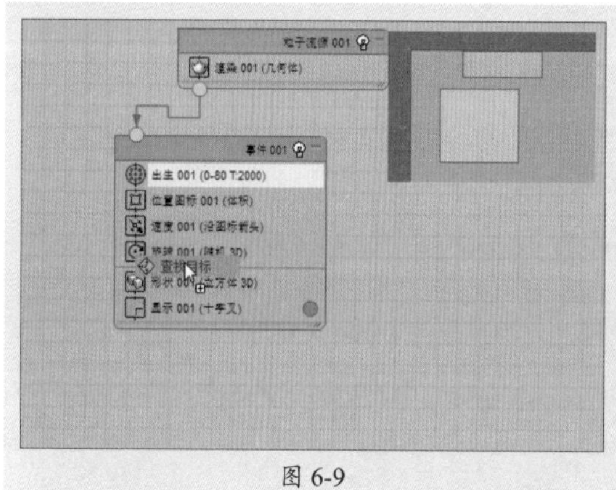

图 6-9

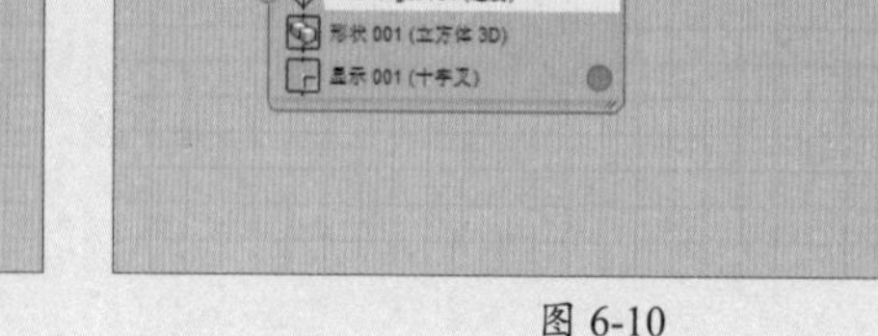

图 6-10

步骤 09 选择新插入的事件，在右侧参数面板的“目标”选项组中选择“网格对象”选项，然后单击“添加”按钮，在视图区单击拾取文本对象，如图6-11所示。

步骤 10 拖动时间滑块，观察粒子发射效果，如图6-12所示。

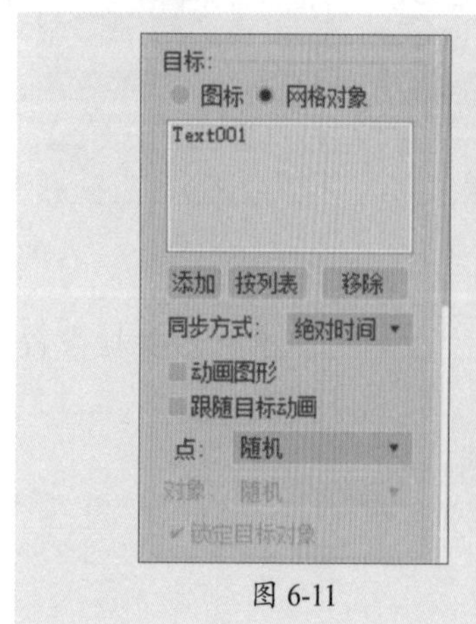

图 6-11

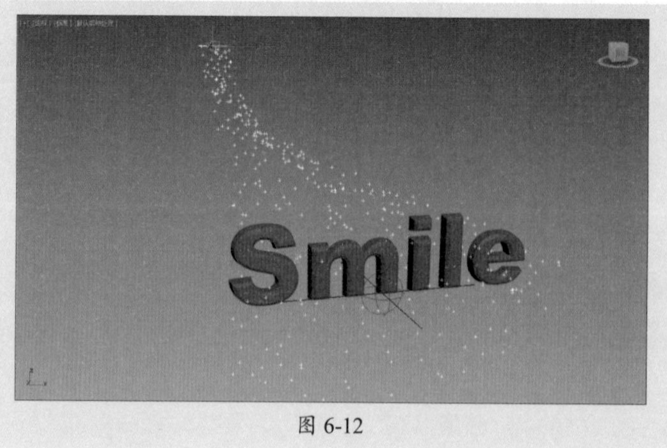

图 6-12

步骤 11 从仓库列表中选择“锁定/粘着”选项并拖入视口空白处作为“事件002”，如图6-13所示。

步骤 12 选择“查找目标”事件，将其链接到“锁定/粘着”事件，如图6-14所示。

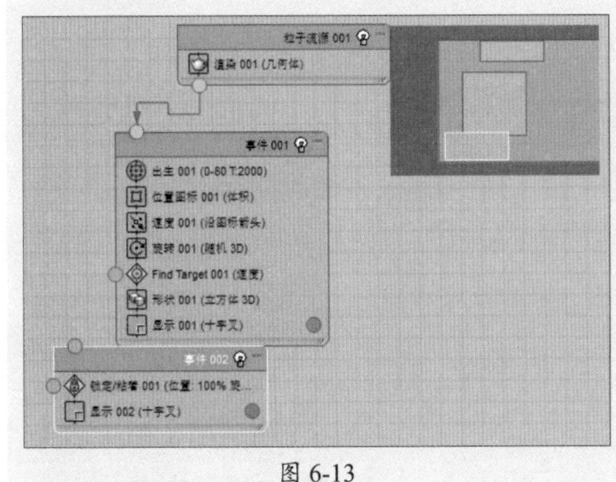

图 6-13

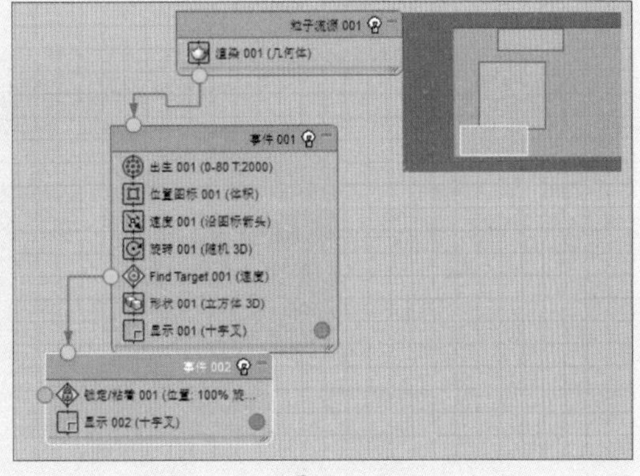

图 6-14

步骤 13 再选择“锁定/粘着”事件，在参数面板中单击“添加”按钮，单击拾取文本对象，如图6-15所示。

步骤 14 拖动时间滑块，预览粒子发射效果，可以看到发射出的粒子已经全部附着到文本模型上，如图6-16所示。

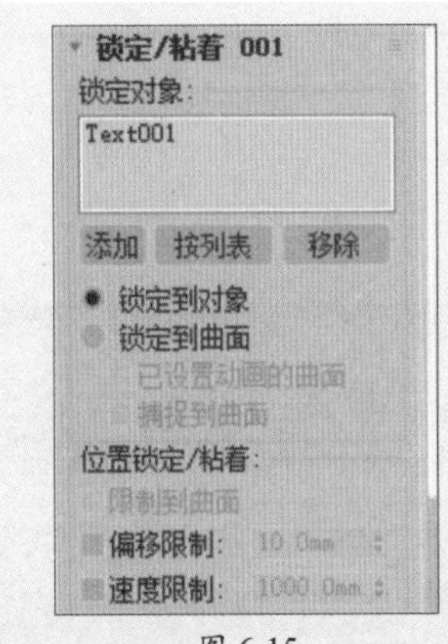

图 6-15

图 6-16

步骤 15 在“标准几何体”面板中单击“球体”按钮，创建半径为2mm的球体，如图6-17所示。

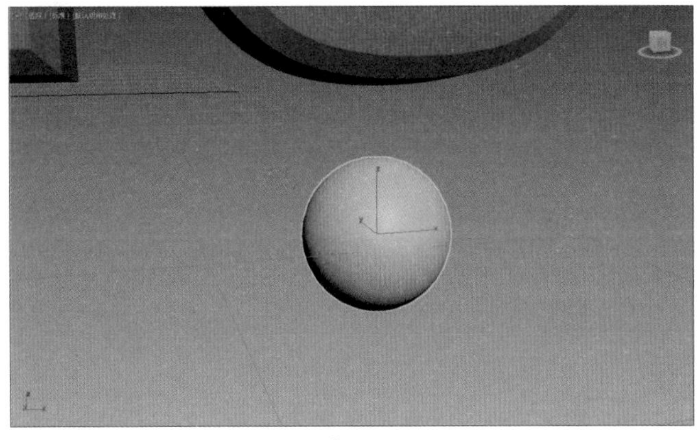

图 6-17

步骤 16 从仓库列表中选择“图形实例”选项添加到“事件002”列表中，如图6-18所示。

步骤 17 选择该事件，在右侧参数面板单击“无”按钮，在视图区单击拾取新创建的球体作为粒子几何体对象，如图6-19所示。

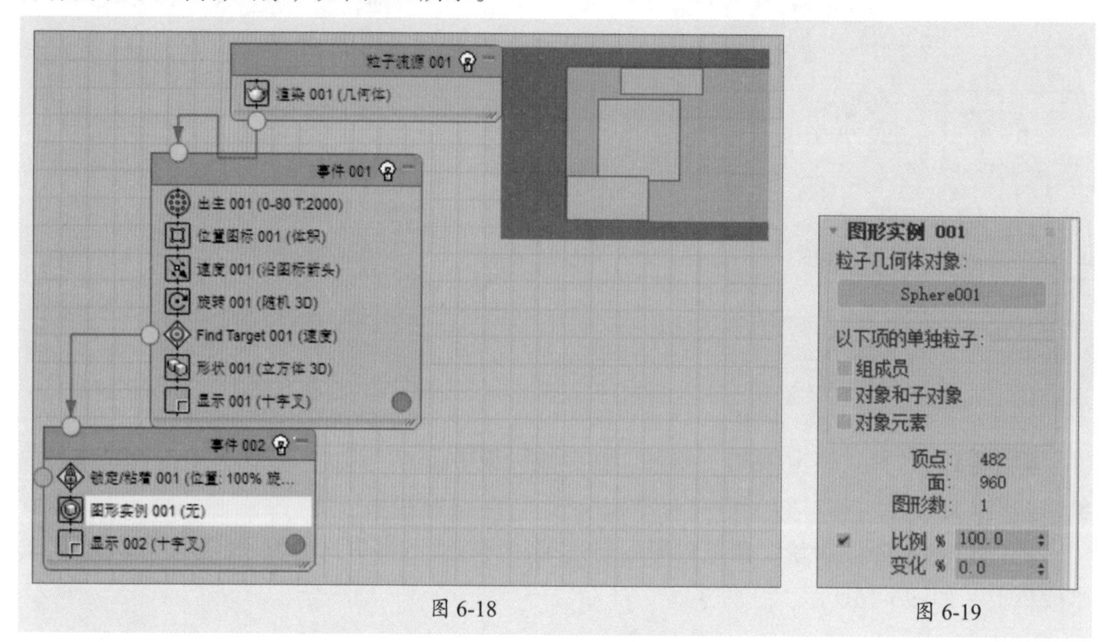

图 6-18　　图 6-19

步骤 18 选择“显示002”事件，在参数面板中设置显示类型为“几何体”，如图6-20所示。

步骤 19 拖动时间线滑块，可以看到粒子发射效果，如图6-21所示。

图 6-20　　图 6-21

步骤 20 选择“图形实例”事件，在参数面板中设置“比例”和“变化”参数，如图6-22所示。

步骤 21 拖动时间滑块，粒子发射效果如图6-23所示。

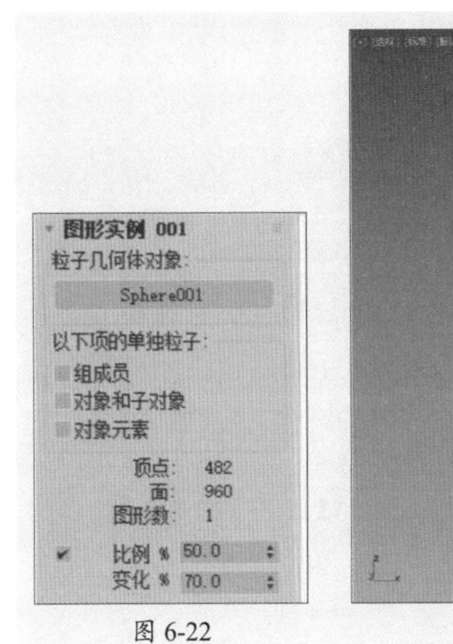

图 6-22

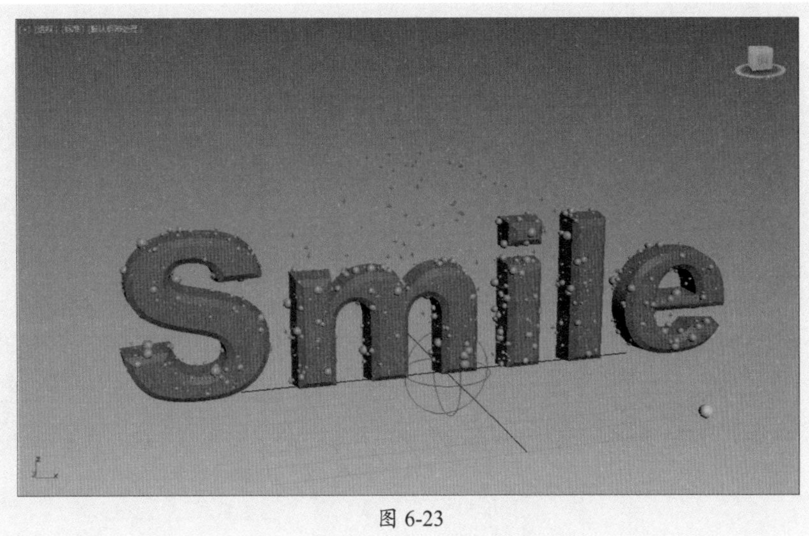

图 6-23

步骤22 在“事件001”面板中选择“出生”选项，在面板中重新设置“数量”，如图6-24所示。

步骤23 隐藏文本模型和球体模型，再拖动时间线滑块，粒子发射效果如图6-25所示。

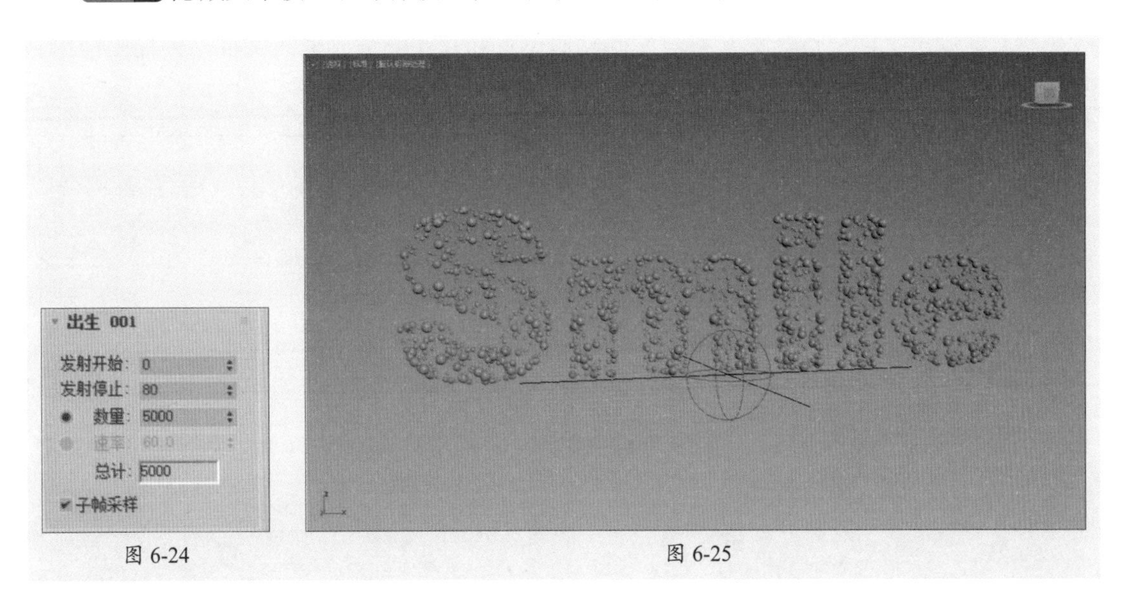

图 6-24　　图 6-25

步骤24 在动画控制栏中单击“时间配置”按钮，打开“时间配置”对话框，设置动画“结束时间”为120，如图6-26所示。

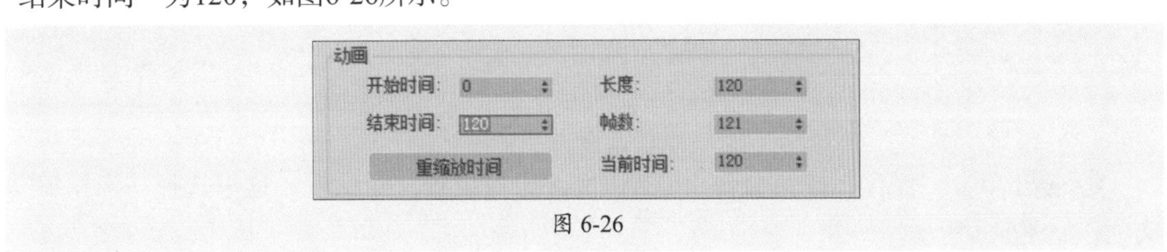

图 6-26

步骤25 打开“渲染设置”面板，在“公用参数”卷展栏中设置“时间输出”类型为

“范围”，并输入活动时间段为0帧到120帧位置处，再设置输出类型为“HDTV（视频）”，如图6-27所示。

图 6-27

步骤 26 在“渲染输出”属性组中，选中“保存文件”复选框，再单击“文件”按钮，打开“渲染输出文件”对话框，指定文件存储位置和存储类型，输入文件名，如图6-28、图6-29所示。

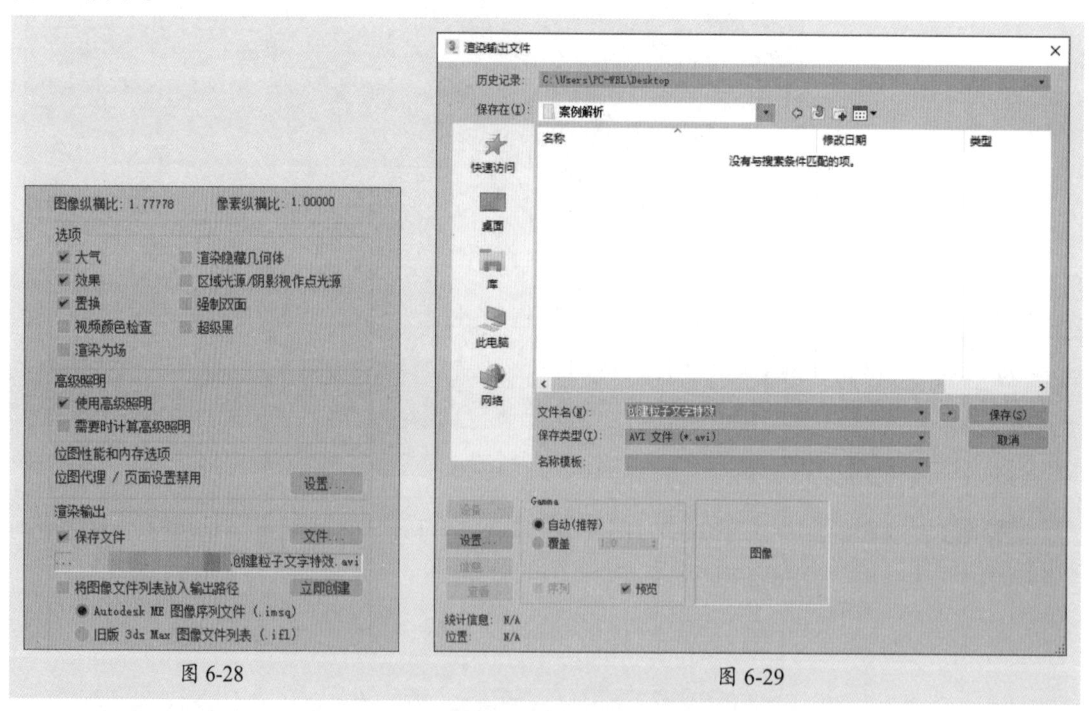

图 6-28　　　　图 6-29

步骤 27 单击“保存”按钮会弹出“AVI文件压缩设置”对话框，这里选择“未压缩”选项，如图6-30所示。

步骤 28 单击“确定”按钮关闭对话框，在“渲染设置”面板中单击“渲染”按钮，即可渲染输出动画文件，如图6-31所示。

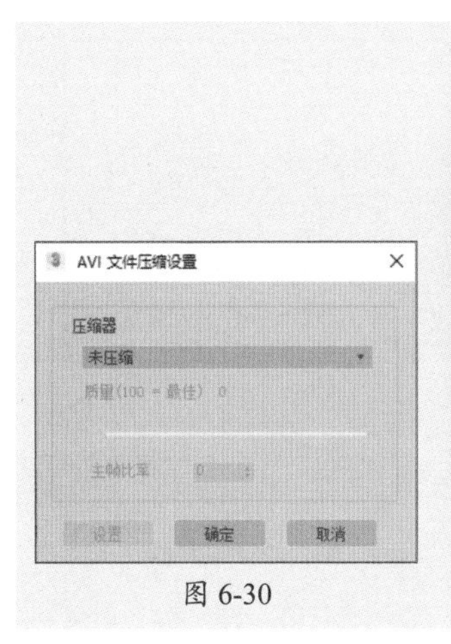

图 6-30

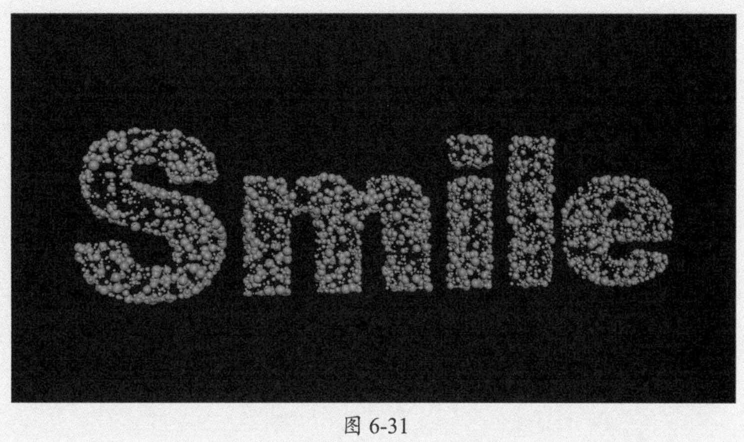

图 6-31

6.1.1 粒子流源

粒子流源是一种事件驱动型的粒子系统，包含一个特定的发射器，每个粒子系统可以由多个不同的粒子流组成，而这些粒子流都拥有各自不同的发射器。与其他粒子系统不同的一点是粒子流源系统有一种事件触发类型的粒子系统，也就是说它生成的粒子状态可以由其他事件引发而进行改变，这个特性极大地增强了粒子系统的可控性。从效果上来说，它可以制作出千变万化、真实异常的粒子喷射场景。

粒子流源系统参数面板包括“设置”“发射”“选择”“系统管理”“脚本”共5个卷展栏，如图6-32所示。

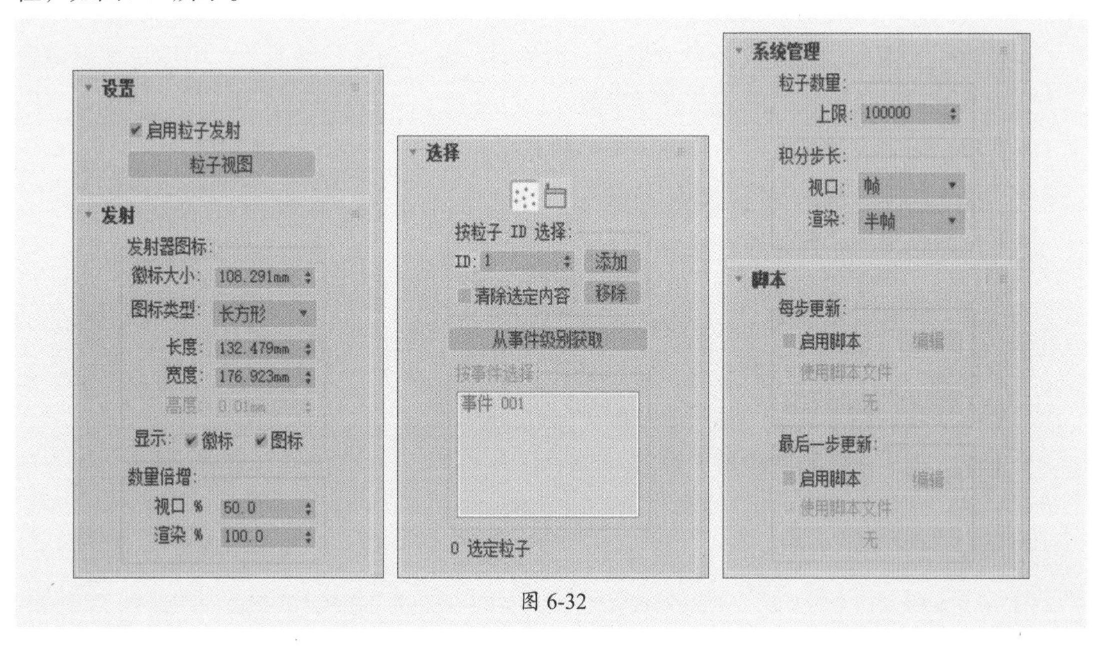

图 6-32

- **启用粒子发射：** 选中该复选框后，系统中设置的粒子视图才发生作用。
- **“粒子视图”：** 单击该按钮可以打开“粒子视图”对话框，如图6-33所示。该对话框主要用于设置事件驱动模型，以便实现粒子属性和行为方面的设置更改，是创建修改粒子系统的主要用户界面。

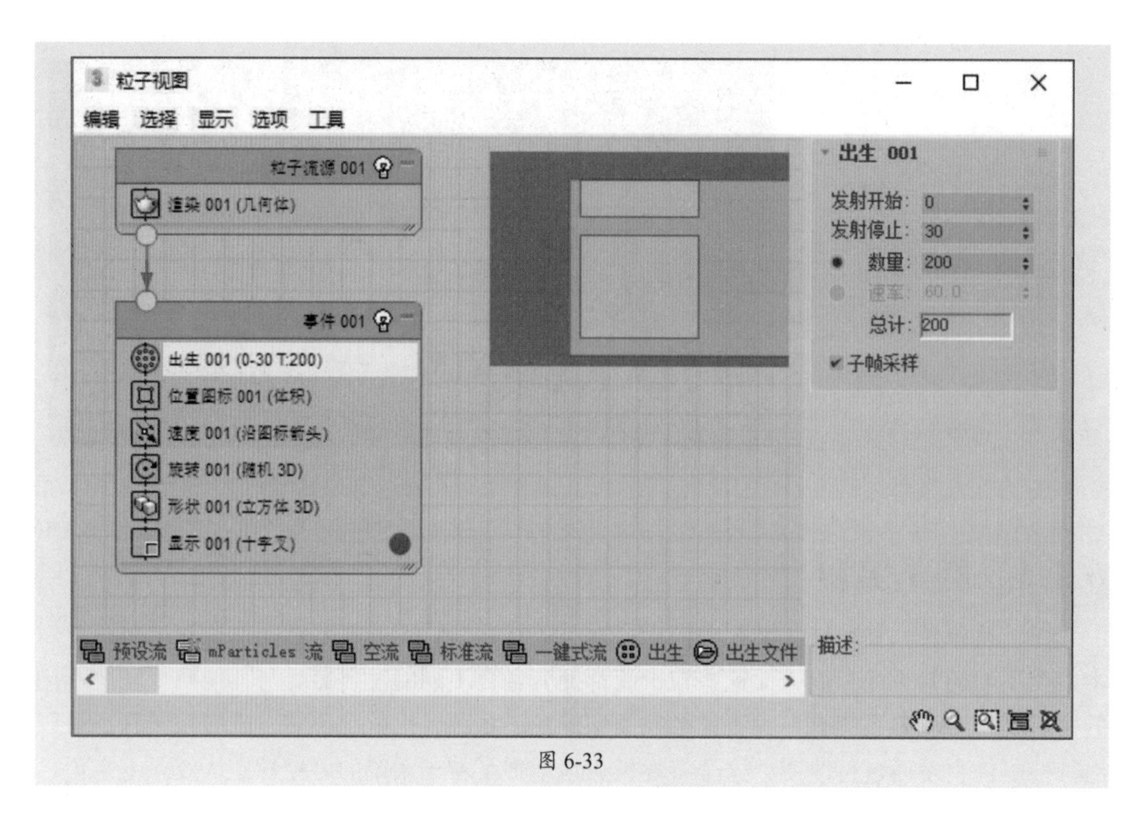

图 6-33

- **徽标大小：** 用于设置发射器中间选用的循环标记的大小。
- **图标类型：** 主要用来设置图标在视图中的显示方式，有长方形、长方体、圆形和球体4种方式，默认为长方形。
- **长度：** 当图标类型设置为长方形或长方体时，显示的是长度参数；当图标类型设置为圆形或球体时，显示的是直径参数。
- **宽度：** 用来设置长方形和长方体图标的宽度。
- **高度：** 用来设置长方体图标的高度。
- **显示：** 主要用来控制是否显示徽标或图标。
- **视口%：** 主要用来设置视图中显示的粒子数量，该参数的值不会影响最终渲染的粒子数量，其取值范围为0~10000。
- **渲染%：** 主要用来设置最终渲染的粒子的数量百分比，该参数的大小会直接影响到最终渲染的粒子数量，其取值范围为0~10000。
- **上限：** 用来限制粒子的最大数量。

操作提示

粒子流源虽然不是模型对象，但是也可以被赋予材质。用户可以通过在事件中添加“材质静态”来加载并赋予材质，还可以在事件中添加很多操作符事件，如力、删除等。

6.1.2 喷射

喷射是最简单的粒子系统，如果充分掌握喷射粒子系统的使用，我们同样可以创建出许多特效，如喷泉、降雨等效果。喷射粒子系统参数设置如图6-34所示。

- **视口计数/渲染计数：** 设置视图中显示的最大粒子数量/最终渲染的数量。
- **水滴大小：** 设置粒子的大小。
- **速度：** 设置每个粒子离开发射器时的初始速度。
- **变化：** 控制粒子初始速度和方向。
- **水滴/圆点/十字叉：** 设置粒子在视图中的显示方式。
- **四面体/面：** 将粒子渲染为四面体或面。
- **开始：** 设置第1个出现的粒子的帧的编号。
- **寿命：** 设置每个粒子的寿命。
- **出生速率：** 设置每一帧产生的新粒子数。
- **恒定：** 启用该选项后，“出生速率”选项将不可用，此时的“出生速率”等于最大可持续速率。
- **宽度/长度：** 设置发射器的宽度和长度。
- **隐藏：** 选中该复选框后，发射器将不会显示在视图中。

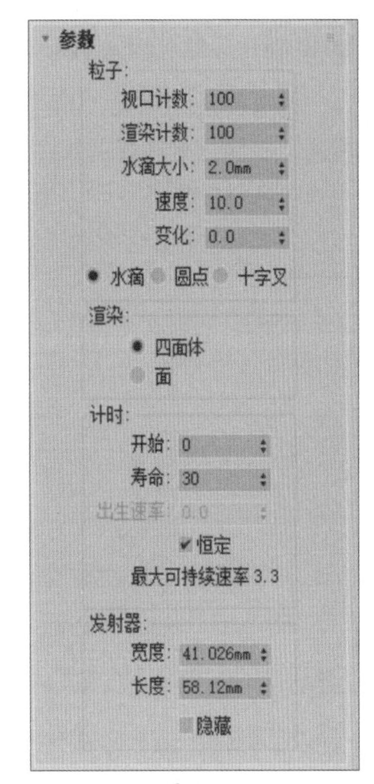

图 6-34

6.1.3 雪

雪粒子系统主要用于模拟下雪和乱飞的纸屑等柔软的小片物体。其参数与喷射粒子很相似，区别在于雪粒子自身的运动。换句话说，雪粒子在下落的过程中自身可不停地翻滚，而喷射粒子是没有这个功能的。

雪粒子系统不仅可以用来模拟下雪，还可以将多维材质指定给它，从而产生五彩缤纷的碎片落下的效果，常用来增加节日气氛。雪粒子系统参数设置如图6-35所示。

- **雪花大小：** 设置粒子的大小。
- **翻滚：** 设置雪花粒子的随机旋转量。
- **翻滚速率：** 设置雪花的旋转速度。
- **雪花/圆点/十字叉：** 设置粒子在视图中的显示方式，可设置雪粒子的形状为雪花形状、圆点形状或者十字叉形状。
- **六角形：** 将粒子渲染为六角形。
- **三角形：** 将粒子渲染为三角形。
- **面：** 将粒子渲染为正方形面。

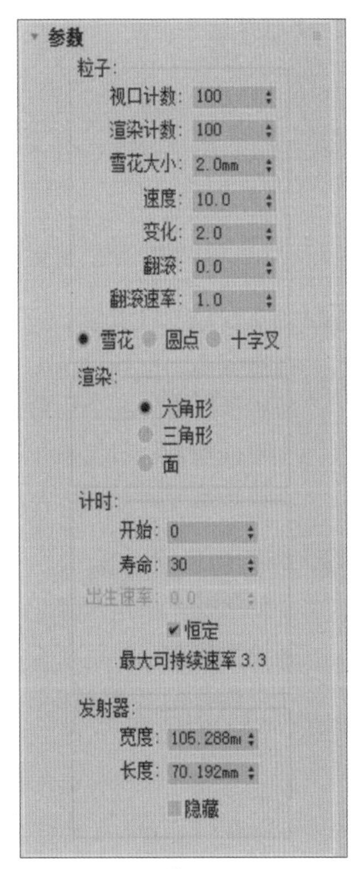

图 6-35

6.1.4 超级喷射

超级喷射是喷射的增强粒子系统，可以提供准确的粒子流。与喷射粒子的参数基本相同，不同之处在于超级喷射自动从图标的中心喷射而出，并不需要发射器。超级喷射用来模仿大量的群体运动，电影中常见的奔跑的恐龙群、蚂蚁奇兵等都可以用此粒子系统制作。超级喷射粒子系统参数设置如图6-36所示。

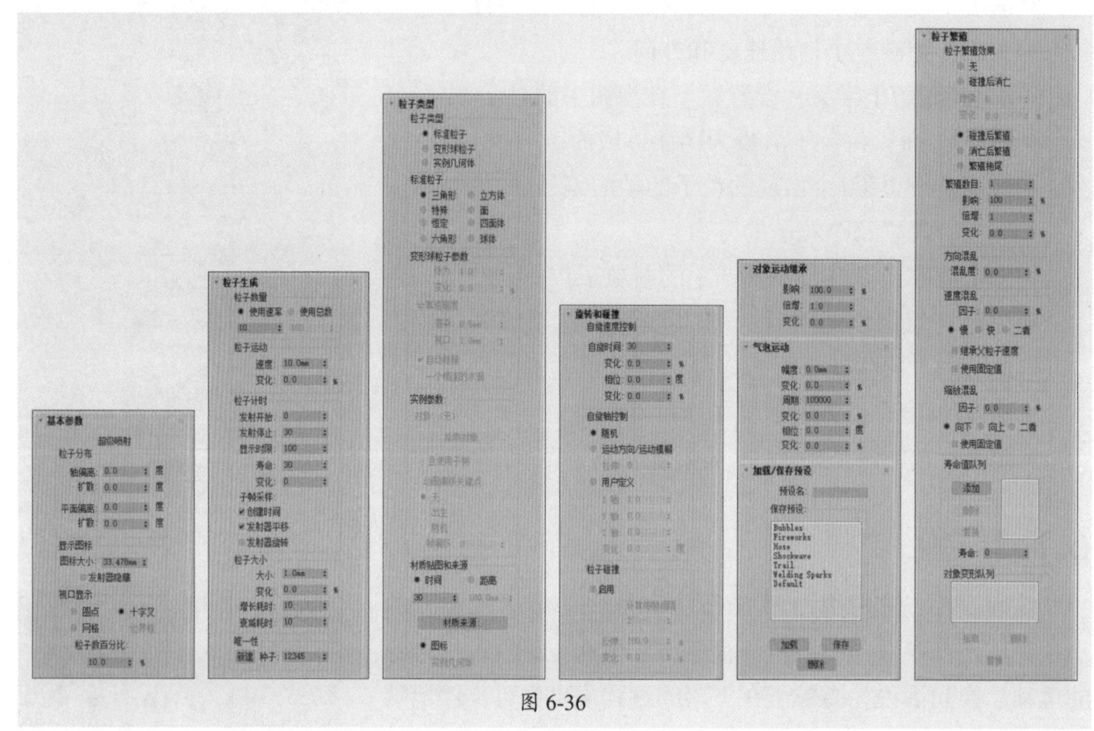

图 6-36

超级喷射、暴风雪、粒子阵列和粒子云都属于高级粒子系统，其参数设置面板都比较类似，在此以超级喷射粒子系统为例，对各卷展栏中参数作用进行介绍。

1. “基本参数”卷展栏

- **轴偏离：** 设置粒子喷射方向沿x轴所在平面偏离z轴的角度，以产生斜向喷射效果。
- **扩散：** 设置粒子远离发射向量的扩散量。
- **平面偏离：** 设置粒子喷射方向偏离发射平面的角度，其下方的扩散编辑框用于设置粒子从发射平面散开的角度，以产生空间喷射效果。

2. “粒子生成”卷展栏

- **使用速率：** 指定每一帧发射的固定粒子数。
- **使用总数：** 指定在寿命范围内产生的总粒子数。
- **发射开始/发射停止：** 这两个编辑框用于设置粒子系统开始发射粒子的时间和结束发射粒子的时间。
- **显示时限：** 设置所有粒子将要消失的帧。
- **变化：** 设置每个粒子的发射速度应用的变化百分比。
- **子帧采样：** 该选项组中的复选框用于避免产生粒子堆积现象。其中，创建时间用于避免粒子生成时间间隔过短造成粒子的堆积；发射器平移用于避免平移发射器造成的粒子堆积；发射器旋转用于避免旋转发射器造成的粒子堆积。

- **大小：** 根据粒子的类型来指定所有粒子的目标大小。
- **变化：** 设置每个粒子的寿命可以从标准值变化的帧数。
- **增长耗时/衰减耗时：** 设置粒子由0增长到最大所需的时间。
- **种子：** 设置特定的种子值。

3. "粒子类型"卷展栏

- **粒子类型：** 用于设置粒子的类型，包括标准粒子、变形球粒子、实例几何体三种。
- **标准粒子：** 用于设置标准粒子的渲染方式，包括三角形、立方体、特殊、面、恒定、四面体、六角形、球形共8种。
- **变形球粒子参数：** 该选项组中的参数用于设置变形球粒子渲染时的效果。
- **实例参数：** 设置该选项组中的参数可指定一个物体作为粒子的渲染形状。
- **材质贴图和来源：** 该选项组中的参数用于设置粒子系统使用的贴图方式和材质来源。

4. "旋转和碰撞"卷展栏

- **自旋时间/变化：** 设置粒子自旋一周所需的帧数，以及各粒子自旋时间随机变化的最大百分比。
- **相位/变化：** 设置粒子自旋转的初始角度，以及各粒子自旋转初始角度随机变化的最大百分比。
- **自旋轴控制：** 该选项组中的参数用于设置各粒子自转轴的方向。
- **粒子碰撞：** 该选项组中的参数用于设置粒子间的碰撞效果。

5. "对象运动继承"卷展栏

当粒子发射器在场景中运动时，生成粒子的运动将受其影响。卷展栏中的参数用于设置具体的影响程度。

- **影响：** 设置影响程度。
- **倍增：** 用于增加这种影响的程度。
- **变化：** 用于设置倍增值随机变化的最大百分比。

6. "气泡运动"卷展栏

- **幅度/变化：** 用于设置粒子因气泡运动偏离正常轨迹的幅度及随机变化比例。
- **周期/变化：** 用于设置粒子完成一次摇摆晃动所需的时间及随机变化比例。
- **相位/变化：** 用于设置粒子摇摆的初始相位及随机变化比例。

7. "粒子繁殖"卷展栏

- **粒子繁殖效果：** 该选项组中的参数用于设置粒子在消亡或导向器碰撞后是否繁殖新的粒子。
- **方向混乱：** 设置繁殖生成新粒子的运动方向相对于原始粒子运动方向随机变化的最大百分比。
- **速度混乱：** 该选项组中的参数用于设置繁殖生成新粒子运动速度的变化程度。

- **缩放混乱：**该选项组中的参数用于设置繁殖生成新粒子的大小相对于原始粒子大小的缩放变化程度。
- **寿命值队列：**该选项组中的参数用于设置繁殖生成新粒子的寿命。
- **对象变形队列：**该选项组中的参数用于设置繁殖生成新粒子的形状。

6.1.5 暴风雪

顾名思义，暴风雪粒子系统主要用于模拟很猛烈的降雪。从表面上看，其模拟效果比雪粒子系统模拟的强度大一些，从参数上看，它比雪粒子系统要复杂得多。参数复杂主要在于对粒子的控制性更强，从运用效果上看，可以模拟的自然现象也更多，更为逼真，不仅用于雪的制作，还可以表现火花迸射、气泡上升、开水沸腾、漫天飞花、烟雾升腾等特殊效果。暴风雪粒子系统参数设置如图6-37所示。

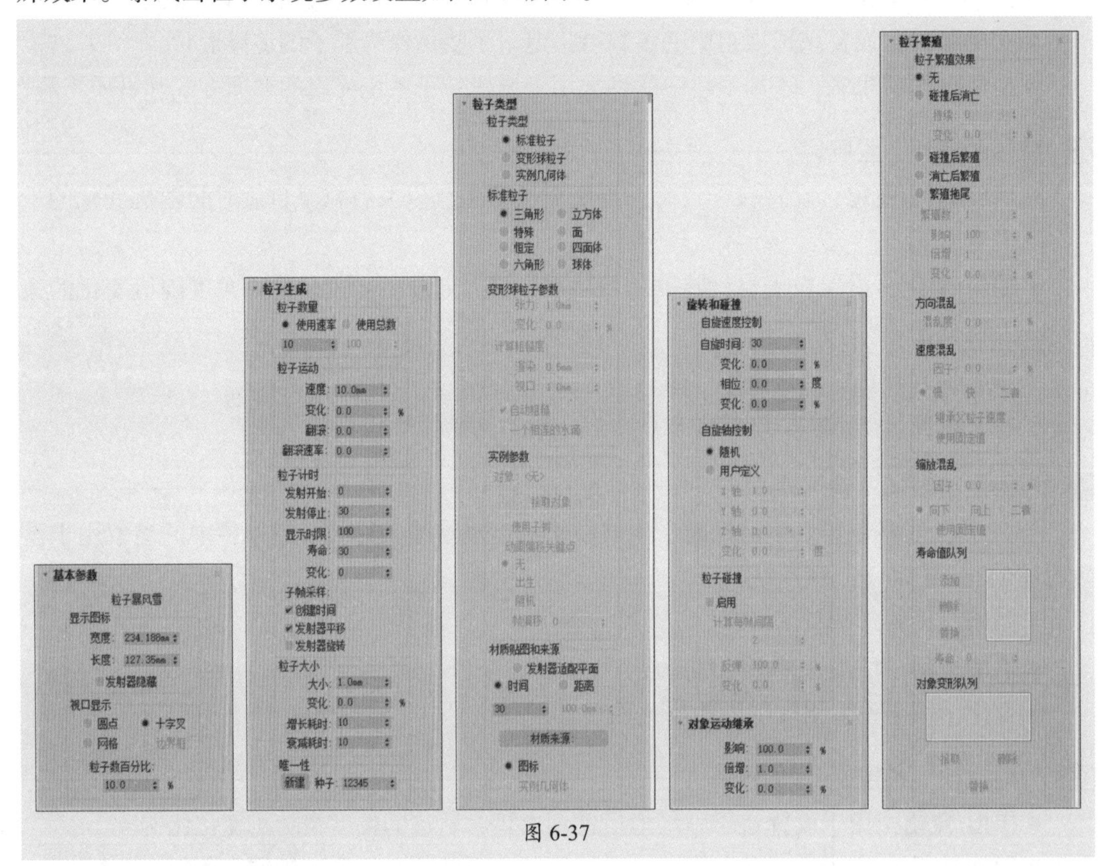

图 6-37

6.1.6 粒子阵列

同暴风雪一样，粒子阵列粒子系统也可以将其他物体作为粒子物体，选择不同的粒子物体，用户可以利用粒子阵列轻松地创建出气泡、碎片或者熔岩等特效，粒子阵列粒子系统参数设置如图6-38所示。

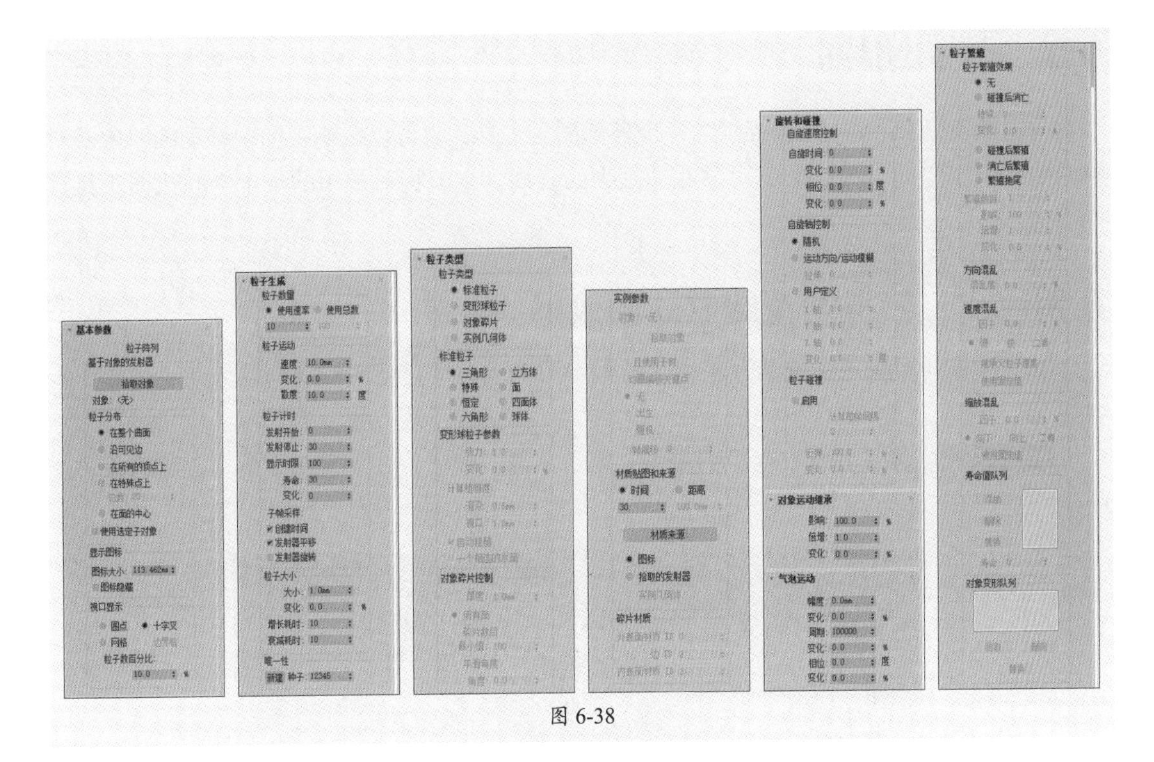

图 6-38

粒子阵列粒子系统的创建方法与超级喷射粒子系统类似，在此不过多介绍。

6.1.7 粒子云

粒子云适合创建云雾，系统默认的粒子云粒子系统是静态的，如果想让设计的云雾动起来，可通过调整一些参数来录制动画。其参数与粒子阵列粒子系统的参数比较类似，只是其中粒子种类有一些变化。粒子云粒子系统参数设置如图6-39所示。

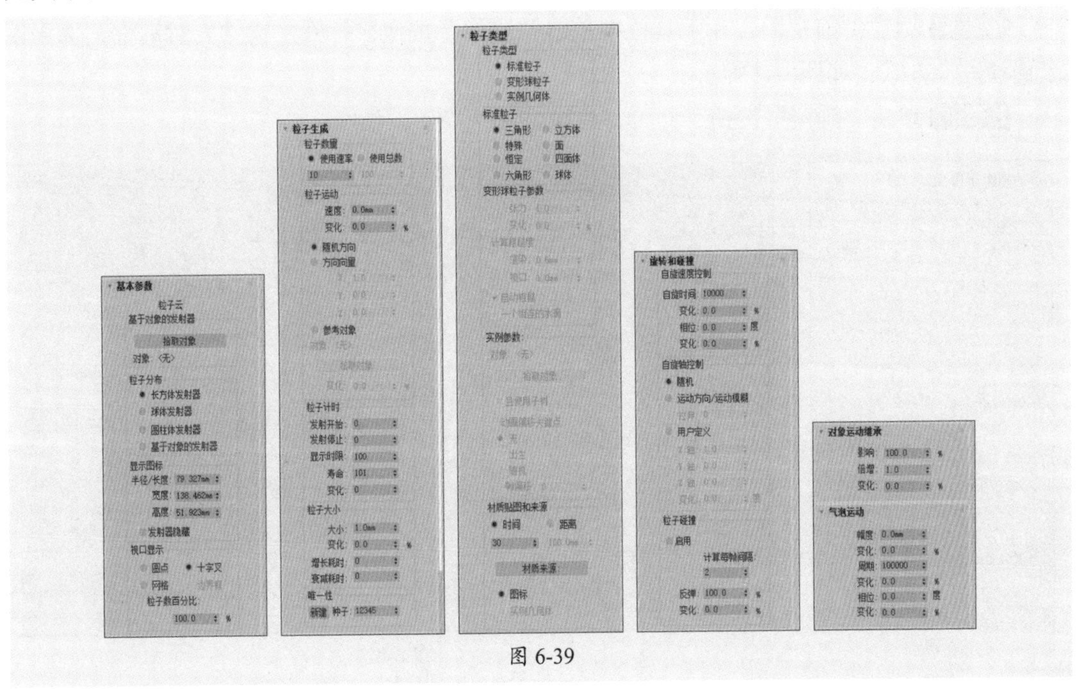

图 6-39

6.2 空间扭曲

空间扭曲是3ds Max系统提供的一个外部插入工具，它可以影响视图中移动的对象及对象周围的三维空间，最终影响对象在动画中的表现。本节将对常用的集中空间扭曲工具进行说明。

案例解析：模拟烟花绽放动画效果

本案例将利用粒子系统结合“力”面板参数来模拟烟花绽放的动画效果。具体操作步骤如下。

步骤 01 在“粒子系统”面板中单击“粒子流源”按钮，在顶视图中拖动创建对象，如图6-40所示。

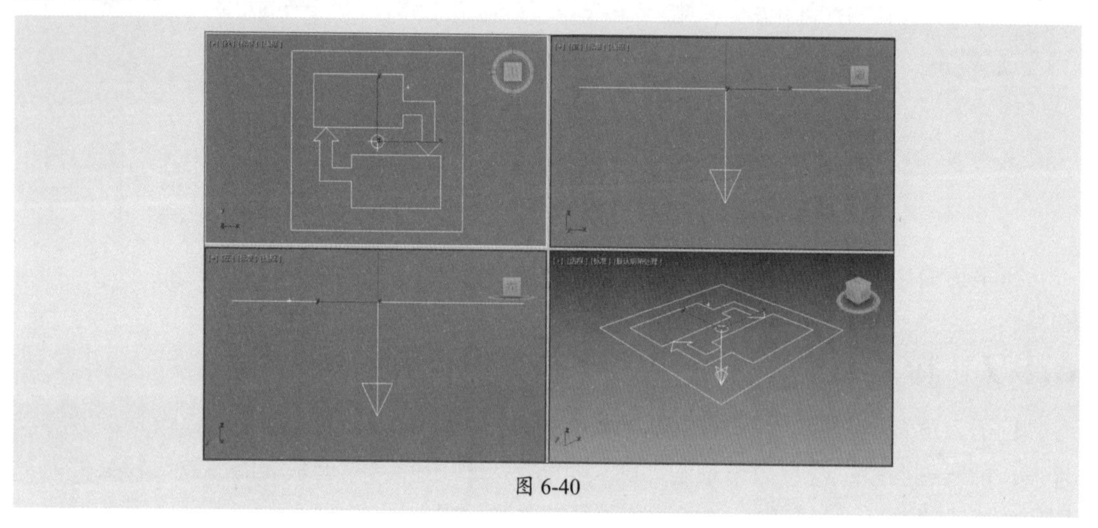

图 6-40

步骤 02 切换到前视图，在工具栏中单击“镜像”按钮，打开“镜像”对话框，选择镜像轴和克隆方式，如图6-41所示。

步骤 03 单击“确定”按钮，即可完成镜像复制操作，如图6-42所示。

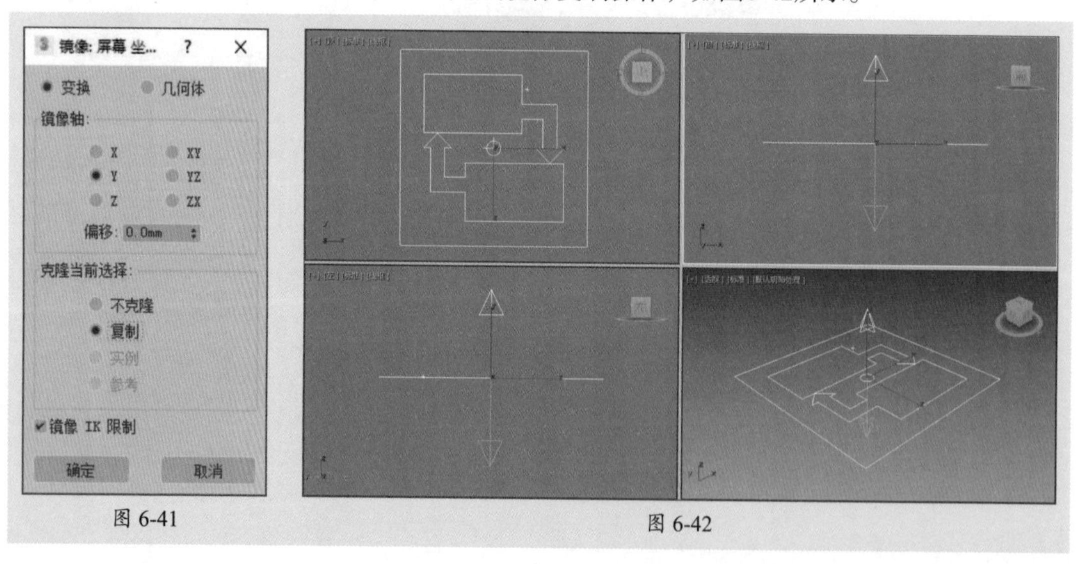

图 6-41　　图 6-42

步骤04 单击“粒子视图”按钮，打开“粒子视图”面板，然后在“事件001”列表选择“位置图标”事件，在右侧参数面板中设置“位置”为“轴心”，如图6-43所示。

步骤05 选择“速度001”事件，在参数面板中设置“散度”为180°，如图6-44所示。

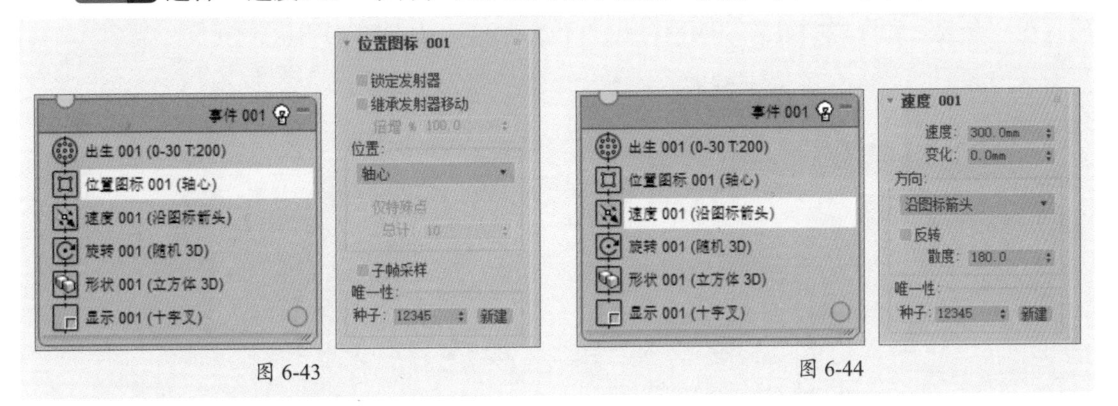

图 6-43　　　　图 6-44

步骤06 拖动时间线滑块可以看到粒子呈球形发射，如图6-45所示。

图 6-45

步骤07 选择“出生001”事件，在参数面板设置“发射停止”为1帧，粒子“数量”为1500，如图6-46所示。

步骤08 从仓库选择“繁殖”选项并拖入“事件001”列表，选择该事件，在“繁殖”卷展栏中选中“按移动距离”单选按钮，再设置“步长大小”“子孙数”，如图6-47所示。

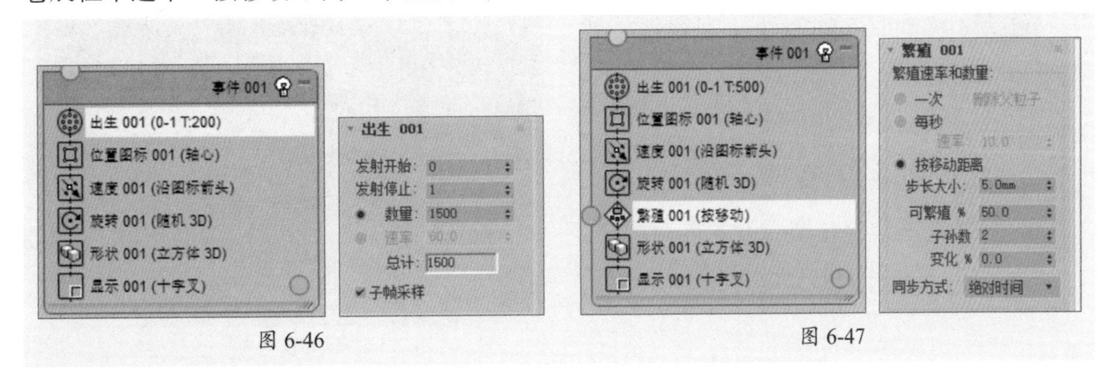

图 6-46　　　　图 6-47

步骤 09 选择“形状001”事件，在参数面板中设置“3D”形状类型和“大小”，如图6-48所示。

步骤 10 按M键打开材质编辑器，选择一个空白材质球，设置材质类型为VRay灯光材质，在“参数”卷展栏中设置“颜色”和“不透明度”，如图6-49所示。

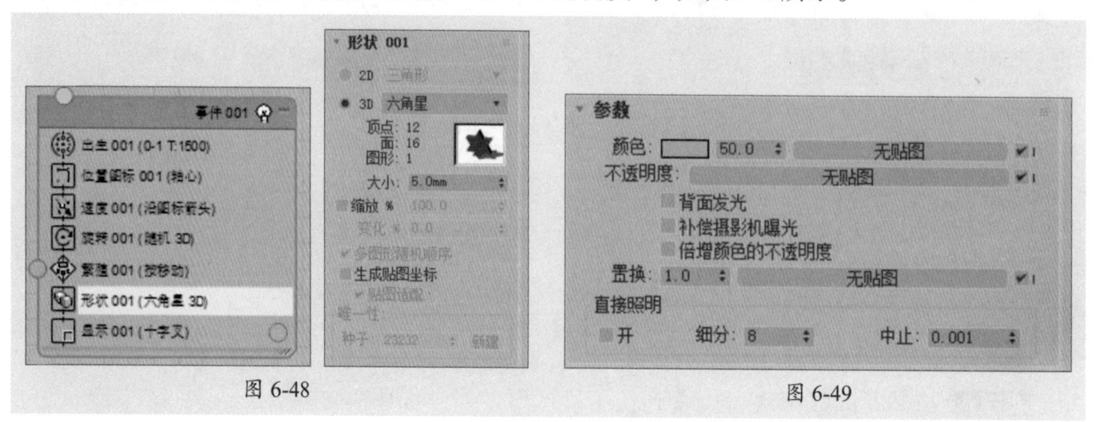

图 6-48　　图 6-49

步骤 11 为“事件001”列表添加“材质静态001”事件，并将新创建的材质球添加到该事件，如图6-50所示。

步骤 12 从仓库中选择“图形”选项添加为独立事件，并将其链接到“事件001”列表的“繁殖001”事件，再选择“形状002”事件，在“形状”卷展栏中设置“3D”形状和“大小”，如图6-51所示。

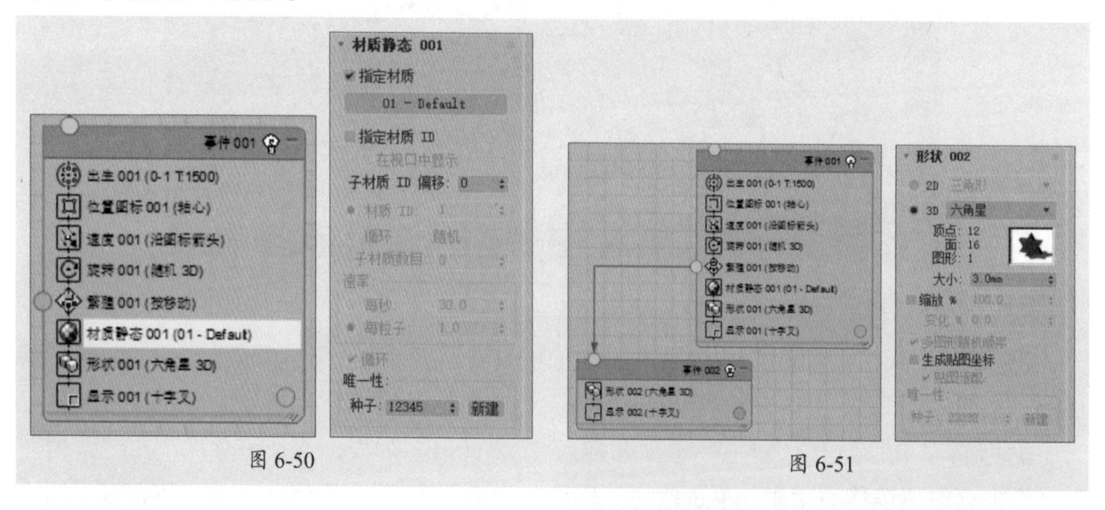

图 6-50　　图 6-51

步骤 13 移动时间线滑块，观察粒子效果如图6-52所示。

图 6-52

步骤 14 从仓库选择“速度002”添加到“事件002”列表，选择该事件，设置“速度”参数和“方向”类型，如图6-53所示。

步骤 15 移动时间线滑块，粒子发射效果如图6-54所示。

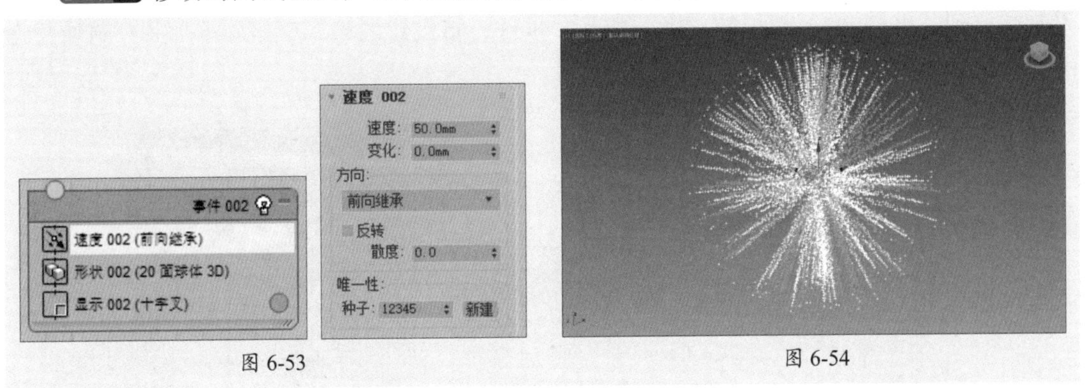

图 6-53　　图 6-54

步骤 16 再从仓库选择“缩放001”事件添加到“事件002”列表，选择该事件，在右侧参数面板设置“类型”和“比例因子”，如图6-55所示。

步骤 17 按M键打开材质编辑器，选择一个空白材质球，设置材质类型为VRay灯光材质，在“参数”卷展栏中设置“颜色”和“不透明度”参数，如图6-56所示。

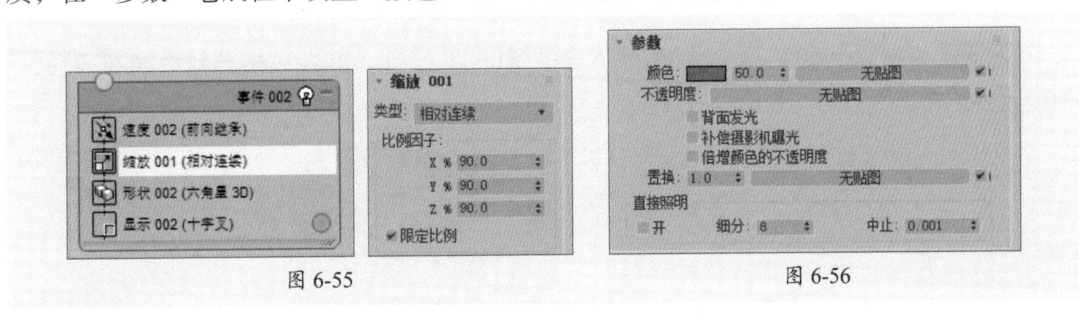

图 6-55　　图 6-56

步骤 18 为“事件002”列表添加“材质静态002”事件，并将新创建的材质实例复制到“材质静态002”，如图6-57所示。

步骤 19 为“事件002”列表添加“删除001”事件，选择“按粒子年龄”并设置“寿命”和“变化”参数，如图6-58所示。

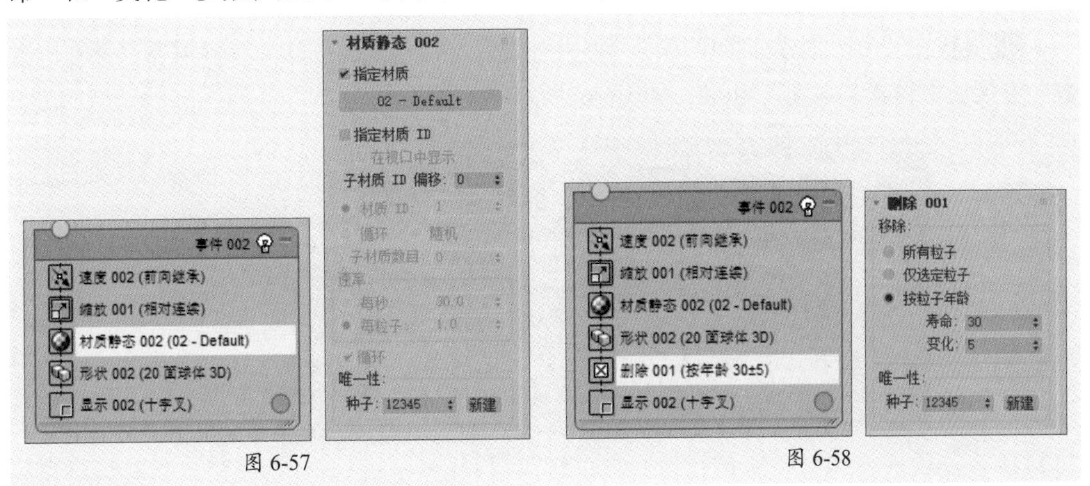

图 6-57　　图 6-58

步骤 20 返回“粒子视图”面板，为“事件001”列表添加“拆分数量001”，并设置“比率”参数为30.0%，如图6-59所示。

步骤 21 从仓库中选择“材质静态001”将其拖到视口创建一个独立的“事件003”，再将其链接到“事件001”面板的“拆分数量”事件，将创建的第二个材质添加到“材质静态003”，如图6-60所示。

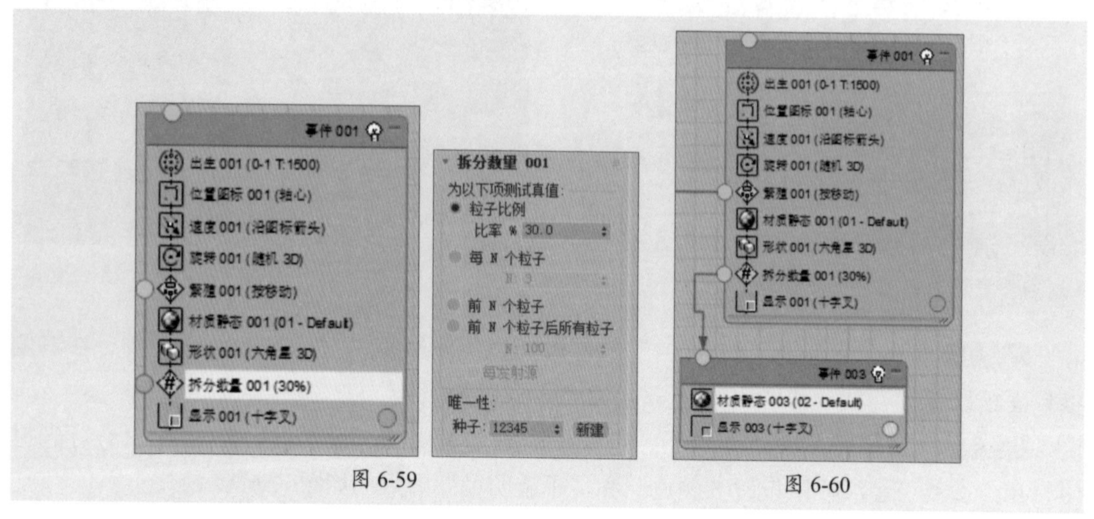

图 6-59　　图 6-60

步骤 22 为“事件003”列表添加“拆分数量002”事件，并在“拆分数量002”卷展栏中设置“比率”为30.0，如图6-61所示。

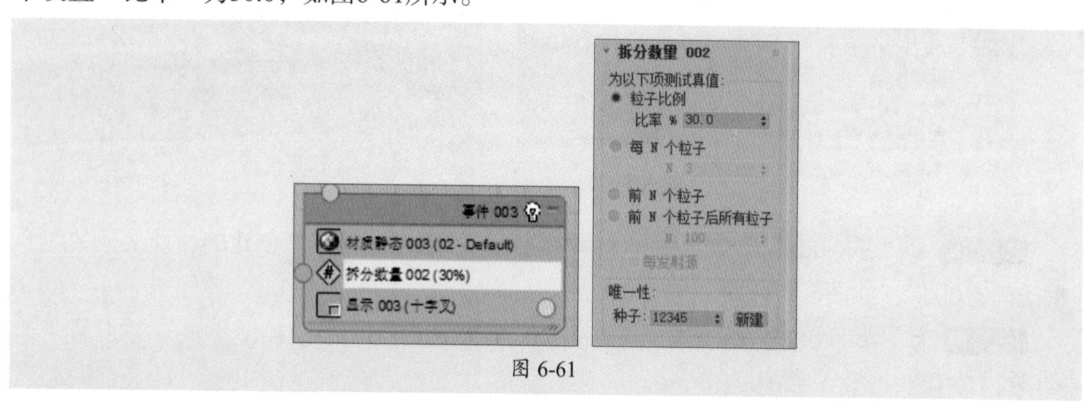

图 6-61

步骤 23 在“力”创建面板中单击“重力”按钮，在顶视图创建一个发射器，并在“参数”卷展栏中设置“强度”为0.2，如图6-62所示。

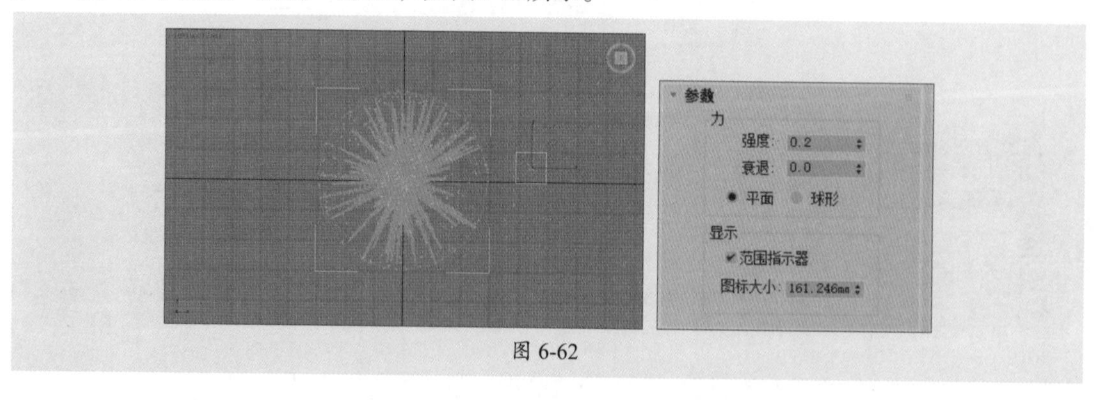

图 6-62

步骤 24 从仓库中选择“力”添加到“事件003”列表中，选择该事件，在右侧参数面板中单击“添加”按钮，在视图区中拾取“重力”对象，如图6-63所示。

步骤 25 将该事件拖出列表成为独立的“事件004”，并链接到“事件003”的“拆分数量”事件，如图6-64所示。

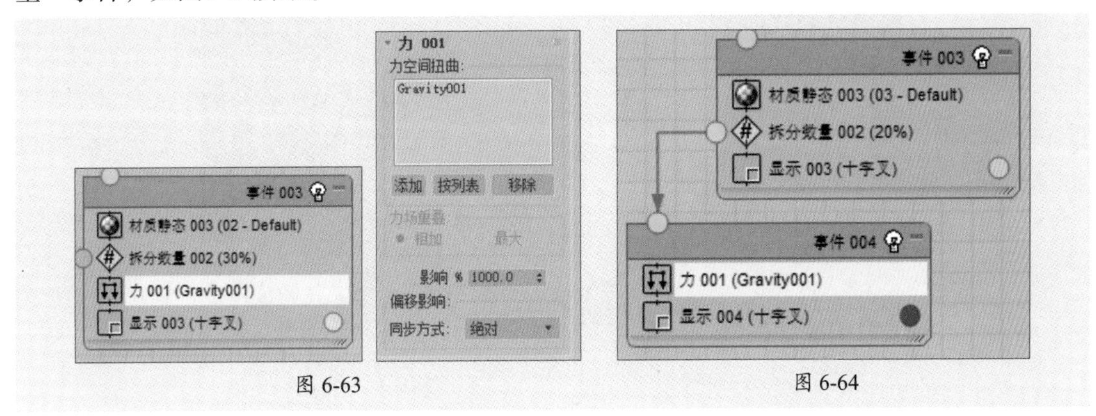

图 6-63　　图 6-64

步骤 26 拖动时间线滑块，可以看到粒子的变化，如图6-65所示。

图 6-65

步骤 27 添加“速度003”事件到“事件004”列表，并设置“速度”参数和“方向”类型，如图6-66所示。

步骤 28 添加“繁殖002”事件到“事件004”列表，在“繁殖”卷展栏中选择“按移动距离”单选按钮，并设置“步长大小”“可繁殖”“子孙数”等参数，如图6-67所示。

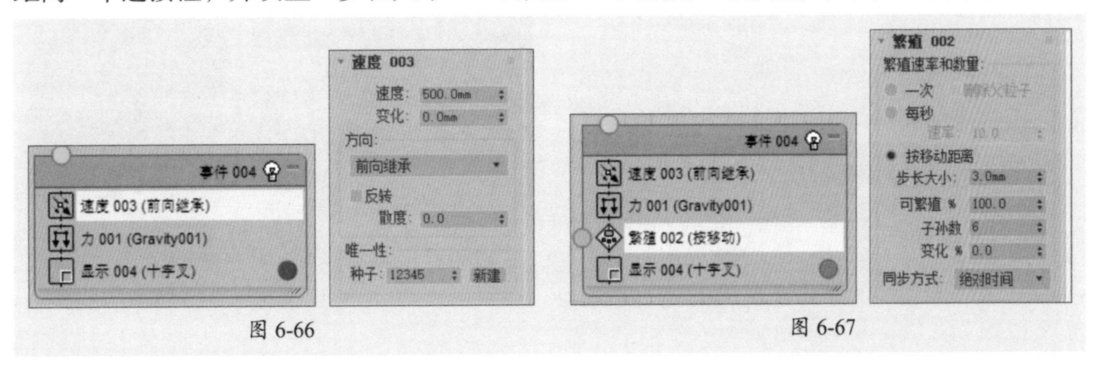

图 6-66　　图 6-67

步骤 29 在视口中可以看到粒子的变化，如图6-68所示。

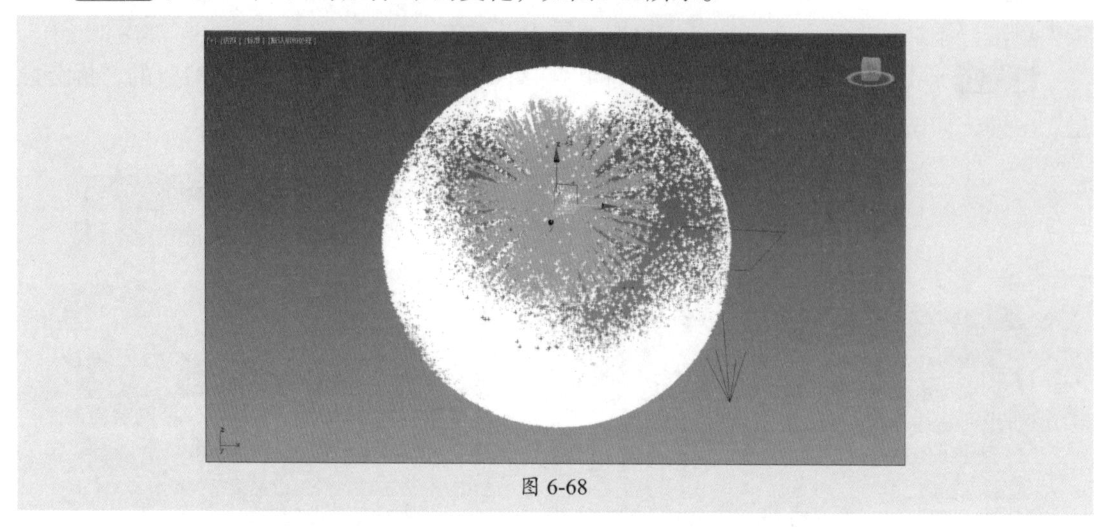

图 6-68

步骤 30 再添加“停止”选项为独立的“事件005”，链接到“事件004”列表，如图6-69所示。

步骤 31 新创建一个重力发射器，并设置力“强度”为0.05，如图6-70所示。

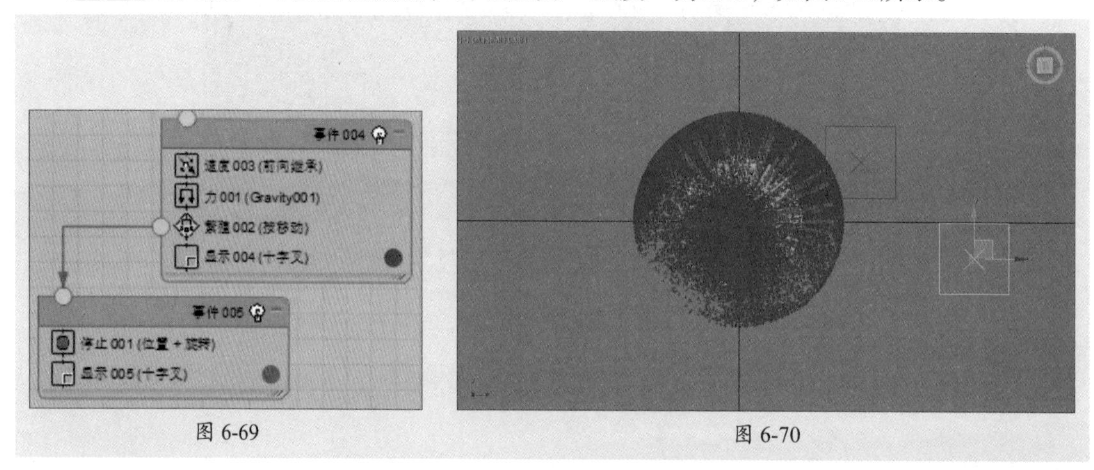

图 6-69　　图 6-70

步骤 32 为“事件005”列表添加“力”事件，并拾取添加新创建的发射器，如图6-71所示。

步骤 33 此时，视口中的粒子效果如图6-72所示。

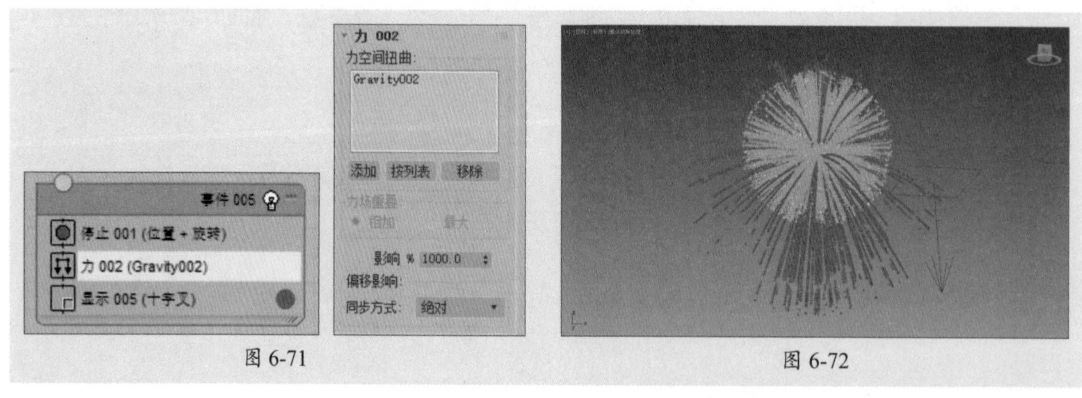

图 6-71　　图 6-72

步骤34 在材质编辑器中再创建两个VRay灯光材质，分别设置“颜色”和“不透明度”，如图6-73所示。

步骤35 为“事件004”和“事件005”列表分别添加“材质静态”事件，将白色的材质球添加到“材质静态005”，将黄色材质球添加到“材质静态004”，如图6-74所示。

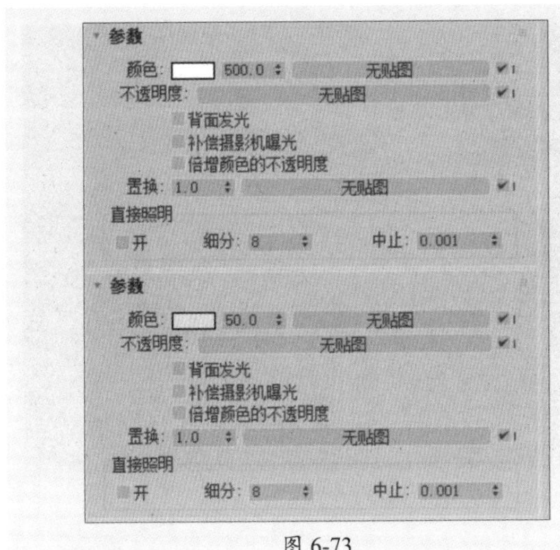

图 6-73

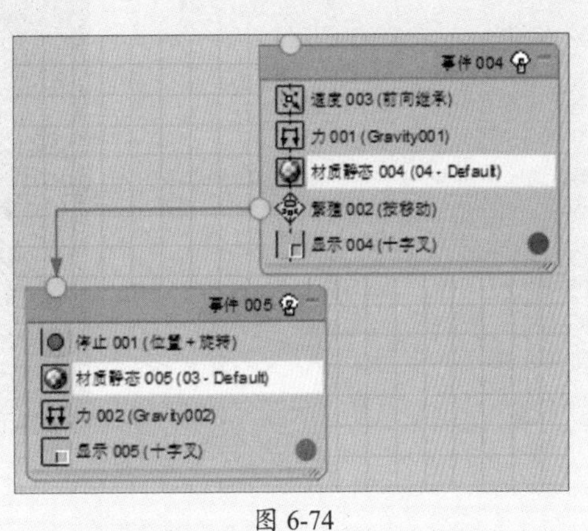

图 6-74

步骤36 从仓库选择“缩放002”事件添加到“事件005”列表，并在右侧设置比例“因子”，如图6-75所示。

步骤37 为“事件005”列表添加“删除002”事件，在“删除002”卷展栏中选择“按粒子年龄”单选按钮，并设置“寿命”和“变化”参数，如图6-76所示。

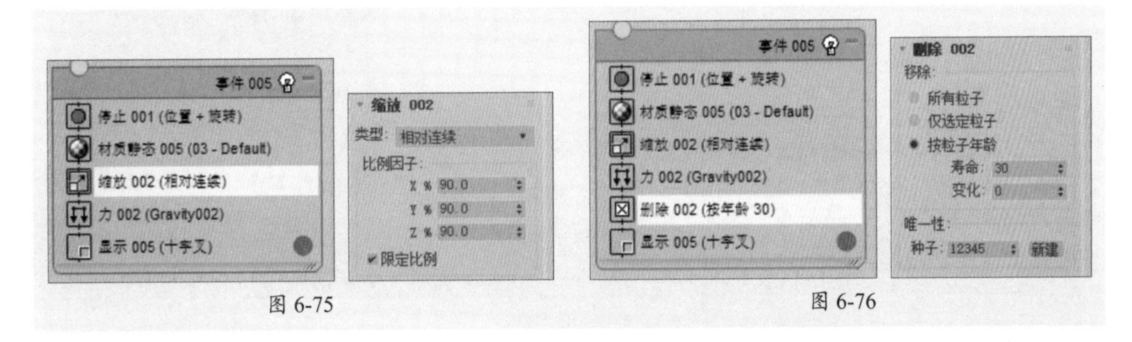

图 6-75　　图 6-76

步骤38 调整透视视口到合适的角度，按Ctrl+C组合键创建一台摄影机，如图6-77所示。

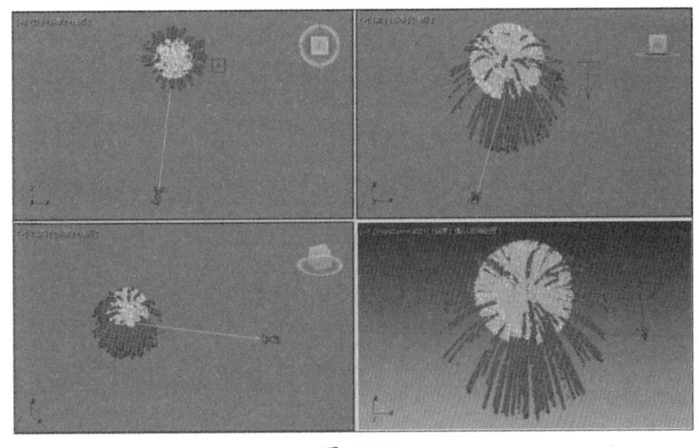

图 6-77

步骤 39 打开“渲染设置”面板，在“公用参数”卷展栏中设置“时间输出”为“活动时间段”，再设置输出大小为HDTV（视频），如图6-78所示。

步骤 40 在卷展栏底部的“渲染输出”选项组中设置好文件保存的位置，单击“渲染”按钮将烟花视频进行渲染输出，结果如图6-79所示。

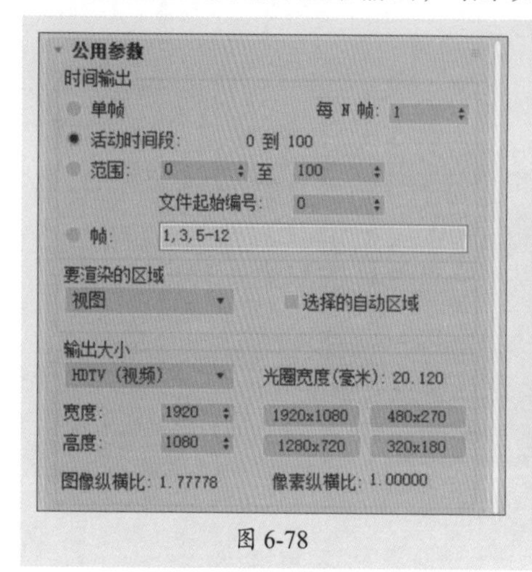

图 6-78

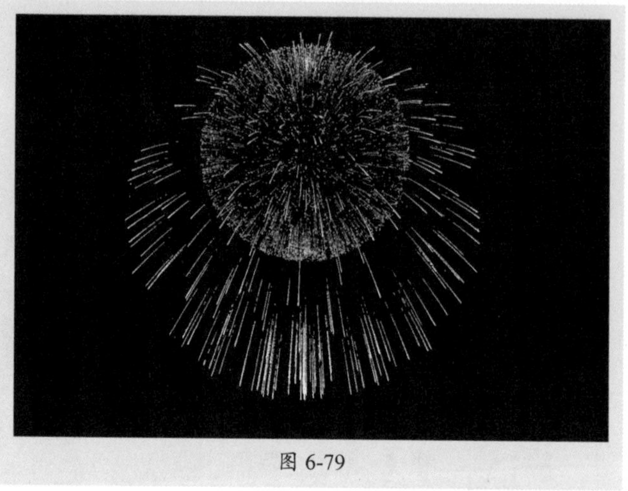

图 6-79

6.2.1 力

力空间扭曲主要是用来控制粒子系统中粒子的运动情况，或者为动力学系统提供运动的动力。包括推力、马达、漩涡、阻力、粒子爆炸、路径跟随、重力、风、置换和运动场共10种，力创建命令面板如图6-80所示。

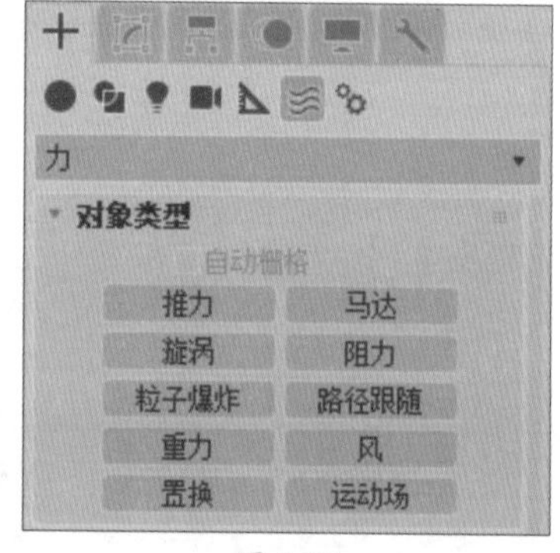

图 6-80

操作提示

空间扭曲看着有些像修改器，但空间扭曲影响的是世界坐标，而修改器影响的是物体自身坐标。当用户创建一个空间扭曲对象时，在视图中显示的是线框符号，用户可以对空间扭曲符号进行变形处理，这些变形都会改变空间扭曲的作用效果。

1. 推力

“推力”空间扭曲可以为粒子系统提供正向或负向的均匀单向力，其“参数”卷展栏如图6-81所示。

- **开始时间/结束时间：** 空间扭曲效果开始和结束时所在帧的编号。
- **基本力：** 空间扭曲施加的力的量。
- **牛顿/磅：** 该选项用来指定基本力微调器使用的力的单位。
- **启用反馈：** 打开该选项时，力会根据受影响粒子相对于指定目标速度的速度而变化。
- **可逆：** 打开该选项时，若粒子速度超出目标设置速度，力才会发生逆转。
- **目标速度：** 以每帧的单位数指定反馈生效前的最大速度。

- **增益：** 指定以何种速度调整力以达到目标速度。
- **周期 1：** 噪波变化完成整个循环所需的时间。
- **幅度 1：** 变化强度。该选项使用的单位类型和基本力微调器相同。
- **相位 1：** 偏移变化模式。
- **周期 2：** 提供额外的变化模式来增加噪波。
- **启用：** 打开该选项时，会将效果范围限制为一个球体，其显示为一个带有3个环箍的球体。
- **范围：** 以单位数指定效果范围的半径。
- **图标大小：** 设置推力图标的大小。

图 6-81

2. 马达

“马达”空间扭曲的工作方式类似于推力空间扭曲，但前者对受影响的粒子或对象应用的是转动扭矩而不是定向力，马达图标的位置和方向都会对围绕其旋转的粒子产生影响，“马达”空间扭曲的“参数”卷展栏如图6-82所示。

图 6-82

- **开始时间/结束时间：** 空间扭曲效果开始和结束时所在的帧编号。
- **基本扭矩：** 设置空间扭曲对物体施加的力的量。
- **N-m/Lb-ft/Lb-in（牛顿-米/磅力-英尺/磅力-英寸）：** 指定基本扭矩的度量单位。
- **启用反馈：** 选中该复选框后，力会根据受影响粒子相对于指定的目标转速而发生变化；若关闭该选项，不管受影响对象的速度如何，力都保持不变。
- **可逆：** 选中该复选框后，如果对象的速度超出了目标转速，那么力会发生逆转。
- **目标转速：** 指定反馈生效前的最大转数。
- **RPH/RPM/RPS（每小时/每分钟/每秒）：** 以每小时、每分钟或每秒的转数来指定目标转速的度量单位。
- **增益：** 指定以何种速度来调整力，以达到目标转速。
- **范围：** 控制粒子效果影响范围。

3. 漩涡

“漩涡”空间扭曲可以将力应用于粒子，使粒子在急转的漩涡中进行旋转，然后让他们向下移动成一个长而窄的喷流或漩涡井，常用来创建黑洞、涡流和龙卷风效果。

4. 阻力

“阻力”空间扭曲是一种在指定范围内按照指定量来降低粒子速率的粒子运动阻尼器。应用阻尼的方式可以是线形、球形或圆柱形。

5. 粒子爆炸

“粒子爆炸”空间扭曲可以应用于粒子系统和动力学系统，以产生粒子爆炸效果，或者为动力学系统提供爆炸冲击力。

6. 路径跟随

“路径跟随”空间扭曲可以控制粒子的运动方向，使粒子沿指定的路径进行曲线运动。路径通常为单一的样条线，也可以是具有多条样条线的图形，但粒子只会沿着其中一条样条线曲线进行运动。“路径跟随”空间扭曲“基本参数”卷展栏如图6-83所示。

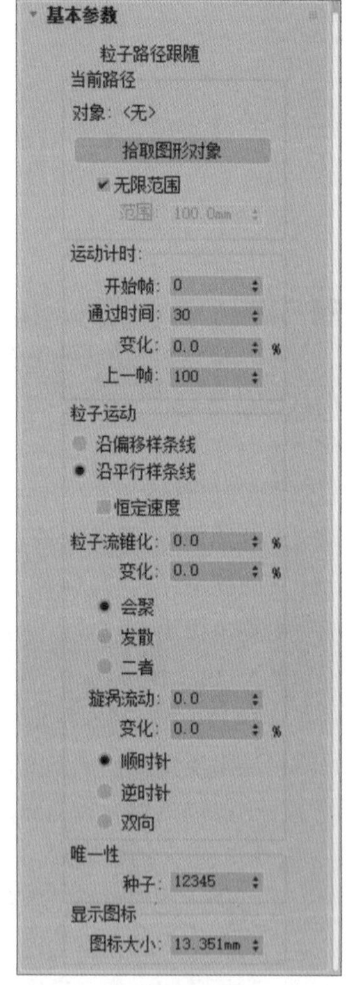

图 6-83

- **开始帧/上一帧：**这两个参数分别用于设置路径跟随开始和结束影响粒子系统的时间。
- **通过时间：**该参数用于设置各粒子通过整个路径所需的时间。
- **变化：**该参数用于设置各粒子通过时间随机变化的最大范围。
- **沿偏移样条线：**选中该单选按钮时，粒子的运动路线收到粒子喷射点与路径曲线起始点距离的影响，只有二者重合时，粒子的运动路线才会与路径曲线相同。
- **沿平行样条线：**选中该单选按钮时，粒子的运动路径始终与路径曲线相同，不受喷射点位置的影响。
- **粒子流锥化：**该参数用于设置粒子在运动时偏离路径的程度。“汇聚”“发散”“二者”选项用于设置粒子的偏离方向，“变化”参数用于设置各粒子偏离程度随机变化的最大范围。
- **漩涡流动：**该参数用于设置粒子绕路径螺旋运动的圈数。“顺时针”“逆时针”选项会使粒子沿路径曲线运动的同时绕路径曲线顺时针或逆时针方向运动；选中“双向”单选按钮会使部分粒子绕路径顺时针旋转，部分粒子绕路径逆时针旋转。

7. 重力

“重力”空间扭曲可以用来模拟粒子受到的自然重力。重力具有方向性，沿重力箭头方向的粒子为加速运动，沿重力箭头逆向的粒子为减速运动。“重力”空间扭曲“参数”卷展栏如图6-84所示。

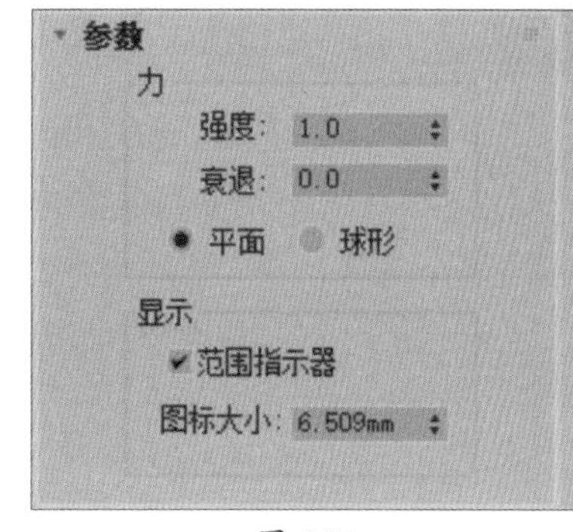

图 6-84

- **强度：**该参数用于设置重力场的大小。数值越大对物体的影响越明显，负值将产生泛方向的力场，为0时则没有效果。
- **衰退：**该参数用于设置重力的衰退速度。值为0时整个空间充满相同大小的力作用。
- **平面/球形：**这两个单选按钮用于设置重力场的种类为平面场或球形场。
- **范围指示器：**选中该复选框后将显示重力作用范围。

8. 风

“风”空间扭曲可以模拟风吹动的效果，并表现出粒子在风吹动下受到的影响，在顺风的方向加速运动，在迎风的方向减速运动。“风”空间扭曲“参数”卷展栏，如图6-85所示。

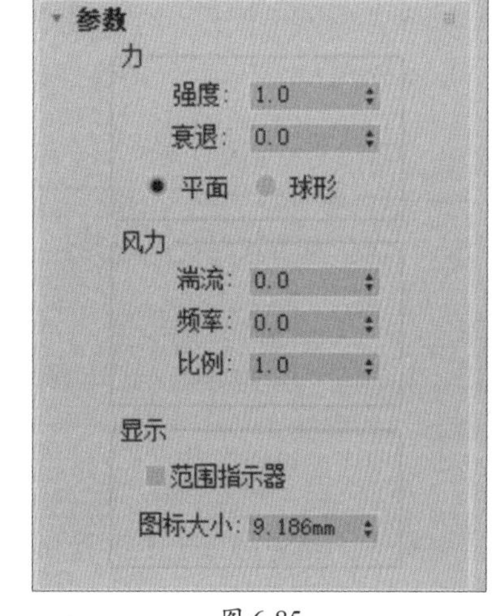

图 6-85

- **强度：**该参数用于设置风力的强度。
- **衰退：**该参数用于设置风力随距离的衰减情况。（当数值为0时，风力不发生衰减）
- **平面/球形：**这两个单选按钮用于设置风的影响方式。选择“平面”选项时，风从平面向指定的方向吹，选择“球形”选项时，风从一个点向四周吹，风图标的中心点为风源。
- **湍流：**调整该参数，粒子会在风的吹动下随机改变线路，产生湍流效果。（数值越大，湍流效果越明显）
- **频率：**调整该参数，粒子的湍流效果将随时间呈周期性变化。（该变化非常细微，通常无法看见）
- **比例：**调整该参数，可以缩放湍流效果。数值越小，湍流效果越平滑、越规则；数值越大，湍流效果越混乱，越不规则。
- **范围指示器：**当衰减值大于0时，选中该复选框将会显示出一个范围框，指示风力衰减到一半的位置。

9. 置换

“置换”空间扭曲是以力场的形式推动和重塑对象的几何外形，对几何体和粒子系统都会产生影响。

10. 运动场

“运动场”空间扭曲可以将力应用于粒子、流体和顶点。

6.2.2 导向器

导向器可以应用于粒子系统或者动力学系统，以模拟粒子或物体的碰撞反弹动画。3ds Max中为用户提供了6种类型的导向器，分别为泛方向导向板、泛方向导向球、全泛方向导向、全导向器、导向球、导向板，如图6-86所示。

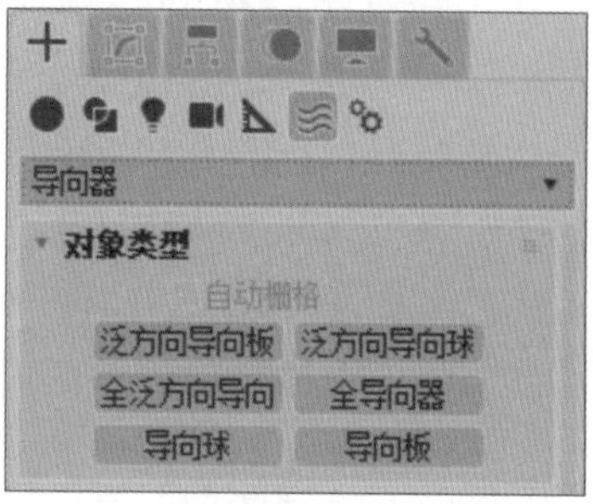

图 6-86

- 泛方向导向板是空间扭曲的一种平面泛方向导向器类型。它能提供比原始导向器空间扭曲更强大的功能，包括折射和繁殖能力。
- 泛方向导向球是空间扭曲的一种球形泛方向导向器类型。它提供的选项比原始的导向球更多。
- 全泛方向导向可以使用指定物体的任意表面作为反射和折射平面，且物体可以是静态物体、动态物体或随时间扭曲变形体的物体。需要注意的是，该导向器只能应用于粒子系统，并且粒子越多，指定物体越复杂，该导向器越容易发生粒子泄露。
- 全导向器可以使用指定物体的任意表面作为反应面，但是只能应用于粒子系统，且粒子撞击反应面时只有反弹效果。
- 导向球空间扭曲起着球形粒子导向器的作用。
- 导向板空间扭曲可以模拟反弹、静止等效果（比如雨滴滴落并弹起）。

6.2.3 几何/可变形

几何/可变形空间扭曲主要用于使三维对象产生变形效果，以制作变形动画。比较常用的几何/可变形空间扭曲有FFD（长方体）、FFD（圆柱体）、波浪、涟漪、置换、一致、爆炸7种，创建命令面板如图6-87所示。

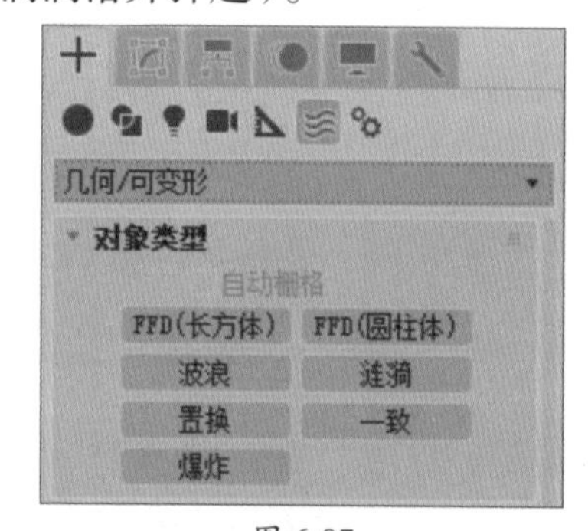

图 6-87

- 自由形式变形(FFD)提供了一种通过调整晶格的控制点使对象发生变形的方法，这两种空间扭曲同FFD修改器类似，控制点相对原始晶格源体积的偏移位置会引起受影响对象的扭曲。
- “波浪”和“涟漪”这两种空间扭曲分别可以在被绑定的三维对象中创建线性波浪和同心波纹。需要注意的是，使用这两种空间扭曲时，被绑定对象的分段数要适当，否则无法产生所需的变形效果。
- “一致”空间扭曲修改绑定对象的方法是按照空间扭曲图标所示的方向推动其顶点，直至这些顶点碰到指定目标对象，或从原始位置移动到指定距离。
- “爆炸”空间扭曲可以将被绑定的三维对象炸成碎片，常配合空间扭曲制作三维对象的爆炸动画。

操作提示

几何/可变形空间扭曲是针对几何体模型的类型，而不是针对粒子系统，因此不会作用于粒子系统，并且在几何/可变形空间扭曲必须与几何体模型绑定到空间扭曲，才可以产生作用。

课堂实战 营造雪花飞舞浪漫场景

本案例将结合本章所学的“粒子系统”中的“雪”工具来营造漫天雪花飞舞的场景。具体操作步骤如下。

步骤 01 按快捷键8打开“环境和效果”面板，在“公用参数”卷展栏单击为环境贴图通道添加准备好的位图贴图，如图6-88所示。

步骤 02 在“曝光控制”卷展栏中设置曝光方式为“对数曝光控制”，如图6-89所示。

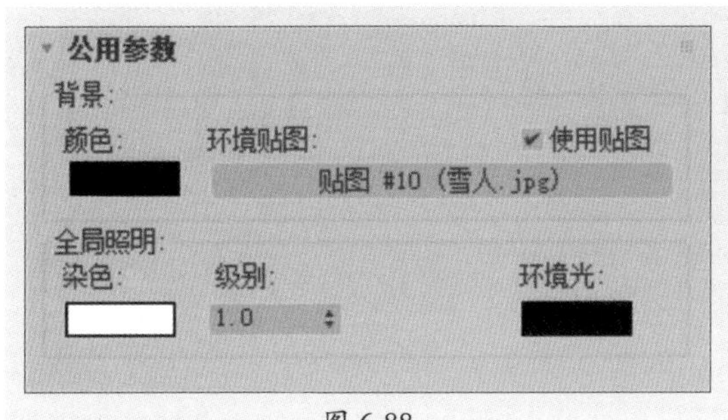

图 6-88

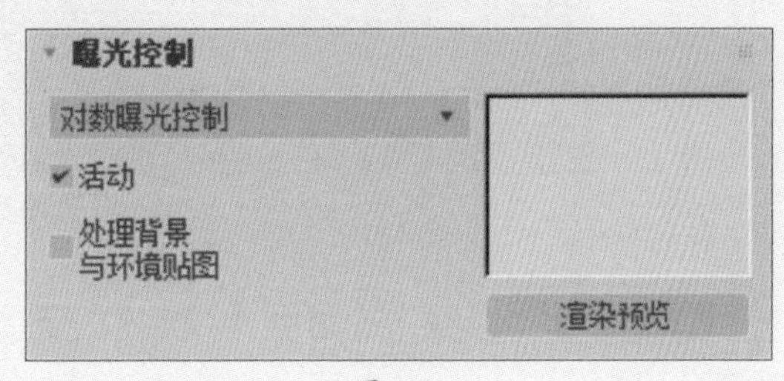

图 6-89

步骤 03 按快捷键M打开材质编辑器，将环境贴图按住并拖动至材质编辑器的一个空白材质球上，选择“实例”复制，并在贴图的“坐标”卷展栏中设置贴图方式为“屏幕”，如图6-90所示。

步骤 04 渲染透视视口，可以看到背景贴图效果，如图6-91所示。

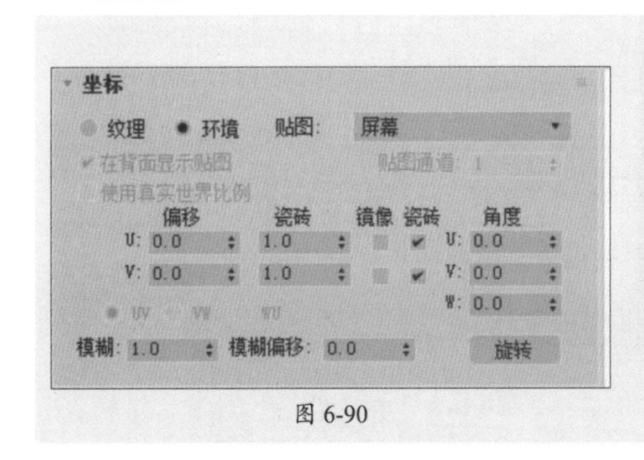

图 6-90

图 6-91

步骤 05 在动画控制栏中单击“时间配置”按钮，在“时间配置”对话框中设置动画“结束时间”，如图6-92所示。

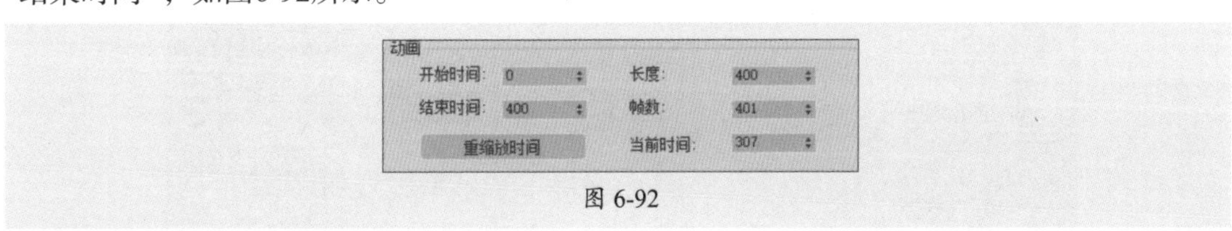

图 6-92

步骤 06 在“粒子系统”创建面板中单击“雪”按钮，在顶视图中拖动创建发射器，如图6-93所示。

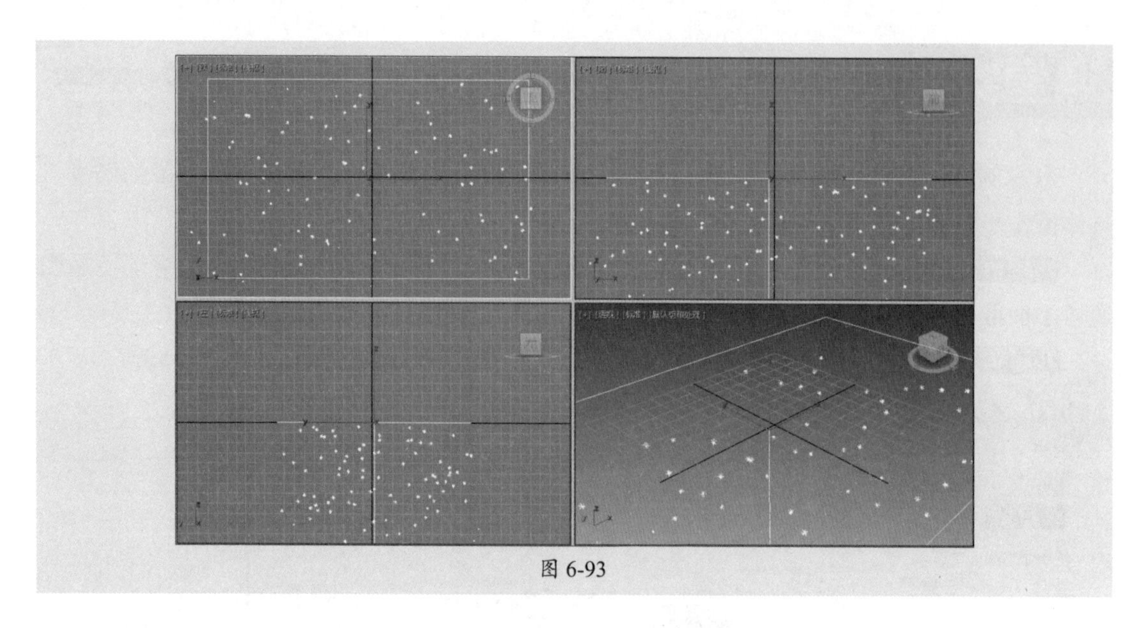

图 6-93

步骤 07 在“参数”卷展栏中设置粒子数量、大小、类型、寿命及发射器大小等参数，如图6-94所示。

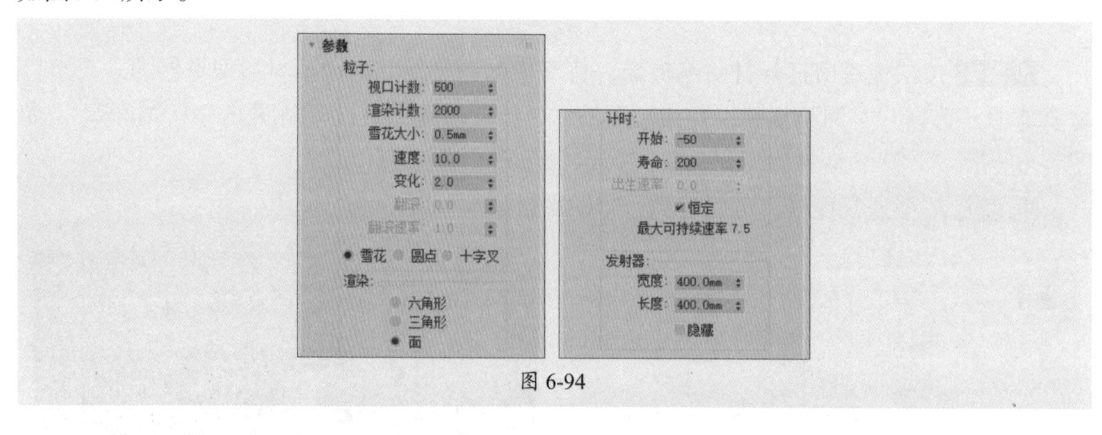

图 6-94

步骤 08 调整透视视口，按Ctrl+C组合键在该角度创建摄影机，如图6-95所示。

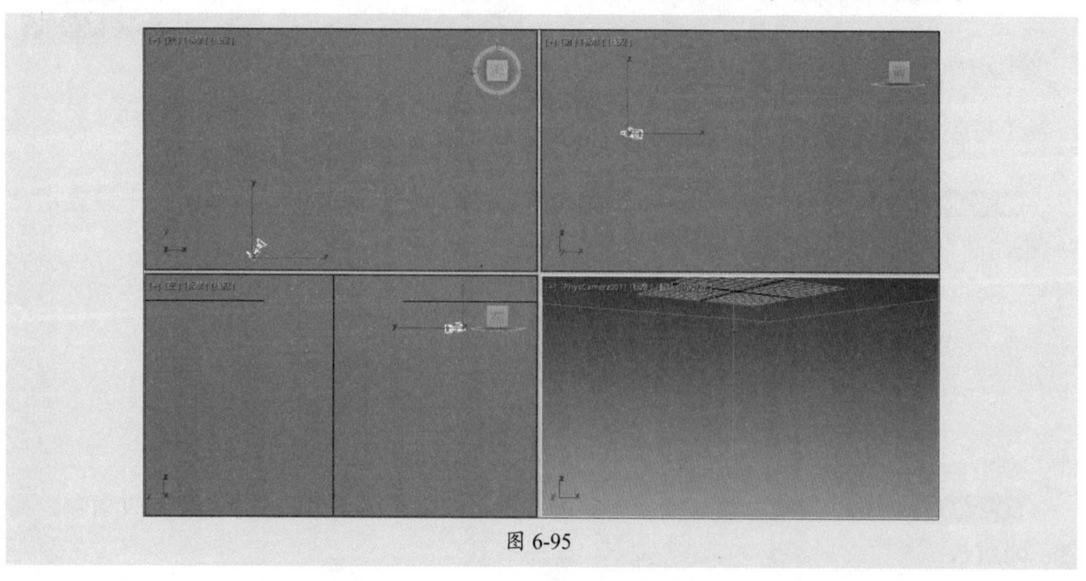

图 6-95

步骤09 渲染摄影机视口，效果如图6-96所示。

图 6-96

步骤10 选择一个空白材质球，在“基本参数”卷展栏中选择“自发光”选项并设置颜色为白色，然后为不透明度通道添加衰减贴图，如图6-97所示。

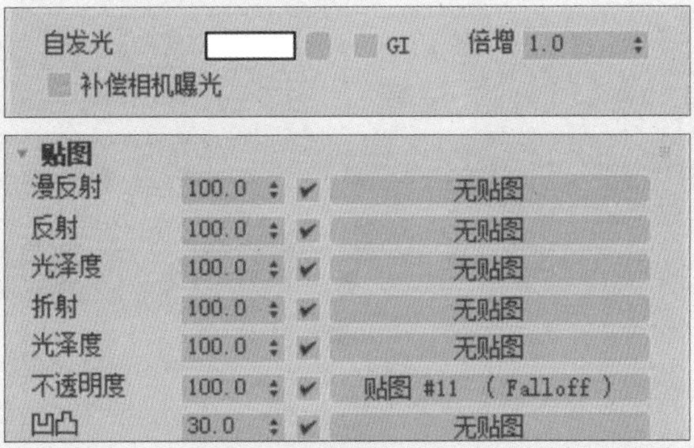

自发光 GI 倍增 1.0
补偿相机曝光

贴图			
漫反射	100.0	✔	无贴图
反射	100.0	✔	无贴图
光泽度	100.0	✔	无贴图
折射	100.0	✔	无贴图
光泽度	100.0	✔	无贴图
不透明度	100.0	✔	贴图 #11 （Falloff）
凹凸	30.0	✔	无贴图

图 6-97

步骤11 在“衰减参数”卷展栏中交换颜色顺序并设置衰减类型为“垂直/平行”，如图6-98所示。

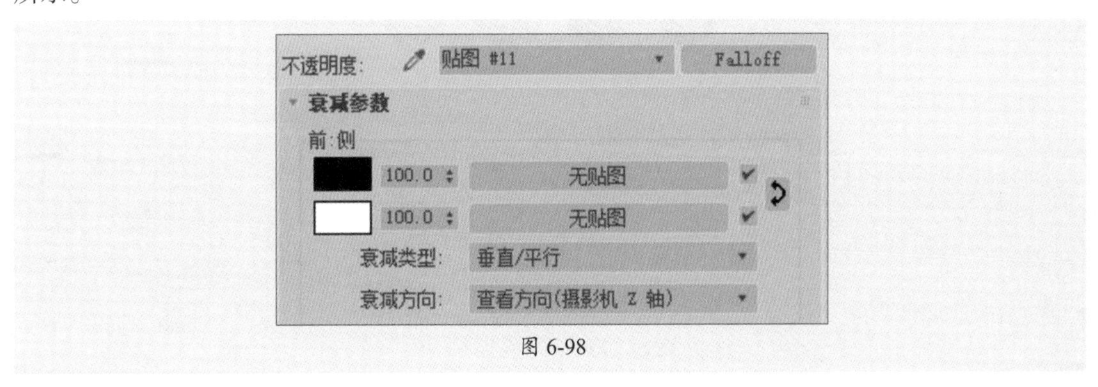

图 6-98

步骤 12 在“混合曲线”卷展栏中添加点并调整曲线，如图6-99所示。

步骤 13 设置好的材质预览效果，如图6-100所示。

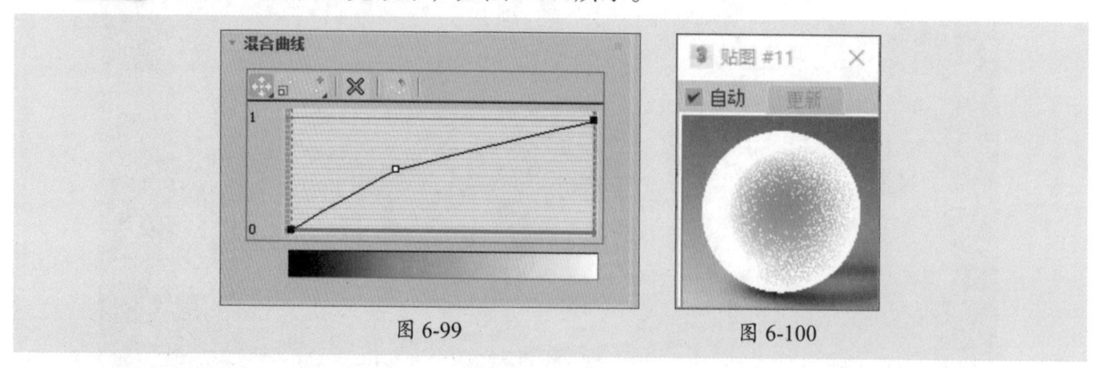

图 6-99

图 6-100

步骤 14 将材质指定给雪粒子发射器，然后渲染摄影机视口，效果如图6-101所示。

图 6-101

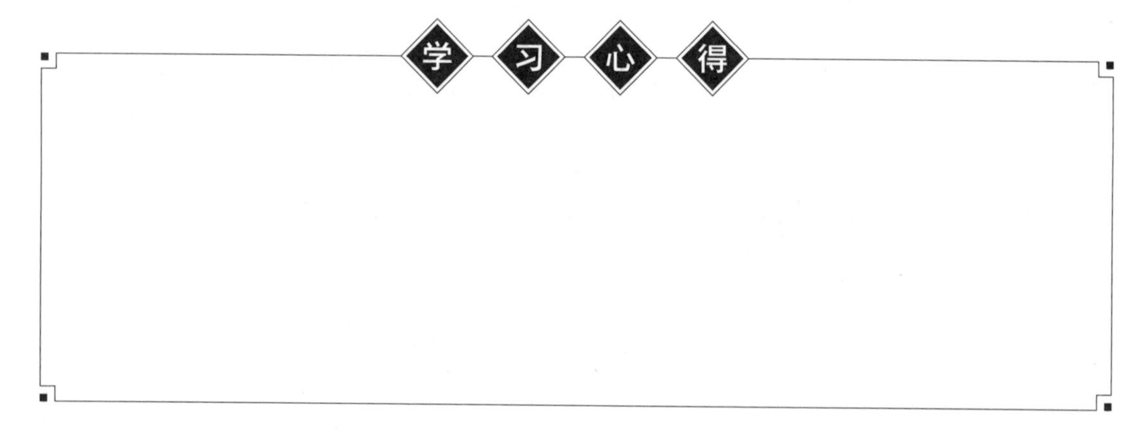

课后练习 创建冬季雪花效果

本练习利用粒子系统功能来制作雪花场景效果，效果如图6-102所示。

图 6-102

1. 技术要点

步骤 01 为背景添加雪花位图，将贴图显示模式设为屏幕。

步骤 02 创建雪粒子发射器，并设置参数。

步骤 03 为雪粒子添加材质。设置环境光颜色、漫反射、发光值等参数。

2. 分步演示

分步演示效果如图6-103所示。

图 6-103

拓展赏析

3D动画与2D动画的区别

在动画的世界里，3D动画和2D动画是两种截然不同的表现形式。它们各有特色，无论是在视觉效果、制作流程还是应用领域上，都存在着明显的差异。

1. 从视觉效果看

3D动画以其三维立体的特性，能够模拟真实世界的场景和物体。通过建模、材质贴图、灯光渲染等技术手段。3D动画能够呈现逼真的画面效果，使观众仿佛置身于一个虚拟的三维世界中，如图6-104所示。与3D相比，2D动画则是二维平面的，画面简单明了，色彩鲜艳，动作夸张，更注重于线条和色彩的组合，营造出一种独特的艺术风格，如图6-105所示。

图 6-104

图 6-105

2. 从制作流程看

3D动画和2D动画的制作流程存在明显的差异。3D动画的制作过程相对复杂，首先，3D需要进行三维建模，为角色和场景搭建起立体的骨架。其次，通过赋予材质、贴图、灯光等属性，使模型具有真实的外观和质感。最后，再由动画设计师进行动作设计和渲染，呈现完整的动画效果。而2D动画则直接在二维平面上进行角色设计和动作绘制，更加注重手绘技巧和表现力。

3. 从应用领域看

3D动画和2D动画在应用领域各有侧重。3D动画因其逼真的画面效果和强大的交互性，被广泛应用于电影、游戏、虚拟现实等领域。它能够为观众带来身临其境的视觉体验，增强沉浸感和代入感。而2D动画则更多地应用于电视、网络动画等领域，其独特的视觉风格和表现力深受观众喜爱。

第7章

环境和效果

内容导读

3ds Max的环境和效果功能在三维动画制作中扮演着至关重要的角色，它们能够增强场景的真实感和视觉冲击力。本章将从背景环境效果的设置、大气效果的营造以及效果渲染的设置这三个方面来对环境和效果功能进行介绍。

思维导图

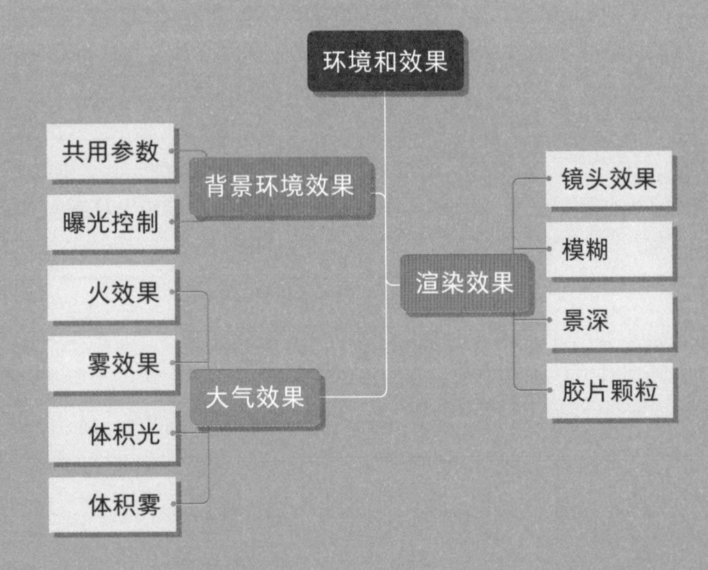

7.1 背景环境效果

3ds Max中的背景和环境效果主要用于为场景设置的背景氛围和视觉效果。例如，设置背景颜色，或者设置各类大气效果等。在菜单栏中执行“渲染>环境”命令，会打开“环境和效果”面板。该面板包括“公用参数”“曝光控制”及“大气”3个卷展栏，如图7-1所示。

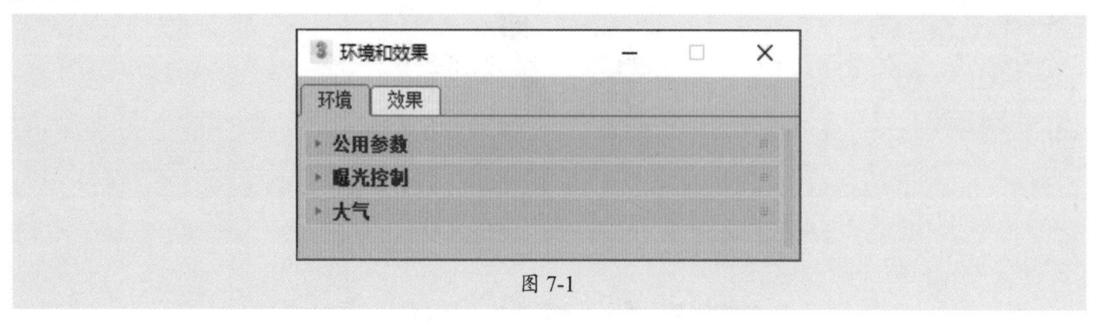

图 7-1

7.1.1 公用参数

“公用参数”卷展栏主要用于设置场景的背景颜色及环境贴图，如图7-2所示。其参数含义介绍如下。

- **颜色：** 设置场景的背景颜色。单击其下方的色块，然后在“颜色选择器”中选择所需的颜色即可。
- **环境贴图：** 环境贴图的按钮会显示贴图的名称，如果尚未制定名称，则显示“无”。贴图必须使用环境贴图坐标（球形、柱形、收缩包裹和屏幕）。
- **使用贴图：** 选中该复选框，当前环境贴图才生效。

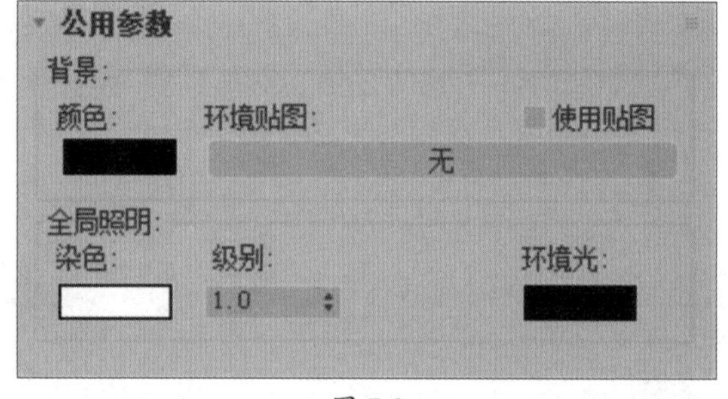

图 7-2

操作提示

要指定环境贴图，可单击“无”按钮，使用材质/贴图浏览器选择贴图。如果想进一步设置背景贴图，可将已经设置贴图的环境贴图按钮拖至材质编辑器中的样本球上。此时会弹出对话框，询问客户复制贴图的方法，这里给出“实例”和“复制”两种。

- **染色：** 如果此颜色不是白色，则为场景中的所有灯光（环境光除外）染色。
- **级别：** 增强场景中的所有灯光。如果级别为1.0，则保留各个灯光的原始设置。增大级别将增强场景总体的照明强度，减小级别将减弱场景的总体照明强度。
- **环境光：** 用于设置环境光的颜色。单击色块，在颜色选择器中选择所需的颜色即可。

7.1.2 曝光控制

曝光控制可以补偿显示器有限的动态范围。显示器的动态范围大约有两个数量级。显示器上显示的最亮颜色要比最暗颜色亮大约100倍。比较而言，眼睛可以感知大约16个数量级的动态范围。可以感知的最亮的颜色比最暗的颜色亮大约10的16次方倍。曝光控制调整颜色，使颜色可以更好地模拟眼睛的大动态范围，同时仍适合可以渲染的颜色范围。

“曝光控制”卷展栏用于调整渲染的输出级别和颜色范围，类似于电影的曝光处理，尤其适合用于Radiosity光能传递，如图7-3所示。其参数含义介绍如下。

- **曝光控制列表：** 该列表中提供了6种曝光控制类型，如图7-4所示。

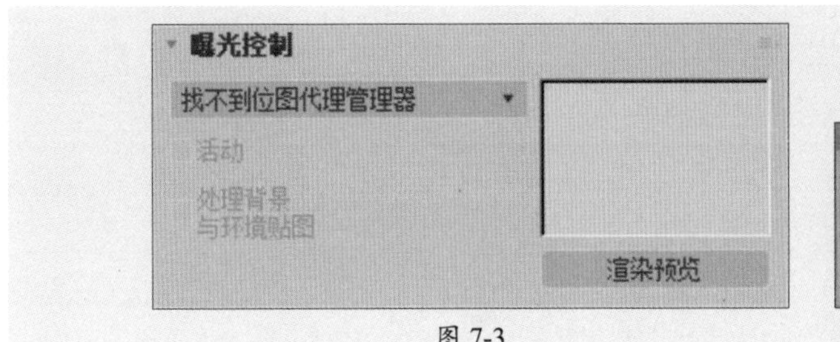

图 7-3

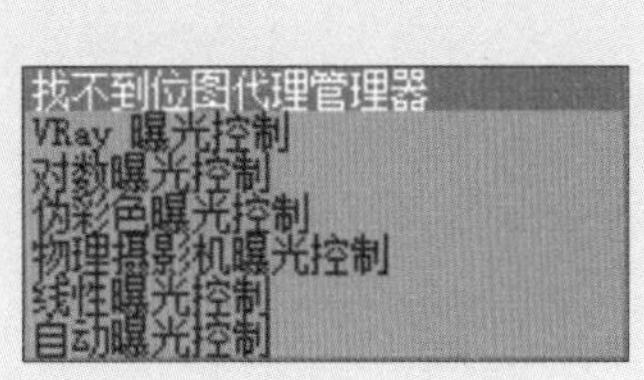

图 7-4

- **活动：** 选中该复选框时，在渲染中使用该曝光控制。取消选中该复选框时，不使用该曝光控制。
- **处理背景与环境贴图：** 选中该复选框时，场景背景贴图和场景环境贴图受曝光控制的影响。取消选中该复选框时，则不受曝光控制的影响。
- **预览缩略图：** 缩略图显示应用了活动曝光控制的渲染场景的预览。渲染了预览后，在更改曝光控制设置时将交互式更新。
- **渲染预览：** 单击可以渲染预览缩略图。

下面介绍几种常用的曝光控制类型。

1）对数曝光控制

“对数曝光控制”使用亮度、对比度以及场景是不是在日光中的室外，将物理值映射为RGB 值。“对数曝光控制”比较适合动态范围很高的场景。

2）物理摄影机曝光控制

物理摄影机曝光控制是使用“曝光值”和颜色—响应曲线设置物理摄影机的曝光。

3）线性曝光控制

“线性曝光控制”从渲染图像中采样，使用场景的平均亮度将物理值映射为RGB值。“线性曝光控制”最适合用于动态范围很低的场景。要注意的是，在动画中不应使用“线性曝光控制”，因为每个帧将使用不同的柱状图，可能会使动画闪烁。

4）自动曝光控制

“自动曝光控制”从渲染图像中采样，生成一个柱状图，在渲染的整个动态范围提供良好的颜色分离。自动曝光控制可以增强某些照明效果，否则，这些照明效果会过于暗淡而看不清。要注意的是，在动画中不应使用“自动曝光控制”，因为每个帧将使用不同的柱状图，可能会使动画闪烁。

7.2 大气

大气效果是指大气环境的效果。3ds Max提供了火效果、雾、体积雾和体积光四种大气类型，其参数设置如图7-5所示。各参数含义介绍如下。

- **效果：**显示已经添加效果名称。
- **名称：**为列表中的效果自定义名称。
- **添加：**单击该按钮可以打开“添加大气效果”对话框，在该对话框中可以添加需要的大气效果，如图7-6所示。
- **删除：**单击该按钮可以删除选中的大气效果。
- **上移/下移：**更改大气效果的应用顺序。
- **合并：**合并其他3ds Max场景文件中的效果。

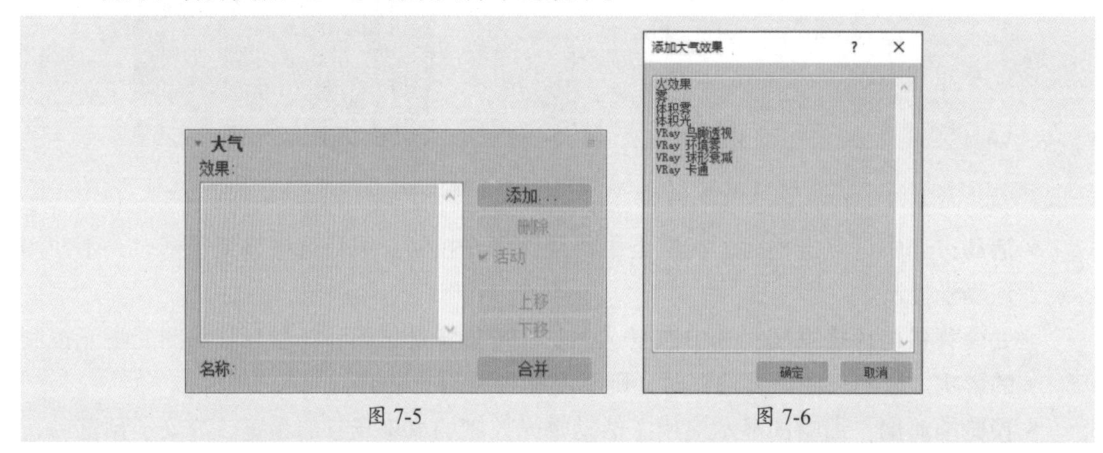

图 7-5　　图 7-6

案例解析：营造火焰效果

本案例将利用大气效果中的火效果来营造火焰效果。具体操作步骤如下。

步骤 01 打开“火场景”素材文件，如图7-7所示。

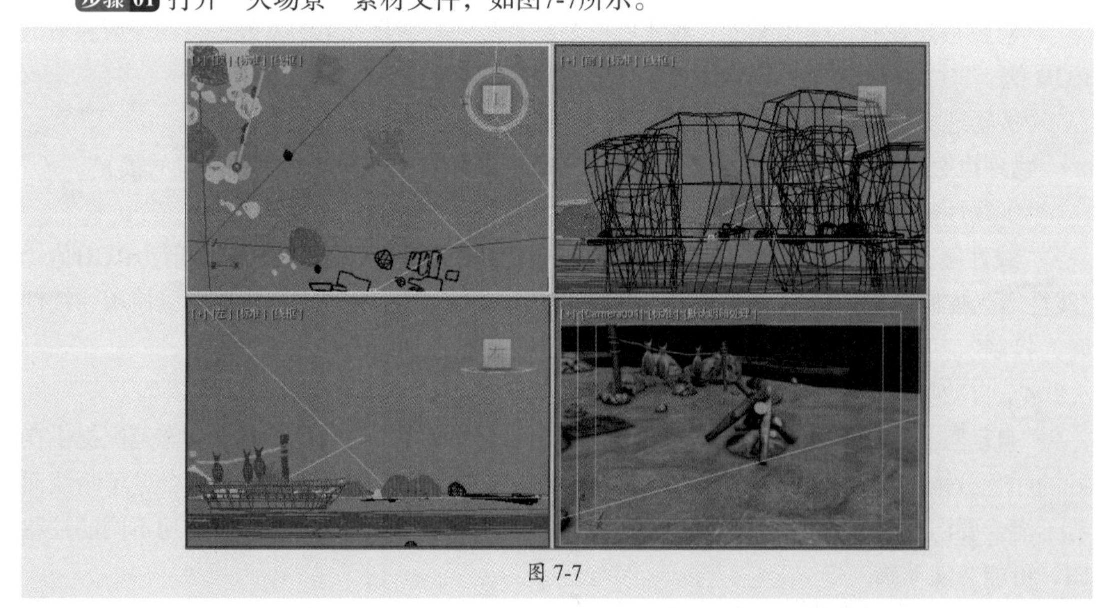

图 7-7

步骤 02 渲染摄影机视口，当前效果如图7-8所示。

图 7-8

步骤 03 在“辅助对象”的“大气装置”创建面板中单击“球体Gizmo”按钮，在顶视图创建球体Gizmo对象，设置半径值并选中“半球”复选框，如图7-9、图7-10所示。

图 7-9

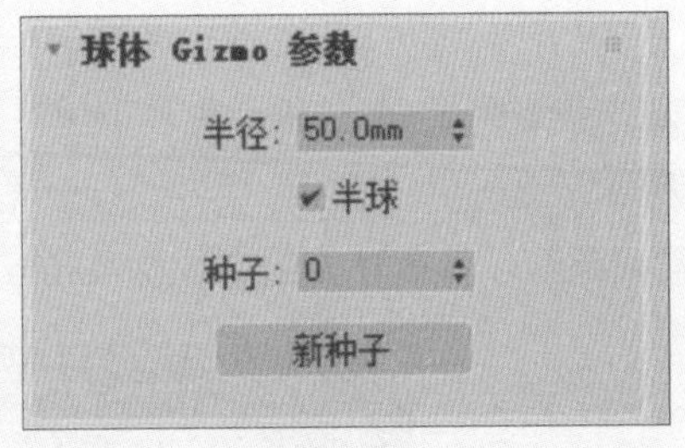

图 7-10

步骤 04 调整Gizmo对象的位置，如图7-11所示。

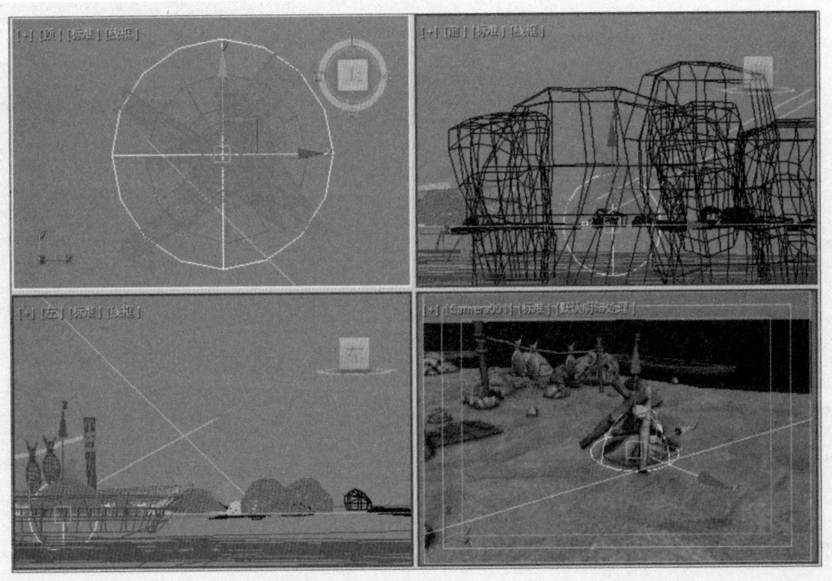

图 7-11

步骤 05 激活“选择并缩放”工具，在前视图中沿Y轴缩放对象，调整高度，如图7-12所示。

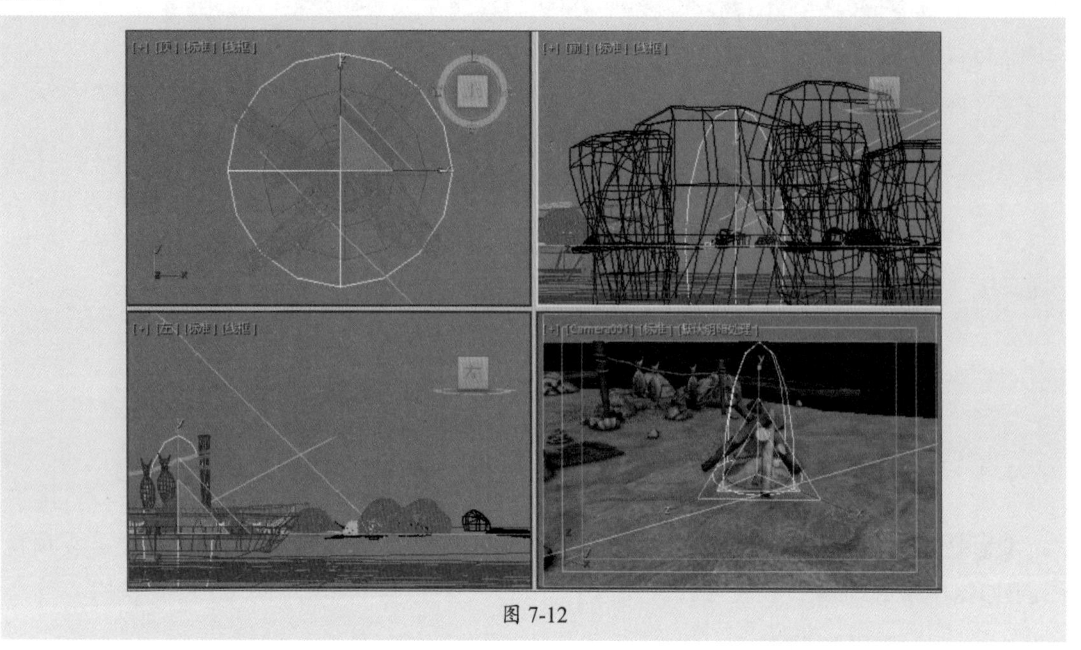

图 7-12

步骤 06 按Ctrl+V组合键，在“克隆选项”对话框中选择“复制”方式克隆Gizmo对象，如图7-13所示。

步骤 07 重新调整Gizmo对象的半径为40mm，再调整位置和高度，如图7-14所示。

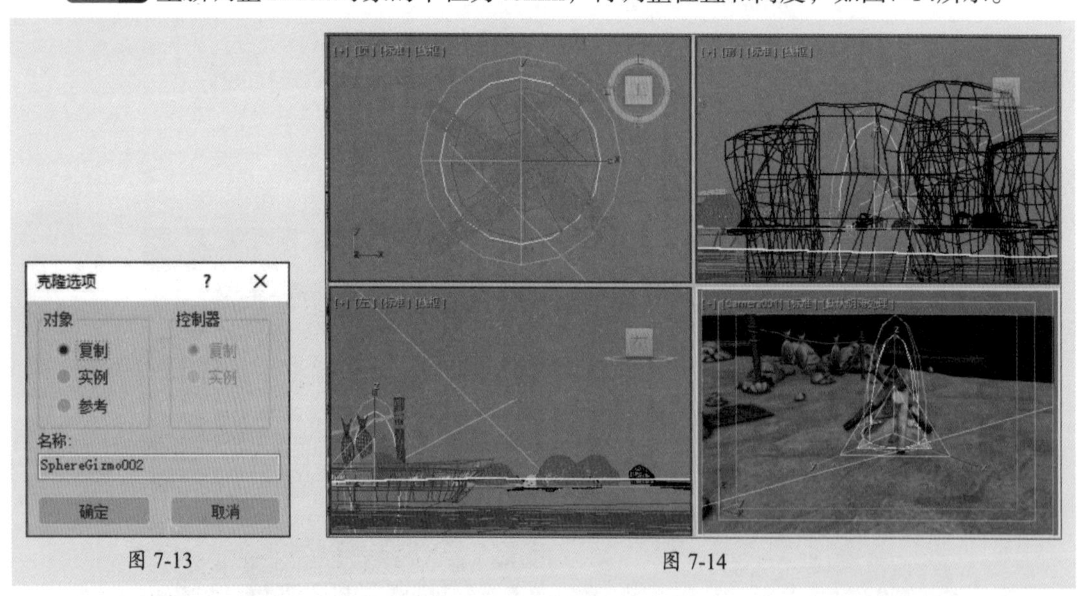

图 7-13　　图 7-14

步骤 08 执行“渲染>环境”命令，打开“环境和效果”面板，在“大气”卷展栏中单击“添加”按钮，在弹出的“添加大气效果”对话框中选择“火效果”选项，如图7-15所示。

步骤 09 单击“确定”按钮，添加“火效果”，然后再次添加“火效果”，在“大气”卷展栏中可以看到添加的两个效果，如图7-16所示。

图 7-15

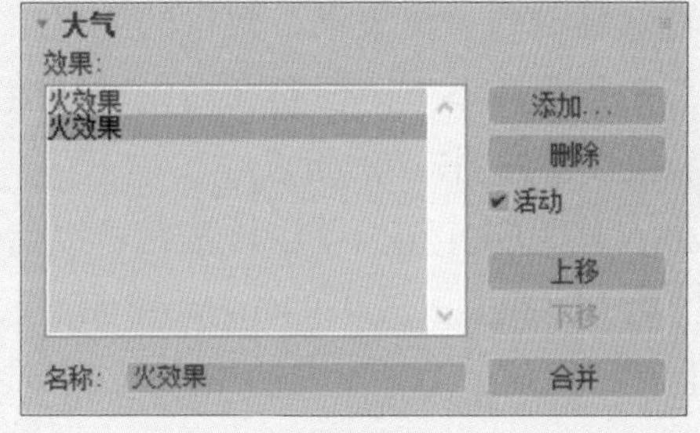

图 7-16

步骤 10 选择第一个火效果，在下方的“火效果参数”卷展栏中单击“拾取Gizmo”按钮，然后在视口中拾取半径为50mm的Gizmo对象，并设置“图形”选项组、“特性”选项组和“动态”选项组的参数，其余参数保持默认，如图7-17所示。

步骤 11 在“大气”卷展栏中选择第二个火效果，然后拾取半径为40mm的Gizmo对象，在“火效果参数”卷展栏中设置火焰颜色等参数，如图7-18所示。

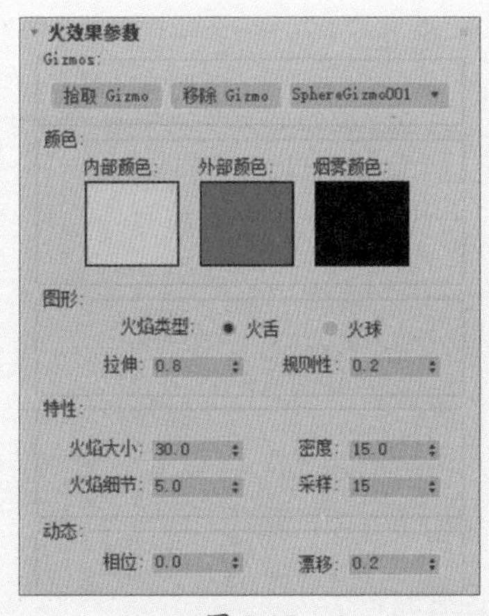

图 7-17

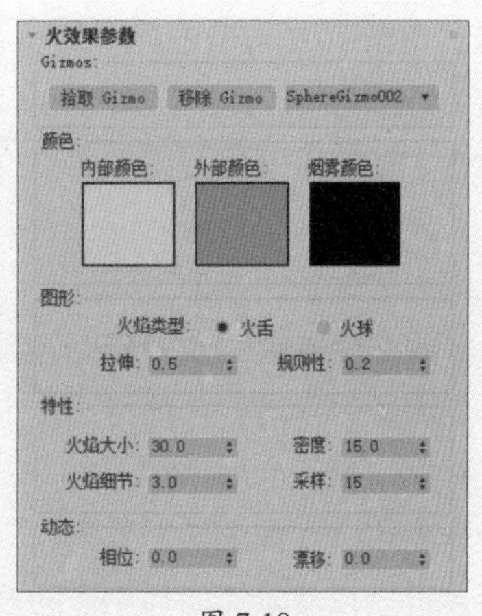

图 7-18

步骤 12 渲染摄影机视口，火焰效果如图7-19所示。

图 7-19

7.2.1 火效果

火效果可以模拟火焰、烟雾等效果，用户可以向场景中添加任意数目的火焰效果，效果的顺序很重要，先创建的总是排列在下方，但是会最先进行渲染计算。火效果参数设置如图7-20所示。

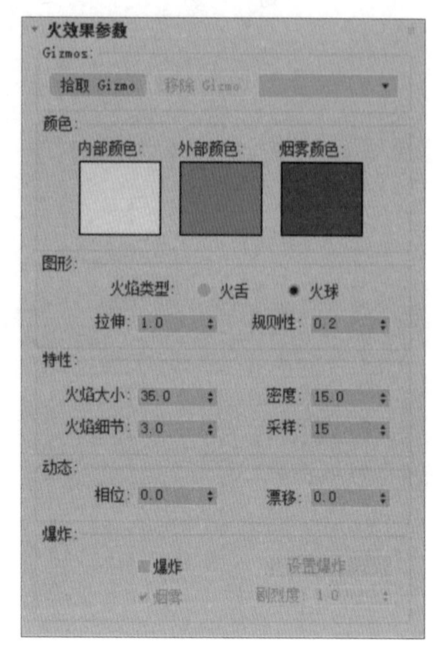

图 7-20

- **拾取Gizmo/移除Gizmo**：单击该按钮可以拾取或移除场景中要产生火效果的Gizmo对象。
- **内部颜色/外部颜色**：设置火焰中内部/外部的颜色。
- **烟雾颜色**：主要用来设置爆炸的烟雾颜色。
- **火焰类型**：有火舌和火球两种类型。
- **拉伸**：将火焰沿着装置的z轴进行缩放，该选项最适合创建“火舌”火焰。
- **规则性**：修改火焰填充装置的方式。
- **火焰大小**：设置装置中每个火焰的大小。
- **火焰细节**：控制每个火焰中显示的颜色更改量和边缘的尖锐度。
- **密度**：设置火焰效果的不透明度和亮度。
- **采样**：设置火焰效果采样率。数值越高，生成的火焰效果越细腻。
- **相位**：控制火焰效果的速率。
- **漂移**：设置火焰沿着火焰装置z轴的渲染方式。
- **爆炸**：选中该复选框后，火焰将产生爆炸效果。
- **烟雾**：控制爆炸是否产生烟雾。
- **剧烈度**：改变相位参数的漩涡效果。
- **设置爆炸**：可以控制爆炸的开始时间和结束时间。

7.2.2 雾效果

雾可以模拟距离摄影机越远雾效果越强烈的场景。雾参数设置如图7-21所示。

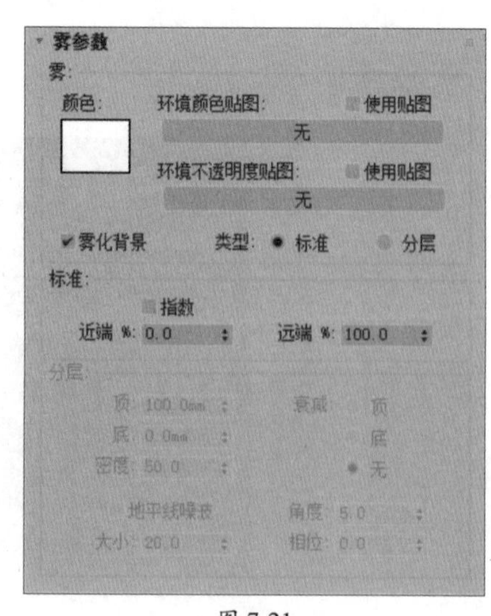

图 7-21

- **颜色**：设置雾的颜色。
- **环境颜色贴图**：从贴图导出雾的颜色。
- **使用贴图**：使用贴图来产生雾效果。
- **环境不透明度贴图**：使用贴图来更改雾的密度。
- **雾化背景**：将雾应用于场景的背景。
- **标准/分层**：使用标准雾/分层雾。
- **指数**：随距离按指数增大密度。
- **近端/远端**：设置雾在近距离/远距离范围的密度。

- **顶/底：**设置雾层的上限/下限。
- **密度：**设置雾的总体密度。
- **衰减顶/底/无：**添加指数衰减效果，范围从上限到下限再到无。

7.2.3 体积光

体积光可以制作带有体积的光线，并指定给任何类型的灯光（环境光除外）。体积光可以被物体阻挡，从而形成光芒透过缝隙的效果。带有体积光属性的灯光仍可以进行照明、投影及投影图像，从而产生真实的光线效果。体积光参数设置如图7-22所示。

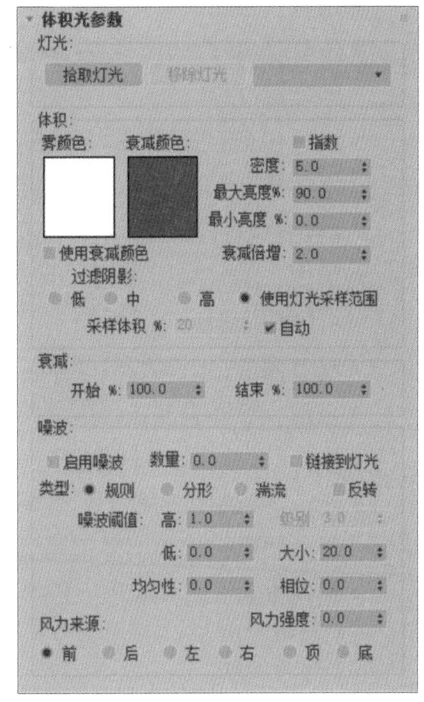

图 7-22

- **拾取灯光：**在任意视口中单击要为体积光启用的灯光。
- **雾颜色：**设置体积光产生的雾的颜色。
- **衰减颜色：**体积光随距离而衰减。衰减颜色就是指衰减区域内雾的颜色，它和雾颜色相互作用，决定最后的光芒颜色。
- **使用衰减颜色：**控制是否开启衰减颜色功能。
- **指数：**跟踪距离以指数计算光线密度的增量，否则将以线性进行计算。
- **最大亮度/最小亮度：**设置可以到的最大和最小的光晕效果。
- **衰减倍增：**设置衰减颜色的强度。
- **过滤阴影：**通过提高采样率来获得更高品质的体积光效果。
- **使用灯光采样范围：**根据灯光阴影参数中的采样范围值来使体积光中投射的阴影变模糊。
- **采样体积：**控制体积的采样率。
- **自动：**自动控制采样体积的参数。
- **开始/结束：**设置开始和结束灯光效果衰减的百分比。
- **启用噪波：**控制噪波影响的开关。
- **数量：**设置指定给雾效果的噪波强度。
- **链接到灯光：**将噪波设置于灯光的自身坐标相连接，这样灯光在进行移动时，噪波也会随灯光一同移动。

7.2.4 体积雾

体积雾是在一定的空间体积内产生雾效果，与雾有所不同，一种是作用于整个场景，要求场景内必须有对象存在。体积雾一种是作用于大气装置Gizmo物体，在Gizmo物体限制的区域内产生云团。体积雾是一种更加容易控制的方法。其参数设置如图7-23所示。

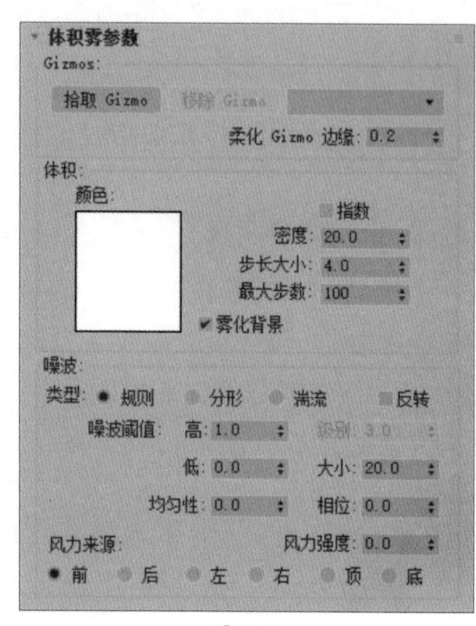

图 7-23

- **拾取Gizmo**：单击该按钮进入拾取模式，然后单击场景中的某个大气装置。
- **柔化Gizmo边缘**：羽化体积雾效果的边缘。数值越大，边缘越柔滑。注意不要设置数值为0，可能会造成雾边缘上出现锯齿。
- **指数**：跟随距离按指数增大密度。
- **步长大小**：确定雾采样的颗粒度，即雾的细度。
- **最大步数**：限制采样量，以便雾的计算不会永远执行。该选项适合于雾密度较小的场景。
- **雾化背景**：将体积雾应用于场景的背景。
- **类型**：有规则、分形、湍流和反转四种类型可供选择。
- **噪波阈值**：限制噪波效果。
- **级别**：设置噪波迭代应用的次数。
- **大小**：设置烟卷或雾卷的大小。
- **相位**：控制风的种子。如果风力强度大于0，雾体积会根据风向来产生动画。
- **风力强度**：控制烟雾远离风向的速度。
- **风力来源**：定义风来自哪个方向。

7.3 渲染效果

在“环境和效果”对话框中，切换到“效果”选项卡，在此可添加多种效果。如镜头效果、景深效果、胶片颗粒效果等。单击“添加”按钮，会打开“添加效果”对话框，选择所需的渲染效果即可，如图7-24所示。

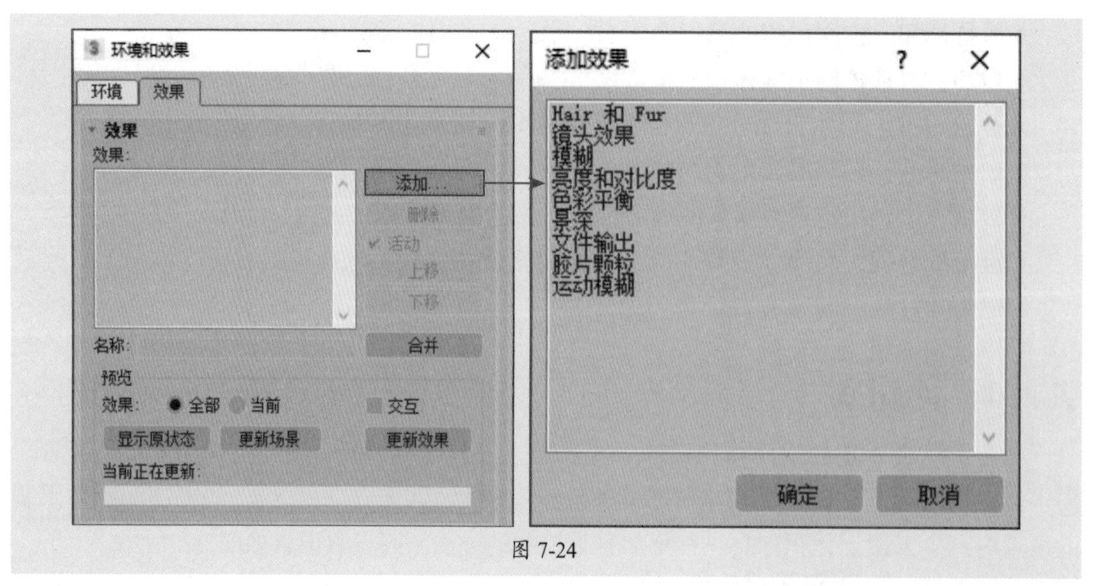

图 7-24

7.3.1 镜头效果

镜头效果包括光晕、光环、射线、自动二级光斑、手动二级光斑、星形和条纹7种，其“镜头效果全局”卷展栏中包括“参数”和“场景”两个选项卡，如图7-25所示。

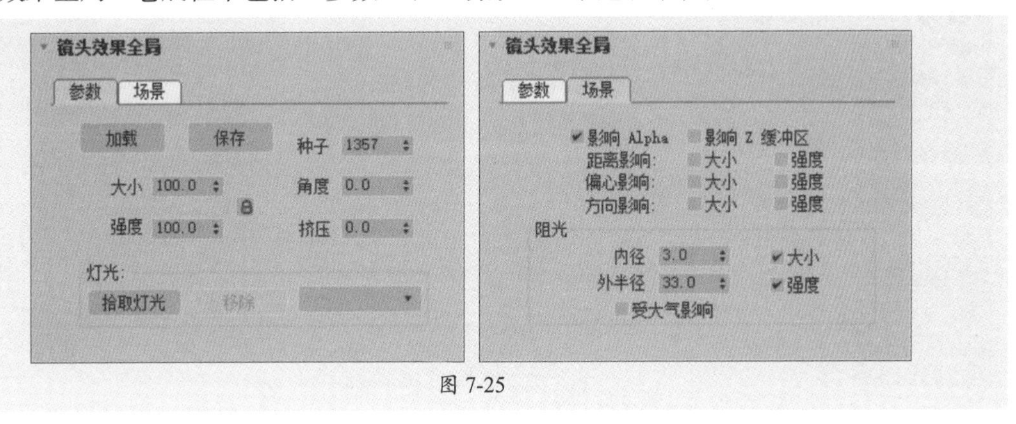

图 7-25

“参数”选项卡中各选项含义如下。

- **加载/保存：** 单击该按钮可以加载/保存LZV格式的文件。
- **大小：** 设置镜头效果的总体大小。
- **强度：** 设置镜头效果的总体亮度和不透明度。
- **种子：** 为镜头效果的随机数生成器提供不同的起点，并创建略有不同的镜头效果。
- **角度：** 当镜头效果与摄影机的相对位置发生改变时，该选项用来设置镜头效果从默认位置的旋转量。
- **挤压：** 在水平方向或垂直方向挤压镜头效果的总体大小。
- **拾取灯光/移除：** 单击该按钮可以在场景中拾取灯光或者移除灯光。

“场景”选项卡中各选项含义如下。

- **影响Alpha：** 如果图像以32位文件格式来渲染，那么该选项用来控制镜头效果是否影响图像的Alpha通道。
- **影响z缓冲区：** 存储对象与摄影机的距离。
- **距离影响：** 控制摄影机或视口的距离对光晕效果的大小和强度的影响。
- **偏心影响：** 产生摄影机或视口偏心的效果对光晕效果的大小或强度的影响。
- **方向影响：** 聚光灯相对于摄影机的方向对光晕效果的大小或强度的影响。
- **内径：** 设置效果周围的内径，另一个场景对象必须与内径相交才能完全阻挡效果。
- **外半径：** 设置效果周围的外径，另一个场景对象必须与外径相交才能开始阻挡效果。
- **大小：** 减小所阻挡的效果的大小。
- **强度：** 减小所阻挡的效果的强度。
- **受大气影响：** 控制是否允许大气效果阻挡镜头效果。

7.3.2 模糊

模糊可以模拟多种模糊效果，常用于创建梦幻效果或摄影机移动拍摄的效果。“模糊参数”卷展栏中包括“模糊类型”和“像素选择”两个选项卡，如图7-26所示。

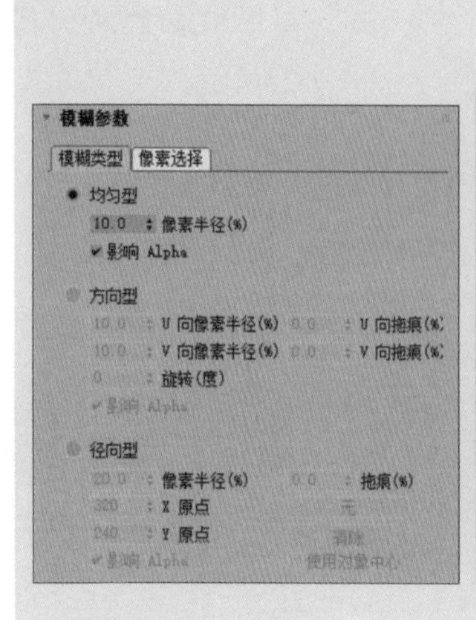

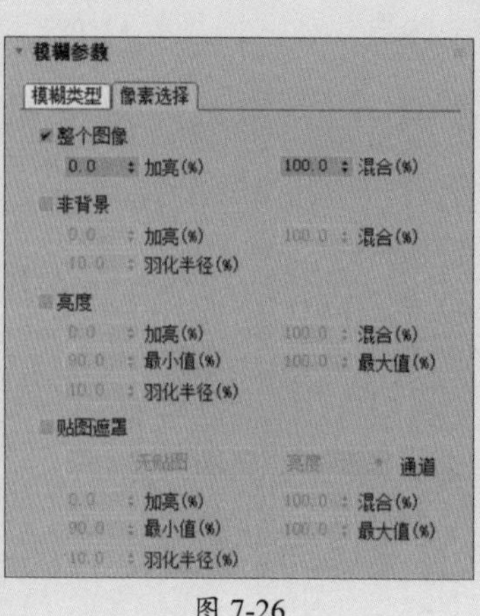

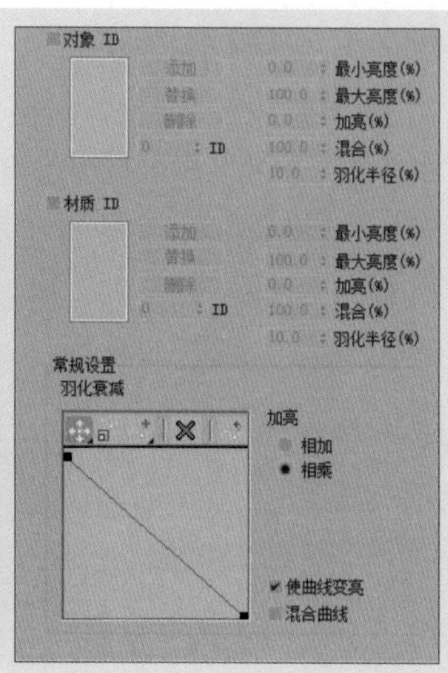

图 7-26

1. “模糊类型”选项卡

- **均匀型：** 该类型用于将模糊效果均匀应用在整个渲染图像中。
- **像素半径：** 设置模糊效果的半径。
- **影响Alpha：** 选中该复选框时可以将均匀型模糊效果应用于Alpha通道。
- **方向型：** 该类型用于按照方向型参数指定任意方向应用模糊效果。
- **U/V像素半径：** 设置模糊效果的水平/垂直强度。
- **U/V向拖痕：** 通过为U/V轴的某一侧分配更大的模糊权重来为模糊效果添加方向。
- **旋转：** 通过U向像素半径和V向像素半径来应用模糊效果的U向像素和V向像素的轴。
- **影响Alpha：** 选中该复选框时，可以将方向型模糊效果应用于Alpha通道。
- **径向型：** 该类型用于以径向的方式应用模糊效果。
- **X/Y原点：** 对渲染输出的尺寸指定模糊的中心。
- **使用对象中心：** 选中该复选框后，“无”按钮指定的对象将作为模糊效果的中心。

2. “像素选择”选项卡

- **整个图像：** 选中该复选框后，模糊效果将影响整个渲染图像。
- **加亮：** 加亮整个图像。
- **混合：** 将模糊效果和整个图像参数与原始的渲染图像进行混合。
- **非背景：** 选中该复选框后，模糊效果将影响背景图像或动画以外的所有元素。
- **亮度：** 影响亮度值介于最小值和最大值微调器之间的所有像素。
- **贴图遮罩：** 通过在材质/贴图浏览器对话框中选择的通道和应用的遮罩来应用模糊。
- **对象ID：** 如果对象匹配过滤器设置，会将模糊效果应用于对象或对象中具有特定对象ID的部分。

7.3.3 景深

景深效果是通过摄影机镜头观看时，前景和背景场景元素出现的自然模糊效果。该效果限定了对象的聚焦点平面上的对象会很清晰，远离摄影机焦点平面的对象会变得模糊不清。“景深参数”卷展栏如图7-27所示。其中各个参数的含义如下。

- **拾取摄影机/移除摄影机：** 单击该按钮，可直接在视图中拾取或移除应用景深效果的摄影机。
- **焦点节点：** 指定场景中的一个对象作为焦点所在位置，由此依据与摄影机之间的距离计算周围场景的焦散程度。
- **拾取节点：** 点选后在场景拾取对象，将对象作为焦点节点。
- **移除：** 去除列表框中选择的作为焦点节点的对象。
- **使用摄影机：** 使用当前在摄影机列表中选择的摄影机的焦距来定义焦点参照。
- **自定义：** 通过自定义焦点参数来决定景深影响。

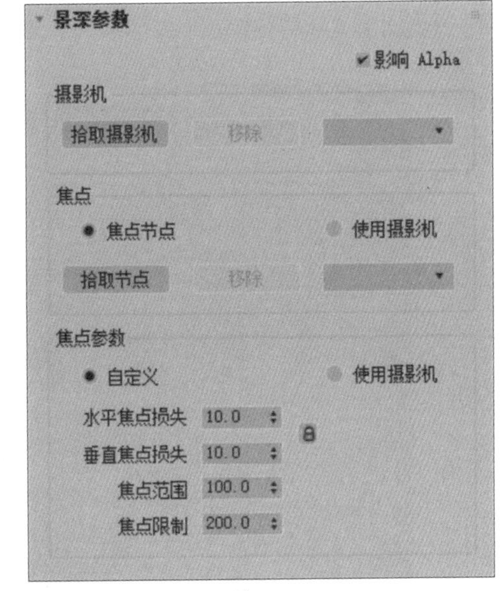

图 7-27

- **使用摄影机：** 使用选择的摄影机来决定焦点范围、限制和模糊。
- **水平焦点损失：** 控制水平轴向模糊的数量。
- **垂直焦点损失：** 控制垂直轴向模糊的数量。
- **焦点范围：** 设置z轴上的单位距离，在这个距离之外的对象都将被模糊处理。
- **焦点限制：** 设置z轴上的单位距离，设置模糊影像的最大距离范围。

操作提示

这里的景深和摄影机参数里的景深设置不同，这里完全依靠z通道的数据对最终的渲染图进行景深处理，所以速度很快。而摄影机中的景深完全依靠实物进行景深计算，计算时间会增加数倍。

7.3.4 胶片颗粒

胶片颗粒可以为渲染图像加入很多杂色的噪波点，用于在渲染场景中创建胶片颗粒的效果，也可以防止色彩输出在监视器上产生的带状条纹。“胶片颗粒参数”卷展栏如图7-28所示。其中各个参数的含义介绍如下。

- **颗粒：** 设置添加到图像中的颗粒数，取值范围为0~10。
- **忽略背景：** 屏蔽背景，使颗粒仅应用于场景中的几何体对象。

图 7-28

课堂实战 营造云雾缭绕的游戏场景

本案例将结合本章所学的“大气效果”工具为游戏场景添加云雾缭绕的大气效果。具体操作步骤如下。

步骤01 打开游戏场景素材文件，如图7-29所示。

图 7-29

步骤02 在“辅助对象”的“大气装置”创建面板中单击“长方体Gizmo”按钮，在顶视图中创建长方体Gizmo对象，调整对象尺寸和位置，如图7-30所示。

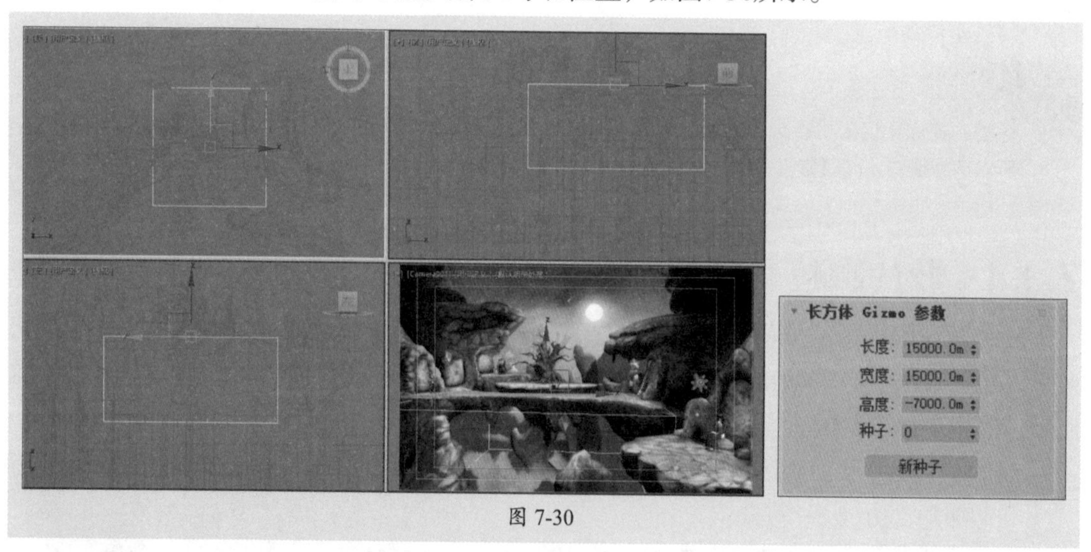

图 7-30

步骤03 在“大气和效果”卷展栏中单击“添加”按钮，打开“添加大气”对话框，在列表中选择“体积雾”，单击“确定”按钮即可添加大气效果，如图7-31所示。

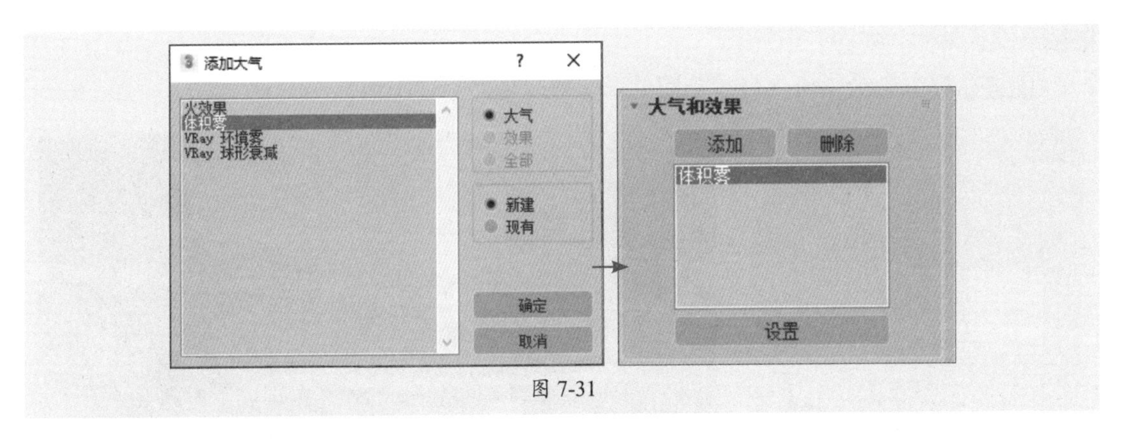

图 7-31

步骤 04 选择该效果，再单击“设置”按钮，会打开“环境和效果”面板，在“体积雾参数”卷展栏中设置“体积”属性组和“噪波”属性组中的参数，如图7-32所示。

步骤 05 渲染摄影机视口，当前的雾效果如图7-33所示。

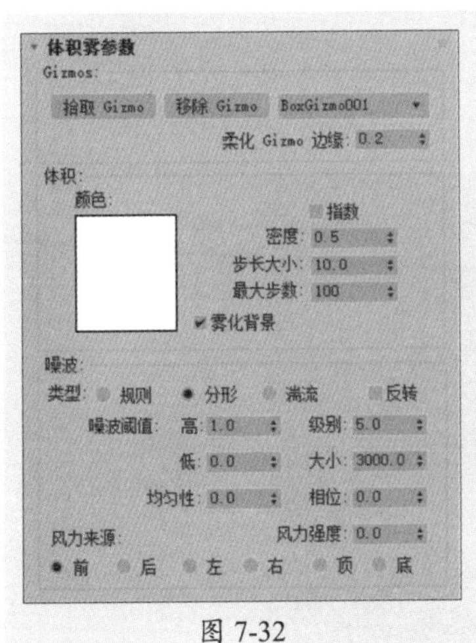

图 7-32

图 7-33

步骤 06 单击“球体Gizmo”按钮，在视口中创建一个Gizmo对象，调整对象位置，如图7-34所示。

步骤 07 激活“选择并缩放”工具，对Gizmo对象进行缩放操作，如图7-35所示。

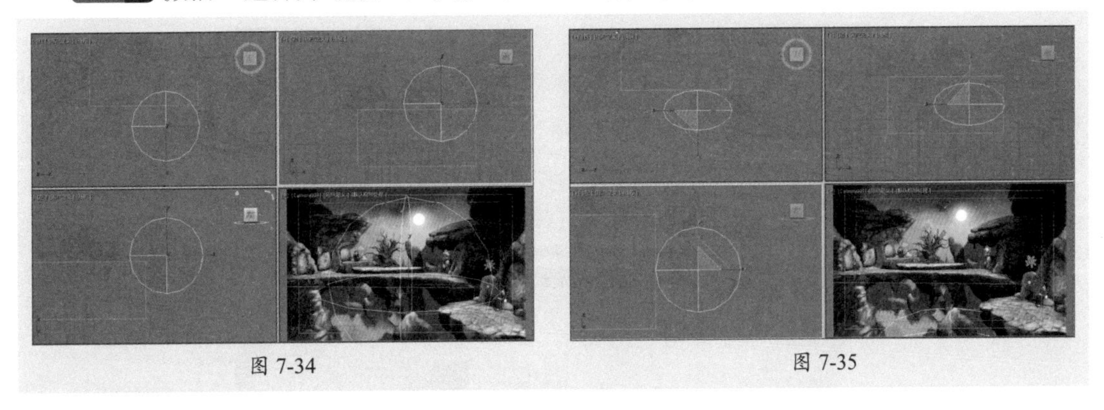

图 7-34　　图 7-35

步骤 08 按照步骤3～4的大气效果添加方式，添加体积雾效果，并在“体积雾参数”卷展栏中设置参数，如图7-36所示。

步骤 09 再渲染摄影机视口，当前的云雾效果如图7-37所示。

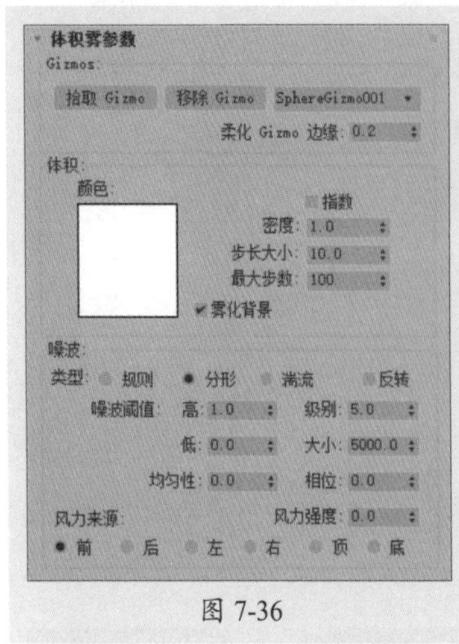

图 7-36

图 7-37

步骤 10 复制多个Gizmo对象，并分别适当地调整位置及参数，如图7-38所示。

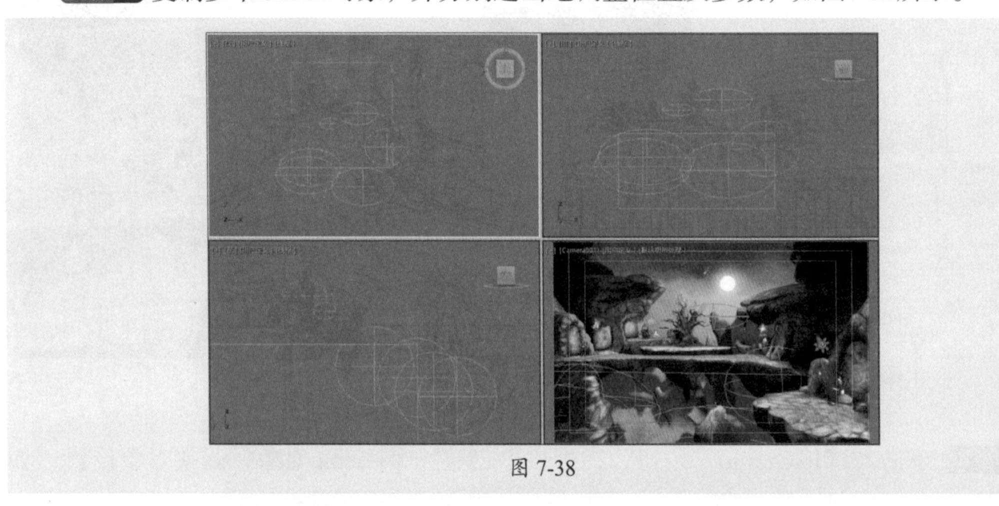

图 7-38

步骤 11 再次渲染摄影机视口，最终的云雾效果如图7-39所示。

图 7-39

课后练习 创建室外浓雾弥漫场景

本练习将利用雾效果来制作大雾弥漫的场景，效果如图7-40所示。

图 7-40

1. 技术要点

步骤 01 打开“环境和效果”对话框，在大气卷展栏中添加雾效果。

步骤 02 设置“雾”的远端参数。再次渲染场景即可。

2. 分步演示

分步演示效果如图7-41所示。

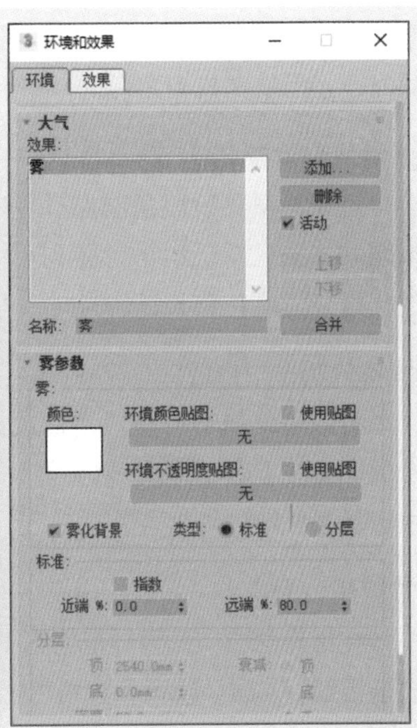

图 7-41

拓展赏析

3D动画影片的制作流程

3D动画制作是一项复杂且富有创造力的过程，它会涉及多个阶段和专业技术人员的合作。下面将对3D动画的制作流程进行简单介绍。

1. 前期筹备

在正式进入3D动画制作之前，需要进行充分的筹备工作。这包括确定影片的主题、风格、目标受众等，以及编写详细的故事剧本和角色设定。同时，需要组建一支包括导演、编剧、美术设计师、动画师等在内的专业团队，并明确各自的职责和分工。

2. 概念设计

概念设计阶段主要包括角色设计、场景设计以及道具设计等。美术设计师根据剧本和导演的要求，创作出角色的初步形象、服装、表情等，并设计出影片中的关键场景和道具。这些设计稿需要经过多次修改和完善，以确保它们能够符合影片的整体风格和故事情节。

3. 建模与材质贴图

在建模阶段，动画师利用3D建模软件根据概念设计稿创建出具体的三维模型。这些模型需要精细地调整其形状、比例和细节，以确保它们能够真实地呈现设计稿中的效果。模型创建好后，还需要为其赋予相应的材质和贴图，使模型具有真实的外观和质感。

4. 动画绑定与动画设计

动画绑定与动画设计阶段是动画制作过程中最具有创造性和技巧性的部分阶段之一。在这个阶段，动画师会根据故事情节和要求，为角色和场景添加运动和动作。动画师需要掌握动画原理和技巧，如时间掌握、动作捕捉、关键帧等，才能制作出生动自然的动画。同时，还需要考虑到角色的性格和情绪等因素，以表现角色的个性和特点。

5. 灯光与渲染

灯光与渲染阶段是制作过程中的关键步骤。灯光师为场景添加灯光，以营造出合适的氛围和光影效果。渲染师则利用渲染引擎对场景进行渲染，生成高质量的图像序列。渲染过程可能需要花费大量的时间，但可以呈现逼真的画面效果。

6. 特效制作与合成

特效制作与合成阶段是特效师结合影视特效软件（如After Effect等）为影片添加各种特效，如火焰、水流、烟雾等，以增强画面的视觉效果。合成师则将各个元素（包括角色、场景、特效等）合并在一起，调整色彩、对比度等参数，使画面达到最佳效果。

7. 剪辑与配音

在剪辑阶段，剪辑师根据剧本和导演的要求，对影片进行剪辑和整理，使其呈现连贯的故事情节。同时，配音师为角色配音，并添加背景音乐和音效，以增强影片的听觉体验。

思政课堂

第8章

灯光与场景渲染

内容导读

三维模型创建好后，接下来，就要为模型添加灯光效果。灯光是画面视觉效果的基础，也是三维场景的灵魂所在。场景渲染是建模的最后一步，这一步也至关重要。学会基本的渲染设置能够提升模型的品质。本章将重点对3ds Max灯光和渲染技能进行介绍，帮助读者制作出更为真实的三维作品。

思维导图

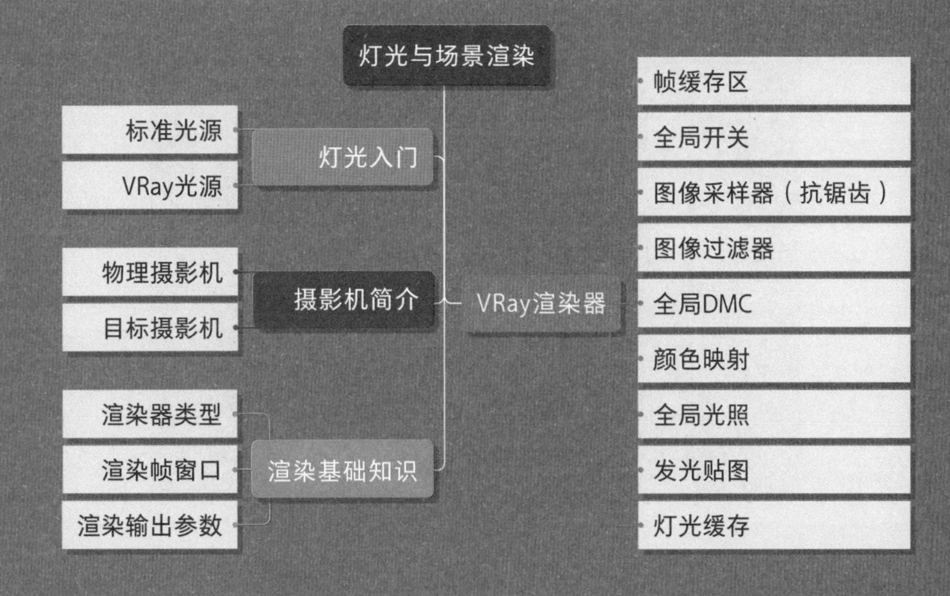

8.1 灯光入门

合理的灯光布局可以为动画场景提供更为丰富的层次效果。3ds Max中的灯光有很多属性，其中包括颜色、形状、方向、衰减等。通过选择合适的灯光类型，设置准确的灯光参数，就可以模拟出真实的照明效果。

场景中的灯光，通常分为关键光、补充光和背景光三种。

1. 关键光

在一个场景中，其主要光源通常称为关键光。关键光不一定只是一个光源，也未必像点光源一样固定于一个地方，但是它一定是照明的主要光源。主光是光照中的主要部分，它是场景中最主要、最光亮的光，负责照亮主角，所以主光的选择极其重要，是光照质量的决定性因素，是角色感情表现的重要因素。

2. 补充光

补充光用来填充场景的黑暗和阴影区域。关键光在场景中是最引人注意的光源，而补充光的光线可以提供景深和逼真的感觉。

比较重要的补充光来自天然漫反射，这种类型的灯光通常称为环境光。在3ds Max中模拟环境光的办法是，在场景中把低强度的灯光放在合理的位置上，这种类型的辅助光不仅减少阴影区域，还向不能被关键光直接照射的地方提供一些光线。也可以将其放置在关键光相对的位置，用以柔化阴影。

3. 背景光

背景光通常作为边缘光，通过照亮对象的边缘将目标对象从背景中分开，其对物体的边缘起作用，引起很小的反射高光区。

案例解析：模拟卡通灯光照效果

本案例将利用VRay灯光模拟出台灯的光照效果。具体操作步骤如下。

步骤 01 打开“卡通灯”场景素材文件，如图8-1所示。

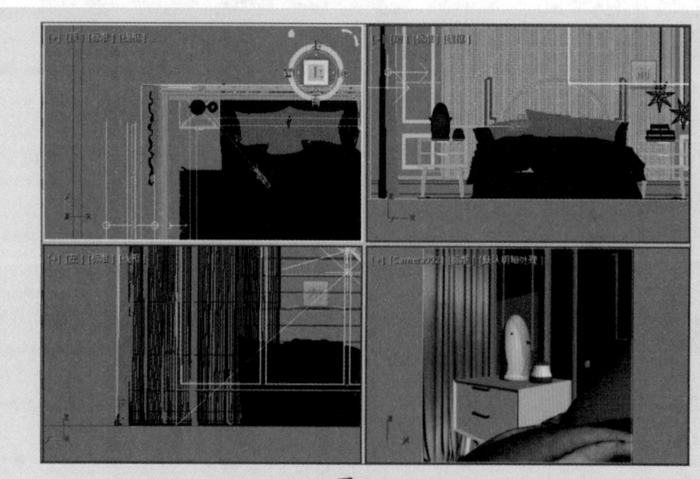

图 8-1

步骤 02 渲染摄影机视口，可以看到当前卡通灯未亮的效果，如图8-2所示。

图 8-2

步骤 03 在VRay创建面板中单击VRay灯光按钮，在视口中创建一盏球形灯光，在“常规”卷展栏和“选项”卷展栏中设置光源的半径、倍增、模式及温度等参数，如图8-3所示。

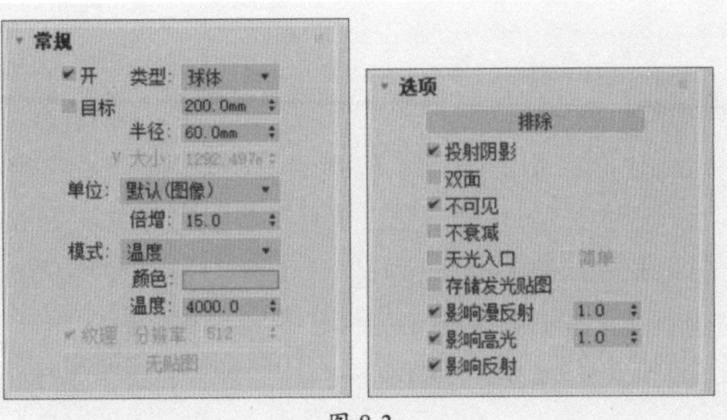

图 8-3

步骤 04 在视口中调整光源位置，使其位于灯罩内部，如图8-4所示。

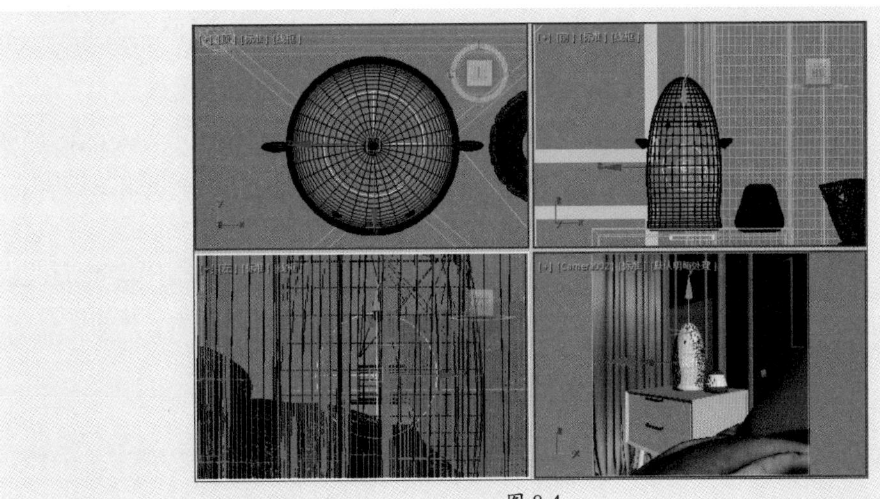

图 8-4

步骤 05 再次渲染摄影机视口，即可看到卡通灯的光照效果了，如图8-5所示。

图 8-5

8.1.1 标准光源

标准光源是3d Max软件自带的灯光，包括“目标聚光灯”“自由聚光灯”“目标平行光”“自由平行光”“泛光”“天光”6种类型，常用灯光的基本知识如下。

1）聚光灯

聚光灯是3ds Max中最常用的灯光类型，包括“目标聚光灯”和“自由聚光灯”两种。二者照明原理都类似闪光灯，由一个点向一个方向照射，即投射聚集的光束，其中自由聚光灯没有目标对象。

2）平行光

平行光包括“目标平行光”和“自由平行光”两种，主要用于模拟太阳在地球表面投射的光线，即以一个方向投射的平行光。目标平行光是具体方向性的灯光，可以通过调整光源位置和目标点位置来模拟太阳光的照射效果，当然也可以模拟美丽的夜色。

平行光的主要参数包括“常规参数”“强度/颜色/衰减”“平行光参数”“高级效果”“阴影参数”“阴影贴图参数”，其参数含义与聚光灯参数含义基本一致，这里不再重复讲解。

3）泛光灯

泛光灯的特点是以一个点为发光中心，向外均匀地发散光线，常用来制作灯泡灯光、蜡烛光等。

操作提示

当泛光灯应用光线跟踪阴影时，渲染速度比聚光灯要慢，但渲染效果一致，在场景中应尽量避免这种情况发生。

8.1.2 VRay光源

VRay渲染器是最常用的渲染软件，VR灯光是VRay渲染器的专属灯光类型，它包括“VR灯光”“VRayIES”“VR环境灯光”“VR太阳光”四种类型，其中“VR灯光”和“VR太阳光”最为常用。

1. VR灯光

VR灯光是“VRay渲染器”自带的灯光之一，它的使用频率比较高。默认的光源形状为具有光源指向的矩形光源，此外较为常用的还有球形光源和穹顶光源，如图8-6所示。

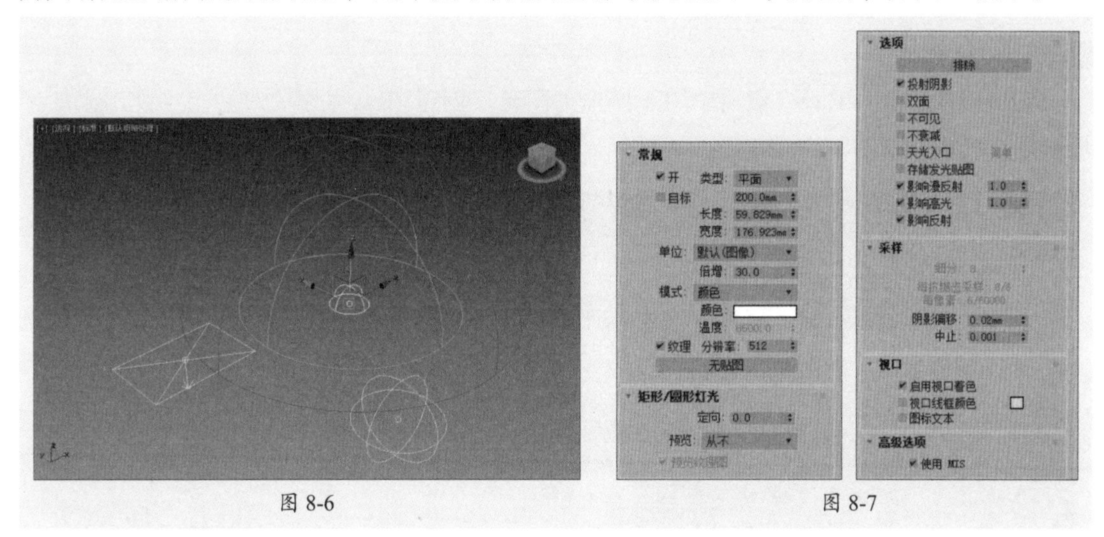

图 8-6　　图 8-7

VR灯光参数设置如图8-7所示，其中各选项的含义如下。

- **开：** 灯光的开关。选中此复选框，灯光才被开启。
- **类型：** 有5种灯光类型可以选择，分别为平面、穹顶、球体、网格、圆形。
- **目标：** 指向目标箭头的长度。
- **长度：** 面光源长度。
- **宽度：** 面光源宽度。
- **单位：** VRay的默认单位，以灯光的亮度和颜色来控制灯光的光照强度。
- **倍增：** 用于控制光照的强弱。
- **模式：** 可选择颜色或者色温。
- **颜色：** 光源发光的颜色。
- **温度：** 光源的温度控制，温度越高，光源越亮。
- **纹理：** 可以给灯光添加纹理贴图。
- **投射阴影：** 控制灯光是否投射阴影，默认勾选。
- **双面：** 控制是否在面光源的两面都产生灯光效果。
- **不可见：** 用于控制是否在渲染的时候显示VRay灯光的形状。
- **不衰减：** 选中此复选框，灯光强度将不随距离而减弱。
- **天光入口：** 选中此复选框，将把VRay灯光转化为天光。

- **存储发光贴图：** 选中此复选框，同时为发光贴图命名并指定路径，这样VR灯光的光照信息将保存。
- **影响漫反射：** 控制灯光是否影响材质属性的漫反射。
- **影响高光：** 控制灯光是否影响材质属性的高光。
- **影响反射：** 控制灯光是否影响材质属性的反射。
- **细分：** 控制VRay灯光的采样细分。
- **阴影偏移：** 控制物体与阴影偏移距离。
- **视口：** 控制视口的颜色。

2. VRay 太阳光

VRay太阳光在VRay渲染器中用于模拟太阳光。创建VRay太阳光时会自动弹出添加环境贴图选择框，如图8-8所示。

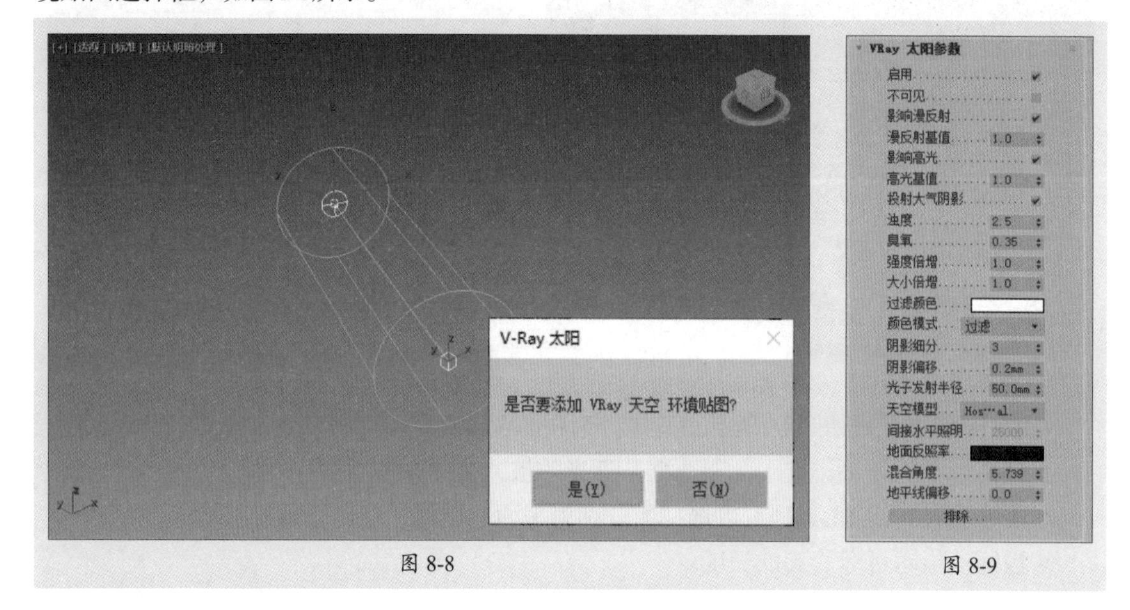

图 8-8　　图 8-9

VRay太阳参数卷展栏如图8-9所示，其中常用选项的含义介绍如下。

- **启用：** 此选项用于控制是否启用太阳光功能。
- **不可见：** 用于控制在渲染时是否显示VRay阳光的形状。
- **浊度：** 控制空气中的清洁度，影响太阳和天空的颜色倾向。当数值较小时，空气晴朗干净，颜色倾向为蓝色；当数值较大时，空气浑浊，颜色倾向为黄色甚至橘黄色。
- **臭氧：** 表示空气中的氧气含量。较小的值阳光会发黄，较大的值阳光会发蓝。
- **强度倍增：** 用于控制阳光的强度。数值越大灯光越亮，数值越小灯光越暗。
- **大小倍增：** 控制太阳的大小，主要表现在控制投影的模糊程度。数值越大太阳越大，产生的阴影越虚。
- **过滤颜色：** 用于自定义太阳光的颜色。
- **阴影细分：** 用于控制阴影的品质。较大的值模糊区域的阴影将会比较光滑，没有杂点。
- **阴影偏移：** 用来控制物体与阴影偏移距离，较高的值会使阴影向灯光的方向偏移。

如果该值为1.0，阴影无偏移；如果该值大于1.0，阴影远离投影对象；如果该值小于1.0，阴影靠近投影对象。

- **排除：** 将物体排除于太阳光照射范围之外。

3. VRayIES

VRayIES是设计中常用到的灯光，效果如图8-10所示。VRayIES是VRay渲染器提供用于添加IES光域网文件的光源。选择了光域网文件（*.IES），那么，在渲染过程中光源的照明就会按照选择的光域网文件中的信息来表现，就可以产生普通照明无法做到的散射、多层反射、日光灯等效果。

“VRay光域网（IES）参数”卷展栏如图8-11所示，其中参数含义与VRay太阳光参数含义类似。

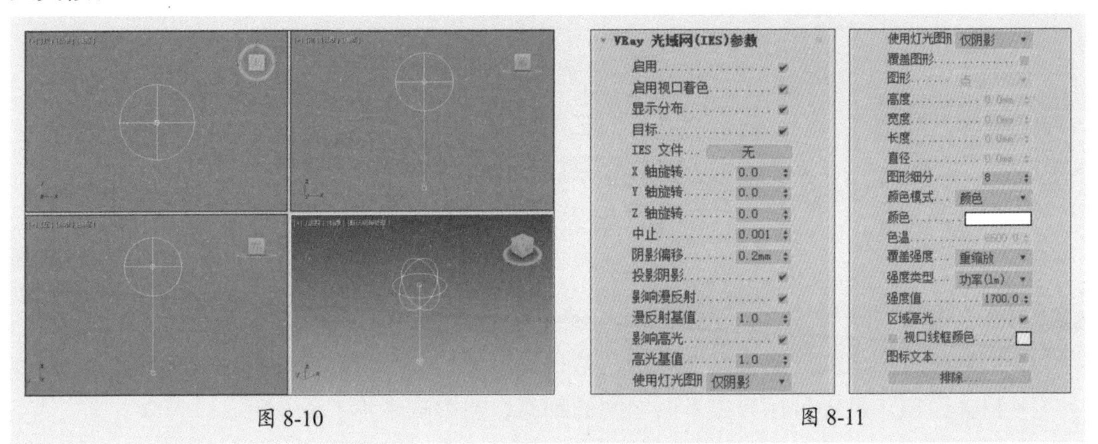

图 8-10　　图 8-11

8.2 摄影机简介

摄影机在3ds Max中也很重要。它不仅是固定视角的工具，更是创造视觉效果和渲染真实场景的关键要素。

1）焦距

焦距是指镜头和灯光敏感性曲面的焦点平面间的距离。焦距影响成像对象在图片上的清晰度。焦距越小，图片中包含的场景越多。焦距越大，图片中包含的场景越少，但会显示远距离成像对象的更多细节。

2）视野

视野控制摄影机可见场景的数量，以水平线度数进行测量。视野与镜头的焦距直接相关，例如，35mm的镜头显示水平线约为54°，焦距越大则视野越窄，焦距越小则视野越宽。

摄影机可以从特定的观察点来表现场景，模拟真实世界中的静止图像、运动图像或视频，并能够制作某些特殊的效果，如景深和运动模糊等。

8.2.1 物理摄影机

物理摄影机可模拟真实摄影机设置功能，如快门速度、光圈、景深和曝光。借助增强的控件和额外的视口内反馈，让创建逼真的图像和动画变得更加容易。其参数面板包括“基本”“物理摄影机”“曝光”“散景（景深）”“透视控制”“镜头扭曲”等多个卷展栏，如图8-12所示。常用的几个卷展栏参数含义如下。

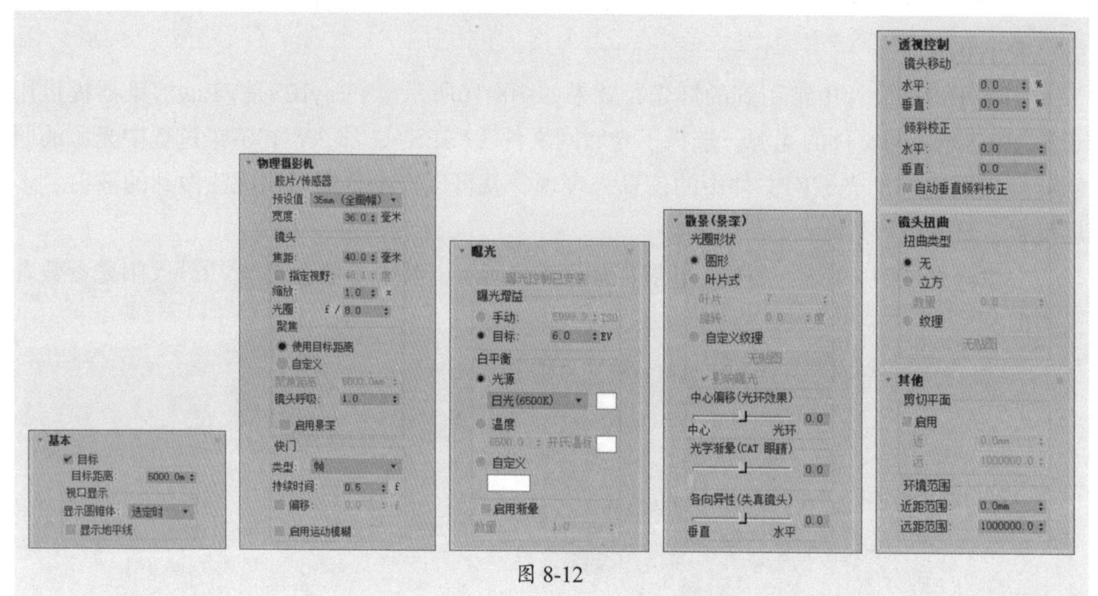

图 8-12

1.“基本”卷展栏

- **目标：**选中该复选框后，摄影机包括目标对象，并与目标摄影机的行为相似。
- **目标距离：**设置目标与焦平面之间的距离，会影响聚焦、景深等。
- **显示圆锥体：**在显示摄影机圆锥体时选择“选定时”“始终”或“从不”。
- **显示地平线：**选中该复选框后，地平线在摄影机视口中显示为水平线。

2.“物理摄影机”卷展栏

- **预设值：**选择胶片模型或电荷耦合传感器。每个设置都有其默认宽度值，“自定义”选项用于选择任意宽度。
- **宽度：**可以手动调整帧的宽度。
- **焦距：**设置镜头的焦距，默认值为40mm。
- **指定视野：**选中该复选框时，可以设置新的视野值。默认的视野值取决于所选的胶片/传感器预设值。
- **缩放：**在不更改摄影机位置的情况下缩放镜头。
- **光圈：**将光圈设置为光圈数，或“F制光圈”。此值将影响曝光和景深。光圈值越低，光圈越大并且景深越窄。
- **使用目标距离：**使用“目标距离”作为焦距。
- **自定义：**使用不同于“目标距离”的焦距。
- **镜头呼吸：**通过将镜头向焦距方向移动或远离焦距方向来调整视野。镜头呼吸值为0.0，表示禁用此效果。默认值为10。
- **启用景深：**选中该复选框时，摄影机在不等于焦距的距离上生成模糊效果。景深效果的强度基于光圈设置。

- **快门/类型：**选择测量快门速度使用的单位：帧（默认设置），通常用于计算机图形；分或分秒，通常用于静态摄影；或度，通常用于电影摄影。
- **持续时间：**根据所选的单位类型设置快门速度。该值可能影响曝光、景深和运动模糊。
- **偏移：**选中该复选框时，指定相对于每帧的开始时间的快门打开时间，更改此值会影响运动模糊。
- **启用运动模糊：**选中该复选框后，摄影机可以生成运动模糊效果。

3.“曝光”卷展栏

- **曝光控制已安装：**单击以使物理摄影机曝光控制处于活动状态。
- **手动：**通过ISO值设置曝光增益。当此选项处于活动状态时，通过此值、快门速度和光圈设置计算曝光。该数值越高，曝光时间越长。
- **目标：**设置与三个摄影曝光值的组合相对应的单个曝光值设置。每次增加或降低EV值，对应的也会分别减少或增加有效的曝光，如快门速度值中所做的更改表示的一样。因此，值越高，生成的图像越暗，值越低，生成的图像越亮。默认设置为9.0。
- **光源：**按照标准光源设置色彩平衡。
- **温度：**以色温形式设置色彩平衡，以开尔文温度表示。
- **自定义：**用于设置任意色彩平衡。单击色样以打开颜色选择器，可以从中设置希望使用的颜色。
- **启用渐晕：**选中该复选框时，渲染模拟出现在胶片平面边缘的变暗效果。
- **数量：**增加此数量以增加渐晕效果。

4.“散景（景深）”卷展栏

- **圆形：**散景效果基于圆形光圈。
- **叶片式：**散景效果使用带有边的光圈。使用“叶片”值设置每个模糊圈的边数，使用“旋转”值设置每个模糊圈旋转的角度。
- **自定义纹理：**使用贴图来替换每种模糊圈。（如果贴图为填充黑色背景的白色圈，则等效于标准模糊圈。）将纹理映射到与镜头纵横比相匹配的矩形：会忽略纹理的初始纵横比。
- **影响曝光：**选中该复选框时，自定义纹理将影响场景的曝光。
- **中心偏移（光环效果）：**使光圈透明度向中心（负值）或边（正值）偏移。正值会增加焦区域的模糊量，而负值会减小模糊量。
- **光学渐晕（CAT眼睛）：**通过模拟猫眼效果是帧呈现渐晕效果。
- **各向异性（失真镜头）：**通过垂直（负值）或水平（正值）拉伸光圈模拟失真镜头。

8.2.2 目标摄影机

目标摄影机用于观察目标点附近的场景内容，它有摄影机、目标两部分，可以很容易地单独进行控制调整，并分别设置动画。其参数面板包括“参数”“景深参数”和“运动模糊参数”3个卷展栏，“景深参数”卷展栏和“运动模糊参数”卷展栏参数类似，这里仅对

“参数”卷展栏和“景深参数”卷展栏进行介绍，如图8-13所示。

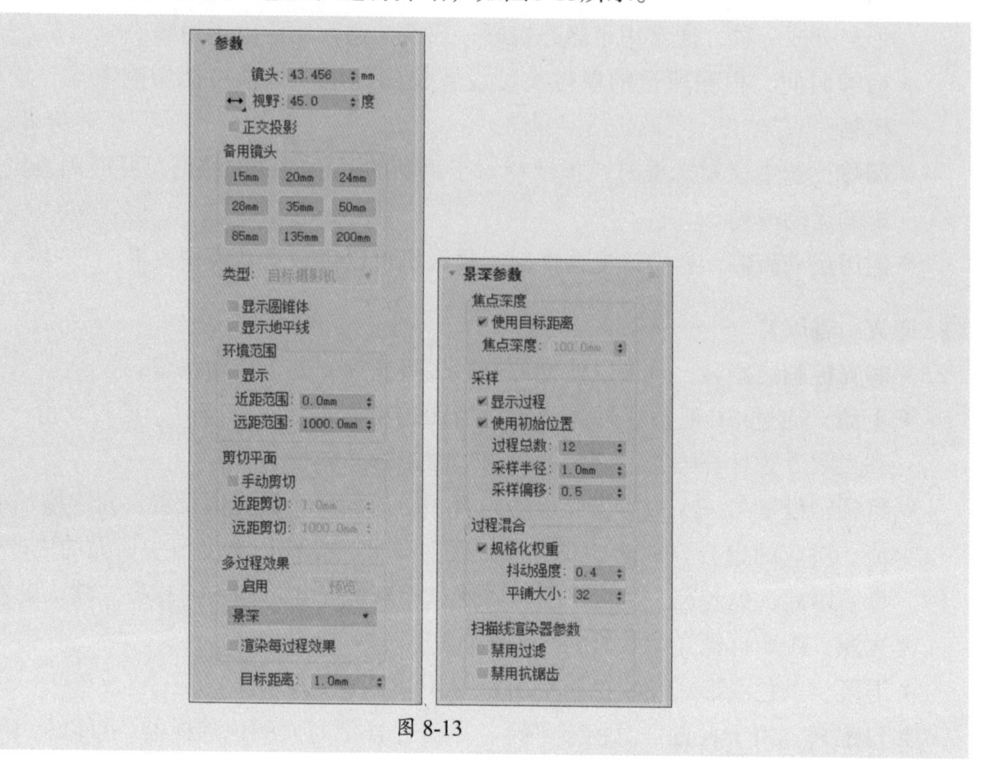

图 8-13

1. “参数”卷展栏

- **镜头：**以毫米为单位设置摄影机的焦距。
- **视野：**用于决定摄影机查看区域的宽度，可以通过水平、垂直或对角线3种方式测量应用。该参数与“镜头”参数是关联的。
- **正交投影：**选中该复选框后，摄影机视图为用户视图；关闭该选项后，摄影机视图为标准的透视图。
- 备用镜头：该选项组用于选择各种常用预置镜头。
- **类型：**切换摄影机的类型，包含目标摄影机和自由摄影机两种。
- **显示圆锥体：**显示摄影机视野定义的锥形光线。
- **显示地平线：**在摄影机中的地平线上显示一条深灰色的线条。
- **近距范围/远距范围：**设置大气效果的近距范围和远距范围。
- **手动剪切：**选中该复选框可以定义剪切的平面。
- **近距剪切/远距剪切：**设置近距平面和远距平面。
- **多过程效果：**该选项组中的参数主要用来设置摄影机的景深和运动模糊效果。默认选择“景深”，当选择“运动模糊”时，下方会切换成“运动模糊参数”卷展栏。
- **目标距离：**当使用目标摄影机时，设置摄影机与其目标之间的距离。

2. “景深参数”卷展栏

- **使用目标距离：**选中该复选框后，系统会将摄影机的目标距离用作每个过程偏移摄影机的点。

- **焦点深度：** 当关闭“使用目标距离”选项，该选项可以用来设置摄影机的偏移深度。
- **显示过程：** 选中该复选框后，“渲染帧窗口”对话框中将显示多个渲染通道。
- **使用初始位置：** 选中该复选框后，第一个渲染过程将位于摄影机的初始位置。
- **过程总数：** 设置生成景深效果的过程数。增大该值可以提高效果的真实度，但是会增加渲染时间。
- **采样半径：** 设置生成的模糊半径。数值越大，模糊越明显。
- **采样偏移：** 设置模糊靠近或远离“采样半径”的权重。增加该值将增加精神模糊的数量级，从而得到更加均匀的景深效果。
- **规格化权重：** 选中该复选框后可以产生平滑的效果。
- **抖动强度：** 设置应用于渲染通道的抖动程度。
- **平铺大小：** 设置图案的大小。
- **禁用过滤：** 选中该复选框后，系统将禁用过滤的整个过程。
- **禁用抗锯齿：** 选中该复选框后，可以禁用抗锯齿功能。

8.3 渲染基础知识

不同的渲染参数，渲染出的结果也不同。一般来说需要进行多次渲染，才能渲染出较好的效果。本节将对渲染的一些常见操作进行介绍。

8.3.1 渲染器类型

渲染器的类型很多，3ds Max自带了多种渲染器，分别是Quicksilver硬件渲染器、ART渲染器、扫描线渲染器和VUE文件渲染器。除此之外，还有一些外置的渲染器插件，如V-Ray渲染器、Arnold渲染器等。

（1）**Arnold渲染器：** 是电影动画渲染用的渲染器，渲染起来比较慢，品质高。

（2）**ART渲染器：** 全称Artlantis渲染器，Artlantis是法国Advent公司重量级渲染引擎。ART渲染器可以为任意的三维空间工程提供真实的基于硬件的灯光现实仿真技术，各部分独立，互不影响，实时预览功能强大，支持尺寸和dpi格式，是用于建筑室内和室外场景的专业渲染软件。

（3）**Quicksilver硬件渲染器：** 使用图形硬件生成渲染，其优点就是它的速度，默认设置提供快速渲染。

（4）**VUE文件渲染器：** 可以创建VUE文件，该文件使用可编辑的ASCII码格式。

（5）**扫描线渲染器：** 是3ds Max默认的渲染器，在默认情况下，通过“渲染场景”对话框渲染场景时，可以使用扫描线渲染器。扫描线渲染器是一种多功能渲染器，可以将场景渲染为从上到下生成的一系列扫描线。扫描线渲染器的渲染速度是最快的，但是真实度一般。

（6）**V-Ray渲染器：** 是渲染效果相对比较优质的渲染器插件。

在“渲染设置”对话框的“指定渲染器”卷展栏中可以对渲染器进行更换。单击右侧的“选择渲染器”按钮▒，会打开“选择渲染器”对话框，在列表框中选择合适的渲染器，单击“确定”按钮即可完成设置，如图8-14所示。

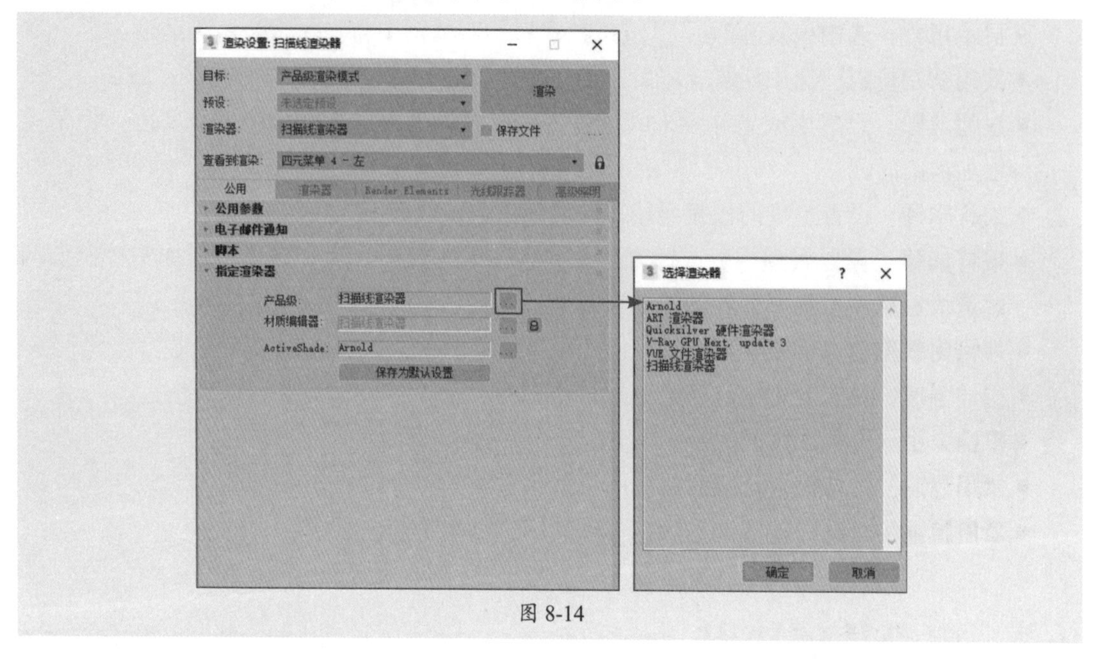

图 8-14

- **选择渲染器按钮▒：** 单击带有省略号的按钮可更改指定渲染器。
- **产品级：** 选择用于渲染图形输出的渲染器。
- **材质编辑器：** 选择用于渲染“材质编辑器”中示例的渲染器。
- **锁定▒按钮：** 在默认情况下，示例窗渲染器被锁定为与产品级渲染器相同的渲染器。
- **ActiveShade：** 选择用于预览场景中照明和材质更改效果的ActiveShade渲染器。
- **保存为默认设置：** 单击该按钮可将当前渲染器指定保存为默认设置，以便下次重新启动3ds Max时它们处于活动状态。

8.3.2 渲染帧窗口

在3ds Max中渲染都是通过“渲染帧窗口”来查看和编辑渲染结果的。要渲染的区域设置也在“渲染帧窗口”中进行，如图8-15所示。

图 8-15

- **保存图像：** 单击该按钮，可保存在渲染帧窗口中显示的渲染图像。
- **复制图像：** 单击该按钮，可将渲染图像复制到系统后台的剪切板中。
- **克隆渲染帧窗口：** 单击该按钮，将创建另一个包含显示图像的渲染帧窗口。
- **打印图像：** 单击该按钮，可调用系统打印机打印当前渲染图像。

- **清除：**单击该按钮，可将渲染图像从渲染帧窗口中删除。
- **颜色通道：**可控制红、绿、蓝以及单色和灰色颜色通道的显示。
- **切换UI叠加：**激活该按钮后，当使用渲染范围类型时，可以在渲染帧窗口中渲染范围框。
- **切换UI：**激活该按钮后，将显示渲染的类型、视口的选择等功能面板。

8.3.3 渲染输出参数

"公用参数"卷展栏可以用来设置所有渲染器的输出参数，如图8-16所示。比较常用参数的含义如下。

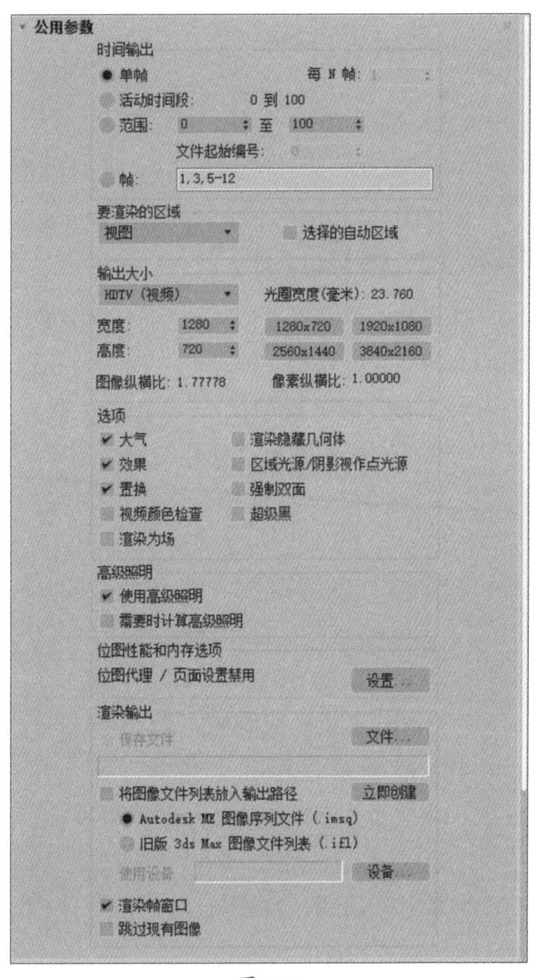

图 8-16

- **单帧：**仅当前帧。
- **要渲染的区域：**分为视图、选定对象、区域、裁剪、放大。
- **选择的自动区域：**该复选框控制选择的自动渲染区域。
- **输出大小：**该下拉列表框中包括几个标准的电影和视频分辨率以及纵横比。
- **光圈宽度（毫米）：**指定用于创建渲染输出的摄影机光圈宽度。
- **宽度/高度：**以像素为单位指定图像的宽度和高度。
- **预设分辨率按钮（320px×240px、640px×480px等）：**选择预设分辨率。
- **图像纵横比：**设置图像的纵横比。
- **像素纵横比：**设置显示在其他设备上的像素纵横比。
- **大气：**选中该复选框后，渲染任何应用的大气效果，如体积雾。
- **效果：**选中该复选框后，渲染任何应用的渲染效果，如模糊。
- **文件：**选中该复选框后，渲染时3ds Max会将渲染后的图像或动画保存到磁盘。

8.4 V-Ray渲染器

V-Ray渲染器是一款在3ds Max中广泛使用的高质量渲染插件。它的渲染速度与渲染质量比较均衡，无论是静止画面还是动态画面，其真实性和可操作性都远超3ds Max自带的渲染器。在“渲染设置”对话框中将渲染器切换到V-Ray渲染器后，可显示“公用”“V-Ray”“GI”“设置”“Render Elements”5个选项卡，其中“V-Ray”和“GI”这两个选项卡为设置的关键，如图8-17所示。

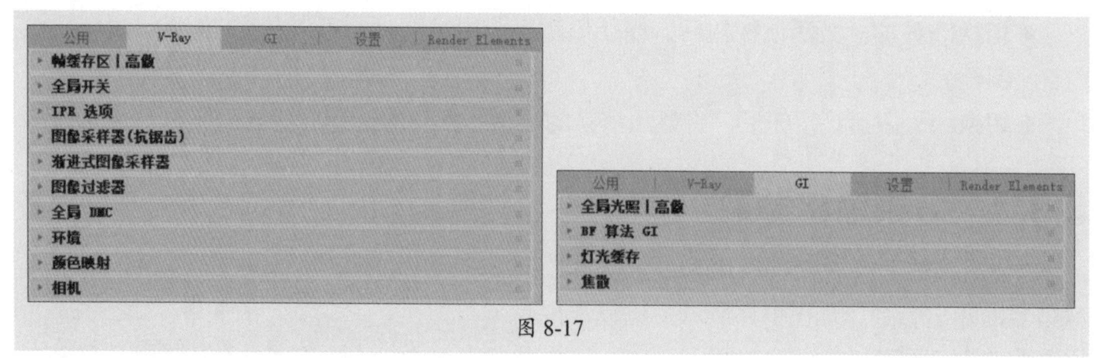

图 8-17

8.4.1 帧缓存区

帧缓存区用来设置V-Ray自身的图形帧渲染窗口，可以设置渲染图的大小以及保存渲染图形，其参数设置如图8-18所示。具体参数含义介绍如下。

- **启用内置帧缓冲区**：选中该复选框时，用户就可以使用V-Ray自身的渲染窗口。同时要注意，应该把3ds Max默认的渲染窗口关闭，即把“公用参数”卷展栏下的“渲染帧窗口”功能禁用。
- **显示最后的VFB**：单击此按钮，可以看到上次渲染的图形。
- **内存帧缓存区**：选中该复选框时，软件将显示V-Ray帧缓冲器，禁用则不显示。

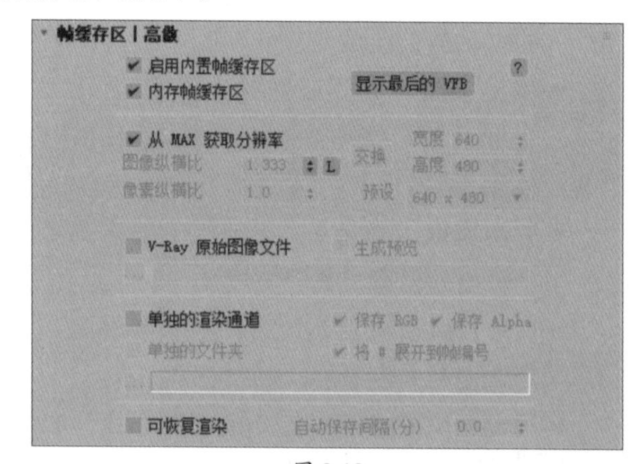

图 8-18

- **从MAX获取分辨率**：选中该复选框时，渲染输出图像的尺寸将为3ds Max默认设置的尺寸大小。
- **V-Ray 原始图像文件**：选中该复选框时，V-Ray将图像渲染为img格式的文件。
- **单独的渲染通道**：选中该复选框后，可以保存RGB图像通道或者Alpha通道。
- **可恢复渲染**：选中该复选框后，可以自动保存渲染的文件。

8.4.2 全局开关

“全局开关”卷展栏主要是对场景中的灯光、材质、置换等进行全局设置，如是否使用默认灯光、是否打开阴影、是否打开模糊等。其参数设置如图8-19所示。常用设置选项说明如下。

- **置换**：用于控制场景中的置换效果是否打开。在V-Ray的置换系统中，一共有两种

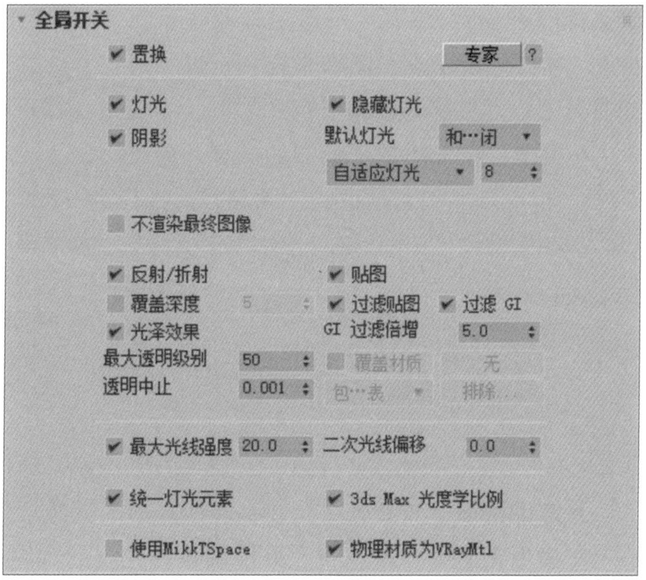

置换方式：一种是材质的置换；另一种是V-Ray置换的修改器方式。当取消选中该复选框时，场景中的两种置换都不会有效果。

- **灯光：**选中该复选框时，V-Ray将渲染场景的光影效果，反之则不渲染。默认为取消选中状态。
- **阴影：**用于控制场景是否产生投影。
- **隐藏灯光：**用于控制场景是否让隐藏的灯光产生照明。
- **默认灯光：**选择“开”选项时，V-Ray将会对软件默认提供的灯光进行渲染，选择“关闭全局照明”选项则不渲染。一般为关闭。

图 8-19

- **不渲染最终图像：**选中该复选框时，V-Ray将不会生成最终的可见图像，而是仅执行间接光照计算的部分，如生成光子映射、光照缓存或其他全局光照相关的预计算数据。
- **反射/折射：**用于是否打开场景中材质的反射和折射效果。
- **覆盖深度：**用于控制整个场景中的反射、折射的最大深度，其后面的输入框中的数值表示反射、折射的次数。
- **光泽效果：**是否开启反射或折射的模糊效果。
- **贴图：**取消选中该复选框，则模型不显示贴图，只显示漫反射通道内的颜色。
- **过滤贴图：**这个选项用来控制V-Ray渲染器是否使用贴图纹理过滤。
- **过滤GI：**控制是否在全局照明中过滤贴图。
- **最大透明级别：**控制透明材质被光线追踪的最大深度，值越高，效果越好，速度越慢。
- **覆盖材质：**用于控制是否给场景赋予一个全局材质。单击右侧按钮，选择一个材质后，场景中所有的物体都将使用该材质渲染。在测试灯光时，这个选项非常有用。
- **最大光线强度：**控制最大光线的强度。
- **二次光线偏移：**控制场景中的颜色重的面不产生黑斑，一般只给很小的一个值，数据过大会使GI（全局照明）变得不正常。

8.4.3 图像采样器（抗锯齿）

图像采样器（抗锯齿）是采样和过滤的一种算法，并产生最终的像素数组来完成图形的渲染。V-Ray渲染器提供了几种不同的采样算法，尽管会增加渲染的时间，但是所有的采样器都支持3ds Max的抗锯齿过滤算法。可以在“块”采样器和“渐进”采样器中根据需要选择一种进行使用。“图像采样器（抗锯齿）”卷展栏用于设置图像采样和抗锯齿过滤器类型，其参数设置如图8-20所示。

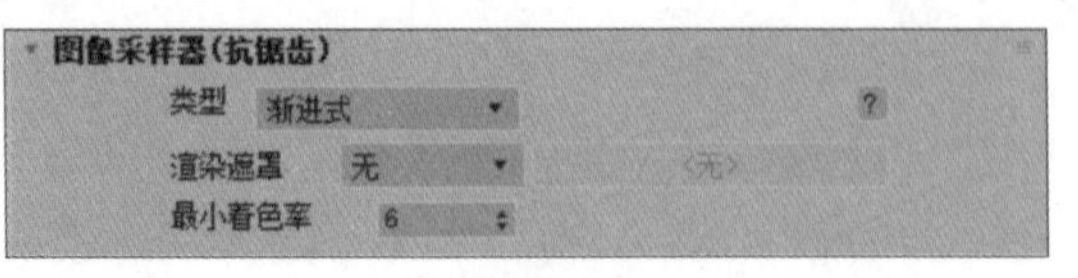

图 8-20

- **类型**：设置图像采样器的类型，包括“渲染块”和“渐进式”两种。选择任意一种，下方都会有相应的图像采样器的基本参数设置，如图8-21、图8-22所示。

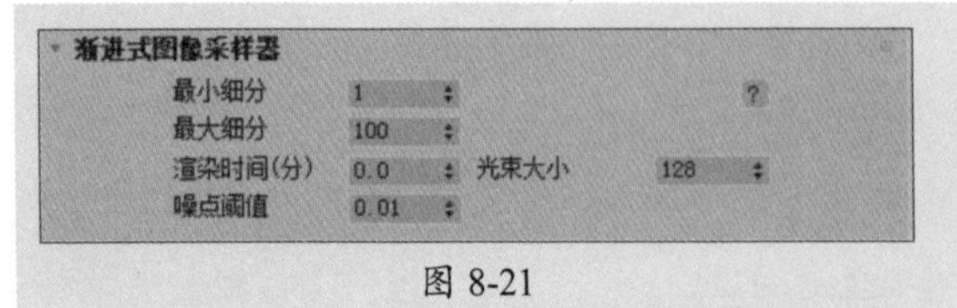

图 8-21

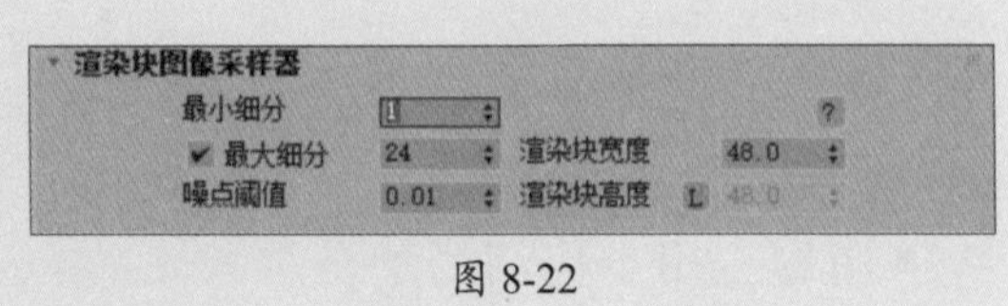

图 8-22

- **渲染遮罩**：渲染遮罩允许定义计算图像的像素。其余像素不变。
- **最小着色率**：该选项允许控制投射光线的抗锯齿数目和其他效果，如光泽反射、全局照明、区域阴影等。提高这个数据通常会提高这些效果的质量，而不会影响渲染时间，且不亚于提高抗锯齿采样所使用的渲染时间。这个值可以基于每个对象使用细分倍增在V-Ray对象属性上附加修改。

8.4.4 图像过滤器

图像过滤器可以控制平滑渲染时产生的对角线或弯曲线条的锯齿状边缘。在最终渲染和需要保证图像质量的样图渲染时，都需要启用该选项，其参数设置如图8-23所示。

VRay渲染器提供了17种过滤器类型，单击“过滤器”右侧的下拉按钮即可打开列表。下面对过滤器类型介绍如下。

图 8-23

- **区域**：使用可变大小的区域过滤器来计算抗锯齿。
- **清晰四方形**：来自 Nelson Max 的清晰9像素重组过滤器。
- **Catmull-Rom**：具有轻微边缘增强效果的25像素重组过滤器。
- **图版匹配/MAX R2**：使用3ds Max R2.x的方法（无贴图过滤），将摄影机和场景或无光/投影元素与未过滤的背景图像相匹配。
- **四方形**：基于四方形样条线的9像素模糊过滤器。
- **立方体**：基于立方体样条线的25像素模糊过滤器。
- **视频**：针对NTSC和PAL视频应用程序进行了优化的25像素模糊过滤器。
- **柔化**：可调整高斯柔化过滤器，用于适度模糊。
- **Cook变量**：通过大小参数来控制图像的过滤，数值为1～2.5时图像较为清晰，数值大于2.5时，图像较为模糊。
- **混合**：在清晰区域和高斯柔化过滤器之间混合。
- **Blackman**：清晰但没有边缘增强效果的25像素过滤器。

- **Mitchell-Netravali：**两个参数的过滤器；在模糊、圆环化和各向异性之间交替使用。
- **VRayLanczosFilter：**当数值为2时，图像柔和细腻且边缘清晰，当数值为20时，图像类似于PS中的高斯模糊+单反相机的景深和散景效果。
- **VRaySincFilter：**当数值为3时，图像边缘清晰，不同颜色之间过渡柔和，但是品质一般。数值为20时，图像锐利，不同颜色之间的过渡也稍显生硬，高光点出现黑白色漩涡状效果，且被放大。
- **VRayBoxFilter：**当参数为1.5时，场景边缘较为模糊。阴影和高光的边缘也是模糊的。质量一般，参数为20时，图像彻底模糊了。场景色调会略微偏冷（白蓝色）。
- **VRayTriangleFilter：**当参数为2时，图像柔和比盒子过滤器稍清晰一点。当参数为20时，图像彻底模糊，但是模糊程度不如盒子过滤器，且场景色调略微偏暖。
- **VRayMitNetFilter：**优化版的Mitchell-Netravali。

8.4.5 全局 DMC

“全局 DMC”卷展栏是用于计算全局光照和间接照明的高级采样技术，是VRay渲染引擎的核心组成部分之一，如图8-24所示。新版本的“全局DMC”卷展栏优化了很多选项，只保留了“锁定噪波图案”及“蓝色噪点采样”这两项。选中“锁定噪点图案”复选框后，V-Ray在进行动画序列渲染时会确保每一帧上的随机噪点分布保持相同，即使帧与帧之间渲染设置不变或者场景轻微变化，噪点也不会发生明显的位置偏移，从而保证动画连续性更好，视觉效果更加平滑稳定。

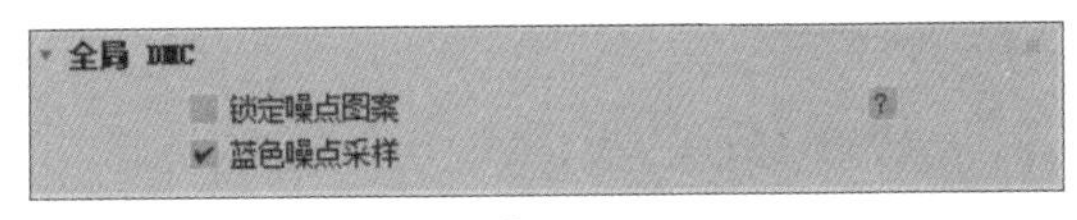

图 8-24

8.4.6 颜色映射

“颜色映射”卷展栏中的参数用来控制整个场景的色彩和曝光方式，其参数设置如图8-25所示。

- **类型：**包括线性叠加、指数、HSV指数、强度指数、伽玛纠正、强度伽玛、莱因哈德7种模式。
- **伽玛：**调整该值可影响最终渲染图像的整体亮度和对比度。数值越高，图像越亮。
- **倍增：**增强或减弱整个渲染图像的亮度级别。

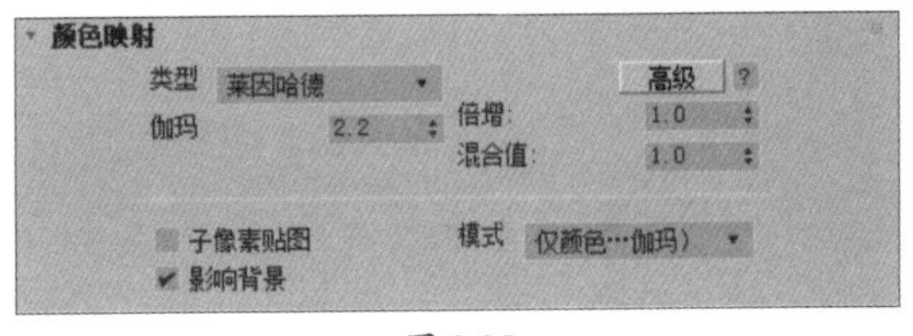

图 8-25

- **混合值：**控制不同映射方式之间混合程度的参数。特别是在渲染输出的后期调整阶段，可以用来微调最终图像的色彩和对比度。
- **子像素贴图：**选中该复选框后，物体的高光区与非高光区的界限处不会有明显的黑边。
- **影响背景：**控制是否让曝光模式影响背景。当关闭该选项时，背景不受曝光模式的影响。

8.4.7 全局光照

“全局光照”卷展栏是VRay的核心部分。在修改VRay渲染器时，首先要开启全局光照，这样才能出现真实的渲染效果。开启GI后，光线会在物体与物体间互相反弹，因此，光线计算得会更准确，图像也更加真实，全局光照参数设置如图8-26所示。

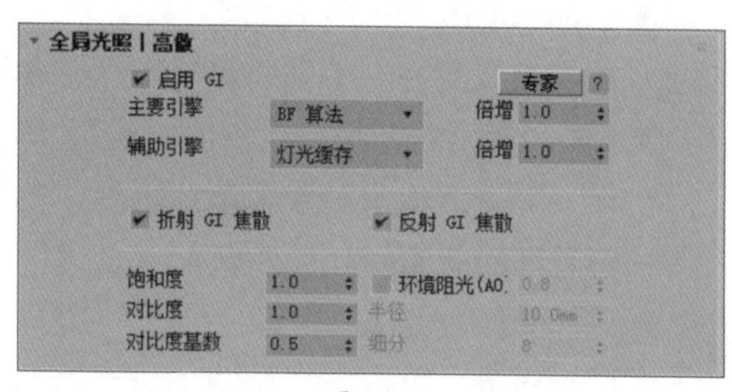

图 8-26

其主要选项说明如下。

- **启用GI：** 选中该复选框后，将开启GI效果。
- **主要引擎/辅助引擎：** VRay计算光的方法是真实的，光线发射出来，然后进行反弹，再进行反弹。
- **倍增：** 控制首次反弹和二次反弹光的倍增值。
- **折射GI焦散/反射GI焦散：** 光线经过透明或半透明物体时，是否展示由于折射或反射产生的二次或多次照明效果在接收面上形成明亮斑点或光环的现象。
- **饱和度：** 可以用来控制色溢，降低该数值可以降低色溢效果。
- **对比度：** 控制色彩的对比度。
- **对比度基数：** 控制饱和度和对比度的基数。

8.4.8 发光贴图

在VRay渲染器中，发光贴图是计算场景中物体的漫反射表面发光的时候，采取的一种有效的方法。发光贴图是一种常用的全局光照的引擎，它只存在于主要引擎中，因此，在计算GI的时候，并不是场景的每一部分都需要同样的细节表现，它会自动判断在重要的部分进行更加准确的计算，在不重要的部分进行粗略的计算，“发光贴图”卷展栏如图8-27所示。常用选项设置说明如下。

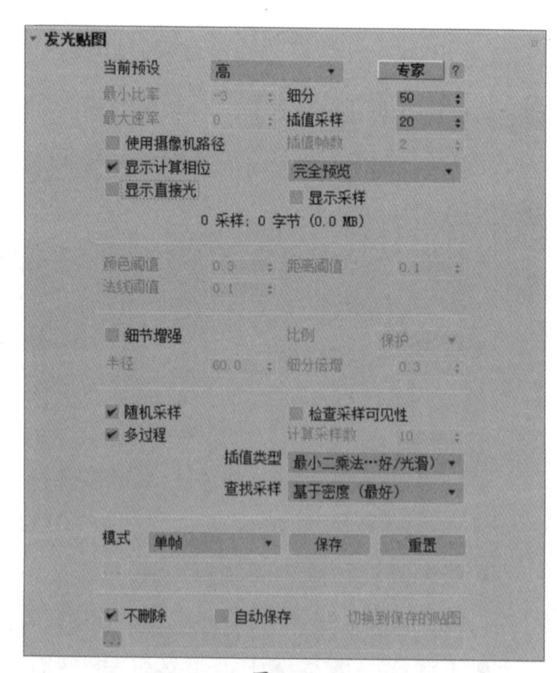

图 8-27

- **当前预设：** 设置发光贴图的预设类型，共有自定义、非常低、低、中、中—动画、高、高—动画、非常高8种类型。
- **最小比率/最大速率：** 主要控制场景中比较平坦、面积比较大、细节比较多、弯曲较大的面的质量受光。
- **细分：** 数值越高，表现光线越多，精度也就越高，渲染的品质也越好。
- **插值采样：** 这个参数是对样本进行模糊处理，数值越大渲染越精细。

- **插值帧数：**该数值用于控制插补的帧数。
- **使用摄像机路径：**选中该复选框将会使用摄像机的路径。
- **显示计算相位：**选中该复选框后，可看到渲染帧里的GI预计算的过程，建议勾选。
- **显示直接光：**在预计算的时候显示直接光，以方便用户观察直接光照的位置。
- **显示采样：**显示采样的分布以及分布的密度，帮助用户分析GI的精度够不够。
- **细节增强：**是否开启细部增强功能，勾选后细节非常精细，但是渲染速度非常慢。
- **半径：**半径值越大，使用细部增强功能的区域也就越大，渲染时间也越慢。
- **细分倍增：**控制细部的细分，但是这个值和发光贴图里的细分有关系。值越低，细部就会产生杂点，渲染速度比较快；值越高，细部就可以避免产生杂点，同时渲染速度会变慢。
- **模式：**包括单帧、多帧增量、从文件、添加到当前贴图、增量添加到当前贴图、块模式、动画（预处理）、动画（渲染）8种模式。
- **自动保存：**当光子渲染完以后，自动保存在硬盘中，单击 按钮就可以选择保存位置。
- **切换到保存的贴图：**当选中“自动保存”复选框后，在渲染结束时会自动进入“从文件”模式并调用光子贴图。

8.4.9 灯光缓存

灯光缓存与发光贴图比较相似，只是光线路相反，发光贴图的光线追踪方向是从光源发射到场景的模型中，最后再反弹到摄影机，而灯光缓存是从摄影机开始追踪光线到光源，摄影机追踪光线的数量就是灯光缓存的最后精度，灯光缓存参数设置如图8-28所示。

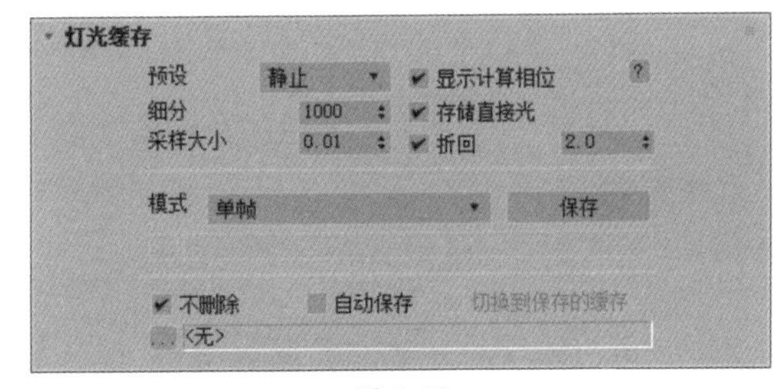

图 8-28

其常用设置选项说明如下。

- **预设：**预设置了“静止”和“动画”两种灯光缓存模式。
- **细分：**用来决定灯光缓存的样本数量。值越高，样本总量越多，渲染效果越好，渲染速度越慢。
- **采样大小：**控制灯光缓存的样本大小，小的样本可以得到更多的细节，但是需要更多的样本。
- **折回：**控制折回的阈值数值。
- **显示计算相位：**选中该复选框后，可以显示灯光缓存的计算过程，方便观察。
- **存储直接光：**选中该复选框后，灯光缓存将储存直接光照信息。当场景中有很多灯光时，使用这个选项会提高渲染速度。
- **模式：**灯光缓存在渲染过程中所采用的不同处理模式。可分为单帧和从文件两种模式。

课堂实战　为洞穴场景添加灯光效果

本案例将结合本章所学的灯光知识来为洞穴场景添加灯光效果。具体操作步骤如下。

步骤 01 打开洞穴场景文件，如图8-29所示。

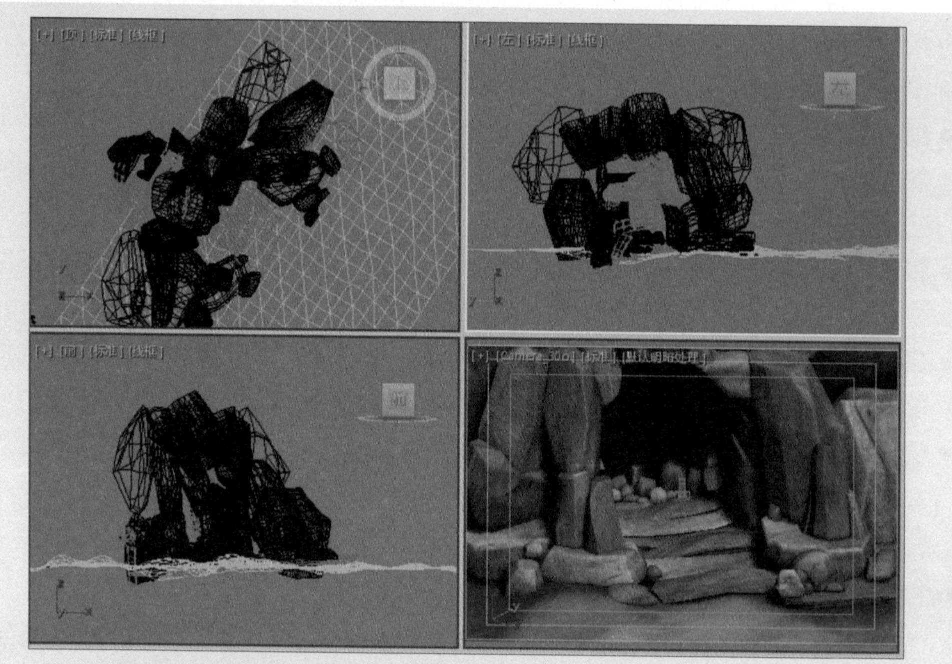

图 8-29

步骤 02 在“标准”灯光创建面板中单击“泛光”按钮，在视口中单击创建一盏泛光灯，调整光源位置如图8-30所示。

图 8-30

步骤 03 在参数面板中设置光源的阴影类型、灯光倍增、颜色等参数，如图8-31所示。

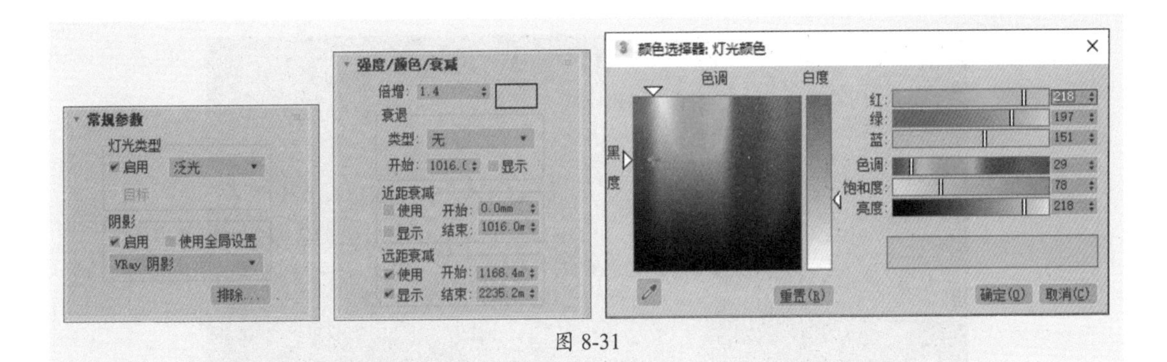

图 8-31

步骤 04 渲染摄影机视口，添加光源后的效果，如图8-32所示。

图 8-32

步骤 05 复制光源，并调整位置到洞穴深处，如图8-33所示。

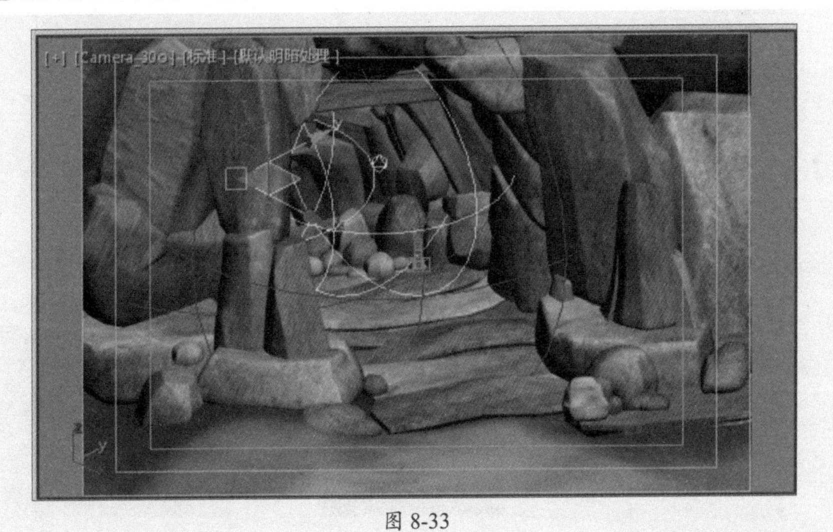

图 8-33

步骤 06 再次渲染摄影机视口，效果如图8-34所示。

图 8-34

步骤 07 继续在洞穴门前创建一盏泛光灯，调整光源位置，如图8-35所示。

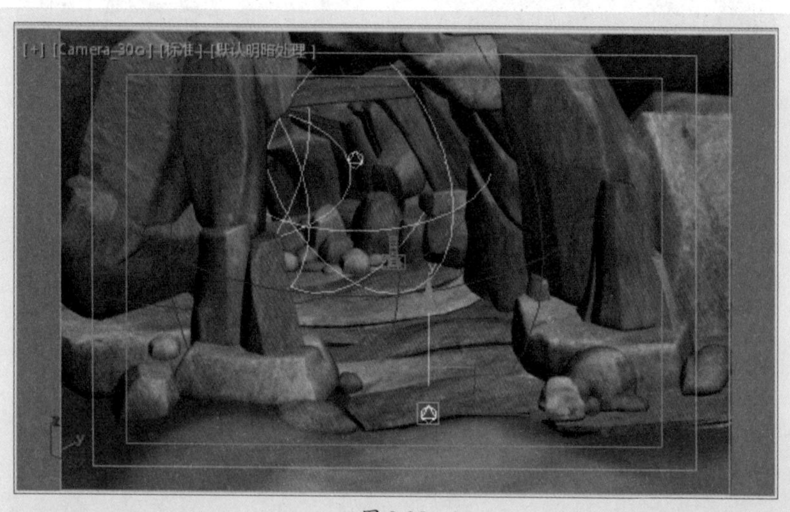

图 8-35

步骤 08 在“强度/颜色/衰减”卷展栏中设置光源的强度和颜色参数，不开启阴影，如图8-36所示。

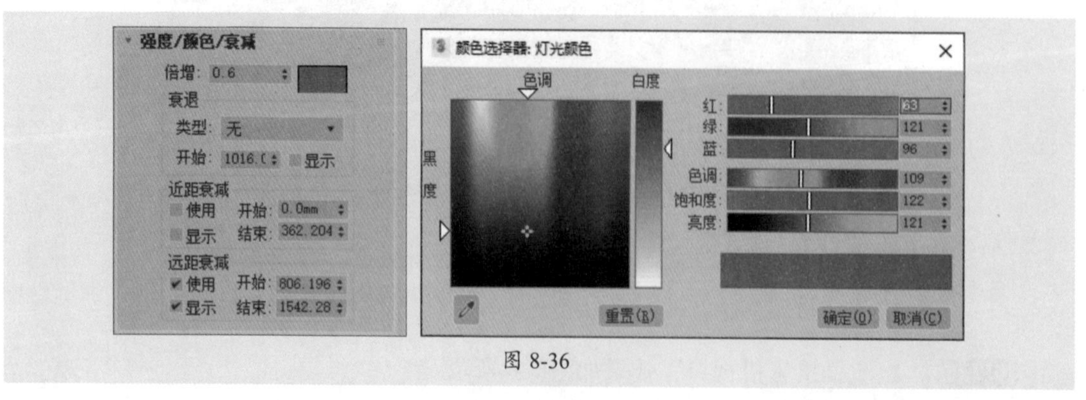

图 8-36

步骤09 再次渲染摄影机视口，效果如图8-37所示。

图 8-37

步骤10 如此再创建多个泛光灯，调整光源位置和参数，可以根据想要的效果调整不同的灯光颜色和灯光强度，如图8-38所示。

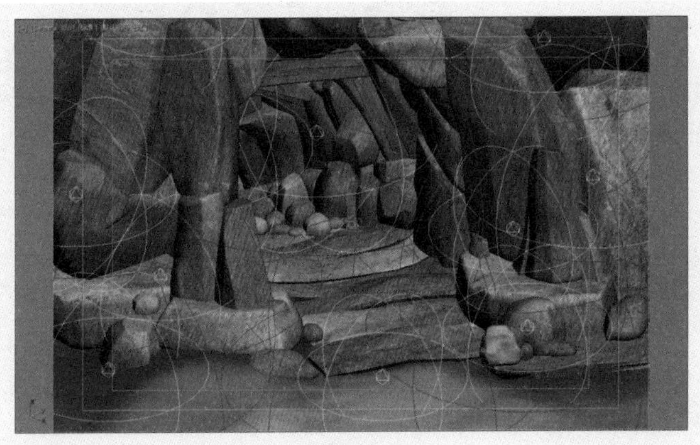

图 8-38

步骤11 再次渲染摄影机视口，如图8-39所示。

图 8-39

课后练习 渲染渔船场景模型

本练习将利用3ds Max内置的“扫描线渲染器”命令，来为海上渔船场景进行渲染操作，渲染效果如图8-40所示。

图 8-40

1. 技术要点

步骤 01 创建摄像机，并调整好摄像机视角。

步骤 02 选择“扫描线渲染器”，并设置好相关的渲染参数，渲染摄影机视图。

2. 分步演示

分步演示效果如图8-41所示。

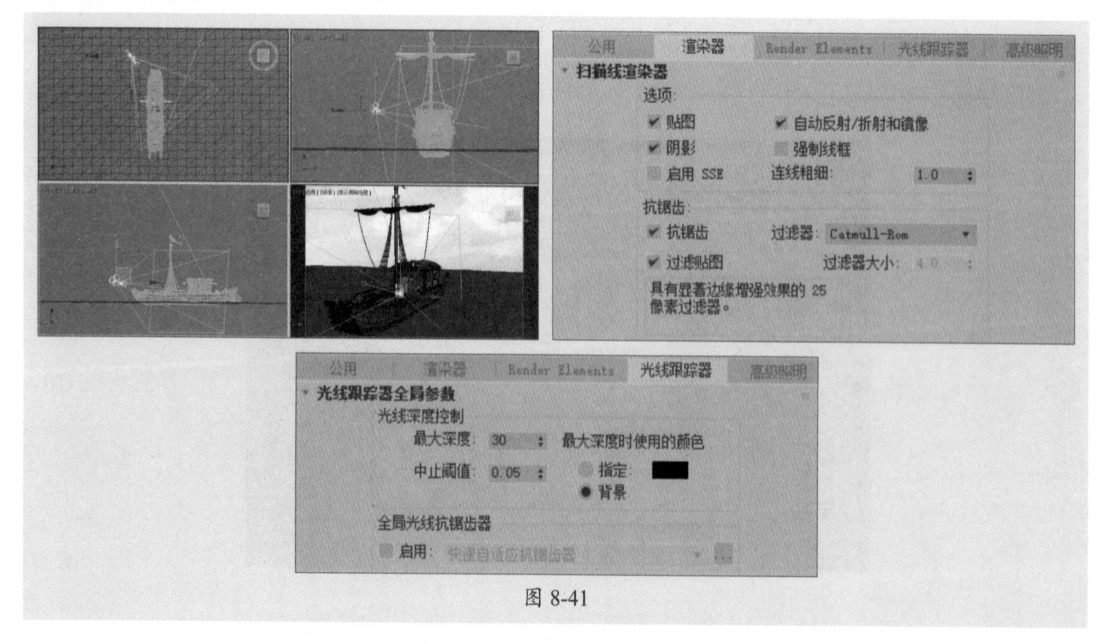

图 8-41

拓展赏析

3D动画师所具备的职业素养

3D动画师是动画制作团队中不可或缺的一员，他们负责将虚拟的3D模型赋予生命，创作出令人惊叹的动画效果。然而，一名优秀的3D动画师，除了掌握专业技能外，还需要具备一系列的职业素养。

1. 扎实的专业技能

3D动画师必须具备扎实的专业技能。这包括娴熟的绘画技巧以及掌握动画原理。绘画是动画师的基本技能，掌握线条、形状、比例和透视关系，才能更好地表达角色和场景。动画原理是动画师的理论支撑。只有了解关键帧、间隔、运动曲线、重量感等原理，才能够创造出流畅、有节奏感的动画效果。

此外，熟练掌握3D建模、骨骼绑定、动画设计、灯光渲染等方面的技术也很重要。只有掌握了这些技能，才能确保动画作品的质量和效果。

2. 良好的创意能力

创意是动画作品的灵魂，而3D动画师则是创意的实现者。因此，良好的创意能力对于3D动画师来说至关重要。他们需要根据剧本和导演的要求，设计出富有创意的动画效果和动作，使角色更加生动、有趣。同时，他们还需要具备敏锐的观察力和想象力，能够从不同角度挖掘角色的特点和情感，为观众带来新颖的视觉体验。

3. 严谨的工作态度

3D动画制作是一个复杂且烦琐的过程，需要耐心和细心。因此，3D动画师必须具备严谨的工作态度。他们需要严格按照制作流程和标准进行操作，确保每个细节都达到最佳效果。同时，他们还需要对自己的工作负责，及时发现问题并加以解决，确保动画作品的顺利完成。

4. 良好的团队合作精神

动画制作是一个团队协作的过程，3D动画师需要与导演、编剧、美术设计师等其他团队成员紧密合作，共同完成作品。因此，良好的团队合作精神是3D动画师必备的素养之一。他们需要积极参与团队讨论，提出自己的意见和建议，同时也要尊重他人的想法和劳动成果，共同为作品的成功付出努力。

5. 持续学习和创新精神

动画行业是一个不断发展和变化的领域，新的技术和理念不断涌现。为了保持竞争力，3D动画师需要具备持续学习和创新的精神。他们需要关注行业动态和技术发展，不断学习和掌握新的技术和方法。同时，他们还需要勇于尝试新的创意和风格，不断挑战自己，创造出更具特色的动画作品。

思政课堂

参考文献

[1] 姜洪侠、张楠楠. Photoshop CC图形图像处理标准教程 [M]. 北京：人民邮电出版社，2016.

[2] 朱兆曦、孔翠、杨东宇. 平面设计制作标准教程Photoshop CC+illustrator CC [M]. 北京：人民邮电出版社，中国工业出版集团，2016.

[3] 沿铭洋、聂清彬. Illustrator CC平面设计标准教程 [M]. 北京：人民邮电出版社，2016.

[4] 3ds Max 2013+VRay效果图制作自学视频教程 [M]. 北京：人民邮电出版社，2015.